固体化学简明教程

主编　韩喜江

副主编　徐　平　杜耕辰

科学出版社

北　京

内 容 简 介

本书主要阐述了宏观晶体学的基本经典理论，并介绍了近代晶态物质的新发现。本书内容包括绪论、晶体结构基础知识、晶体结构、缺陷化学、非化学配比、固体材料的制备、功能性固体材料及固体材料的表征技术等，以及晶体学经典理论固体材料最新发展。与国内同类教材相比本书内容略偏容易，是一本通俗易懂、适合初学固体材料的本科生及研究生学习的教材。

本书可作为高等学校化学类相关专业本科生、研究生的教材，也可供相关专业教师及广大科技人员参考。

图书在版编目（CIP）数据

固体化学简明教程/韩喜江主编. —— 北京：科学出版社，2023.6
　ISBN 978-7-03-075111-9

　Ⅰ.①固…　Ⅱ.①韩…　Ⅲ.①固体化学—教材　Ⅳ.①O6

中国国家版本馆CIP数据核字（2023）第040574号

责任编辑：赵晓霞 / 责任校对：杨　赛
责任印制：张　伟 / 封面设计：迷底书装

科 学 出 版 社 出版
北京东黄城根北街 16 号
邮政编码：100717
http://www.sciencep.com

北京九州迅驰传媒文化有限公司印刷
科学出版社发行　各地新华书店经销

*

2023年6月第　一　版　开本：787×1092　1/16
2024年7月第二次印刷　印张：16 3/4
字数：380 000

定价：89.00元
（如有印装质量问题，我社负责调换）

《固体化学简明教程》编写委员会

主　编　韩喜江

副主编　徐　平　杜耘辰

编　委（按姓名汉语拼音排序）

　　　　崔丽茹　杜耘辰　韩　飞　韩喜江

　　　　何艳贞　康磊磊　强　荣　徐　平

主　审　张逢星

前　言

固体化学是研究固体物质的制备、组成、结构和性质的学科，与固体物理学、材料工程学等学科相互交叉渗透、补充形成了现代固体科学和技术，并与高等无机化学紧密相关。

固体化学的发展与固体实验和测试的发展程度密切相关，并一直致力于固体材料的发现和应用需求的满足。早在 20 世纪初，人们就已经开始研究固态物质参与的化学反应，但是由于缺少探测固相内部微观结构的实验手段，加之固态反应过程的复杂性，发展一直较为缓慢。20 世纪 60 年代，科学技术的兴起要求越来越多的固体功能材料具有特殊性质，并对固体材料的制备、结构和性质等方面提出许多需要探索和亟待解决的科学问题。现代科学技术提供了各种实验手段（如光谱、波谱、能谱和质谱等），从而能够深入认识固体的体相和表面的组成和结构，测试其物理和化学性质，固体化学进入蓬勃发展的新阶段。

固体化学着重研究固体物质的化学反应、合成方法、晶体生长、化学组成和结构，特别是固体中的缺陷及其对物质的物理及化学性质的影响，以及探索和开发固体物质作为材料的实际应用价值。国内固体化学的教学和人才培养始于 1986 年北京大学苏勉曾教授编写的第一部相关教材《固体化学导论》。国内同类教材在本科生及研究生的实际教学过程中皆偏难，不同的编者都结合自身的科研方向进行重点叙述，而固体化学涉及面广，内容偏多，学生和教师参考时难以选择。本书针对本科生及研究生教学的实际需要进行改进，使其通用性更强。

我从事"固体化学"教学近 20 年，教学中也迫切感觉到需要编写一本易懂而又相对全面简洁的教材。针对固体物质的性质及其形貌性能表征，特别是固体中的缺陷及其对物质的物理和化学性质的影响，同时结合当今高校材料化学、应用化学等相关专业本科生及研究生的教学需求，我们编写了本书。本书主要涉及对称性、完美晶体结构、固体材料的缺陷、固体材料的制备、功能性固体材料及固体材料的表征技术等。晶体材料的生长领域科研性较强，故本书不对其做过多的介绍。

本书由韩喜江统稿，编写分工为：第 1 章（韩喜江），第 2、3 章（韩喜江、韩飞），第 4、8 章（徐平），第 5 章（杜耘辰），第 6 章（韩喜江、杜耘辰），第 7 章（康磊磊）。

感谢主审张逢星老师提出的宝贵修改意见，感谢科学出版社赵晓霞编辑为本书出版所做的细致工作。在此对引用的参考文献的作者表示由衷感谢！

由于我们对固体化学领域的研究深度不够、理解不深，书中疏漏和不妥之处在所难免，恳请广大读者批评指正，也请文献引用不到位的作者指出，以便再版时修正。

韩喜江

2022 年 10 月

于冰城哈尔滨工业大学校园

目　　录

前言

第1章　绪论 ·· 001

1.1　人类使用固体材料和认识固体结构的历史 ·········· 001

　　1.1.1　20世纪以前 ································ 001

　　1.1.2　20世纪以后 ································ 002

1.2　固体化学的主要研究内容 ······················ 003

第2章　晶体结构基础知识 ·························· 006

2.1　分子对称性 ································· 006

　　2.1.1　对称操作和对称元素 ···················· 007

　　2.1.2　旋转轴和旋转操作 ······················ 008

　　2.1.3　对称面和反映操作 ······················ 009

　　2.1.4　对称中心和反演操作 ···················· 010

　　2.1.5　旋映轴和旋转反映操作 ·················· 011

　　2.1.6　反轴和旋转反演操作 ···················· 012

2.2　分子点群 ··································· 013

　　2.2.1　群的定义及性质 ························ 013

　　2.2.2　群的乘法表 ···························· 014

　　2.2.3　分子点群 ······························ 016

　　2.2.4　分子点群与物理性质 ···················· 022

2.3　晶体的密堆积模型 ····························· 024

2.4　体心立方堆积和立方堆积模型 ···················· 027

2.5　晶体的点阵理论 ····························· 028

　　2.5.1　一维点阵 ······························ 029

　　2.5.2　二维和三维点阵 ························ 030

　　2.5.3　晶体结构与点阵的相互关系 ·············· 032

2.5.4 晶面与晶面指标 ⋯⋯⋯⋯⋯⋯⋯⋯⋯⋯⋯⋯⋯ 034

2.5.5 四轴定向的晶面指标表示方法 ⋯⋯⋯⋯⋯⋯⋯⋯ 037

参考文献 ⋯⋯⋯⋯⋯⋯⋯⋯⋯⋯⋯⋯⋯⋯⋯⋯⋯⋯⋯⋯⋯ 038

第 3 章　晶体对称结构及其类型 ⋯⋯⋯⋯⋯⋯⋯⋯ 039

3.1 晶体的对称性 ⋯⋯⋯⋯⋯⋯⋯⋯⋯⋯⋯⋯⋯⋯⋯ 039

3.1.1 晶体的宏观对称性 ⋯⋯⋯⋯⋯⋯⋯⋯⋯⋯⋯⋯ 040

3.1.2 晶体的微观对称性 ⋯⋯⋯⋯⋯⋯⋯⋯⋯⋯⋯⋯ 049

3.2 金属晶体及其合金 ⋯⋯⋯⋯⋯⋯⋯⋯⋯⋯⋯⋯⋯ 055

3.2.1 金属晶体的原子半径 ⋯⋯⋯⋯⋯⋯⋯⋯⋯⋯⋯ 055

3.2.2 金属键 ⋯⋯⋯⋯⋯⋯⋯⋯⋯⋯⋯⋯⋯⋯⋯⋯ 056

3.2.3 合金的结构 ⋯⋯⋯⋯⋯⋯⋯⋯⋯⋯⋯⋯⋯⋯ 063

3.3 晶体类型及其性质 ⋯⋯⋯⋯⋯⋯⋯⋯⋯⋯⋯⋯⋯ 065

3.3.1 离子键与离子晶体 ⋯⋯⋯⋯⋯⋯⋯⋯⋯⋯⋯⋯ 065

3.3.2 共价键型晶体和混合键型晶体 ⋯⋯⋯⋯⋯⋯⋯⋯ 078

3.3.3 分子型晶体 ⋯⋯⋯⋯⋯⋯⋯⋯⋯⋯⋯⋯⋯⋯ 081

3.4 准晶概述 ⋯⋯⋯⋯⋯⋯⋯⋯⋯⋯⋯⋯⋯⋯⋯⋯⋯ 084

3.4.1 准晶的发现 ⋯⋯⋯⋯⋯⋯⋯⋯⋯⋯⋯⋯⋯⋯ 085

3.4.2 准晶与实际晶体的区别 ⋯⋯⋯⋯⋯⋯⋯⋯⋯⋯ 086

3.4.3 准晶材料的应用及研究进展 ⋯⋯⋯⋯⋯⋯⋯⋯ 087

参考文献 ⋯⋯⋯⋯⋯⋯⋯⋯⋯⋯⋯⋯⋯⋯⋯⋯⋯⋯⋯⋯⋯ 087

第 4 章　晶体缺陷 ⋯⋯⋯⋯⋯⋯⋯⋯⋯⋯⋯⋯⋯⋯ 088

4.1 缺陷的分类 ⋯⋯⋯⋯⋯⋯⋯⋯⋯⋯⋯⋯⋯⋯⋯⋯ 088

4.1.1 零维缺陷 ⋯⋯⋯⋯⋯⋯⋯⋯⋯⋯⋯⋯⋯⋯⋯ 090

4.1.2 一维缺陷 ⋯⋯⋯⋯⋯⋯⋯⋯⋯⋯⋯⋯⋯⋯⋯ 094

4.1.3 二维缺陷 ⋯⋯⋯⋯⋯⋯⋯⋯⋯⋯⋯⋯⋯⋯⋯ 098

4.1.4 体缺陷 ⋯⋯⋯⋯⋯⋯⋯⋯⋯⋯⋯⋯⋯⋯⋯⋯ 101

4.1.5 类质同象 ⋯⋯⋯⋯⋯⋯⋯⋯⋯⋯⋯⋯⋯⋯⋯ 102

4.2 缺陷的表示方法、浓度及化学方程式 ⋯⋯⋯⋯⋯⋯ 104

4.2.1 Kröger-Vink 缺陷表示方法 ⋯⋯⋯⋯⋯⋯⋯⋯⋯ 104

4.2.2 热缺陷浓度的计算 ⋯⋯⋯⋯⋯⋯⋯⋯⋯⋯⋯⋯ 105

4.2.3 热缺陷在外力作用下的运动 ⋯⋯⋯⋯⋯⋯⋯⋯ 108

4.2.4 缺陷的化学方程式 ⋯⋯⋯⋯⋯⋯⋯⋯⋯⋯⋯⋯ 110

4.3 缺陷对材料性能的影响 ⋯⋯⋯⋯⋯⋯⋯⋯⋯⋯⋯ 111

4.3.1　线缺陷对材料性能的影响 ……………………………………… 111

4.3.2　面缺陷对材料性能的影响 ……………………………………… 112

参考文献 …………………………………………………………………… 113

第5章　固体反应及其制备技术 …………………………………… 114

5.1　固相反应 ……………………………………………………………… 114

5.1.1　固相反应的分类 …………………………………………… 115

5.1.2　固相反应的特点 …………………………………………… 119

5.1.3　固相反应动力学 …………………………………………… 121

5.1.4　固相反应的影响因素 ……………………………………… 128

5.2　其他固相合成方法 ………………………………………………… 132

5.2.1　溶胶 - 凝胶法 ……………………………………………… 132

5.2.2　水热合成法 ………………………………………………… 134

5.2.3　共沉淀法 …………………………………………………… 138

5.2.4　微乳液法 …………………………………………………… 139

5.2.5　电化学方法 ………………………………………………… 140

5.2.6　化学气相沉积法 …………………………………………… 142

5.2.7　一些特殊合成方法 ………………………………………… 144

参考文献 …………………………………………………………………… 146

第6章　功能性固体材料 ……………………………………………… 148

6.1　石墨炔 ………………………………………………………………… 148

6.1.1　石墨炔的结构 ……………………………………………… 149

6.1.2　石墨炔的性能 ……………………………………………… 150

6.2　超导体 ………………………………………………………………… 151

6.2.1　超导体的基本特征 ………………………………………… 152

6.2.2　超导体的分类 ……………………………………………… 153

6.3　压电陶瓷 ……………………………………………………………… 155

6.3.1　压电陶瓷的性质 …………………………………………… 155

6.3.2　钙钛矿型结构压电陶瓷 …………………………………… 159

6.3.3　钨青铜结构压电陶瓷 ……………………………………… 159

6.3.4　铋层状结构压电陶瓷 ……………………………………… 160

6.4　沸石分子筛 …………………………………………………………… 161

6.4.1　沸石分子筛组成和结构 …………………………………… 161

6.4.2　硅铝型沸石分子筛 ………………………………………… 164

6.4.3　非硅铝型分子筛 ·· 166

6.5　磁性材料 ··· 168

  6.5.1　磁性材料的性质 ·· 168

  6.5.2　磁性的分类 ··· 170

  6.5.3　铁磁性材料 ··· 171

  参考文献 ·· 174

第 7 章　固体材料表征技术 ·· 176

7.1　电子显微分析技术 ·· 178

  7.1.1　透射电子显微镜 ·· 178

  7.1.2　扫描电子显微镜 ·· 190

7.2　扫描探针显微分析技术 ··· 195

  7.2.1　扫描隧道显微镜 ·· 196

  7.2.2　原子力显微镜 ·· 203

7.3　显微拉曼光谱技术 ·· 208

  7.3.1　样品制备 ··· 209

  7.3.2　拉曼光谱技术应用及图例解析 ·································· 209

7.4　X 射线光电子能谱 ··· 217

  7.4.1　X 射线光电子能谱测试样品制备 ······························ 219

  7.4.2　X 射线光电子能谱应用及图例解析 ··························· 219

  参考文献 ·· 226

第 8 章　晶体的非化学配比 ·· 229

8.1　非整比化合物的形成原因 ·· 230

8.2　非整比化合物的分类 ·· 231

8.3　非整比化合物的一些实例 ·· 233

  8.3.1　方铁矿的非整比性 ··· 233

  8.3.2　UO_2 的非整比性 ·· 234

  8.3.3　TiO 的非整比性 ·· 235

  8.3.4　WO_3 和 $M_\delta WO_3$ 的非整比性 ························ 236

8.4　非整比化合物的应用领域 ·· 236

  8.4.1　超导材料 ··· 236

  8.4.2　半导体材料 ·· 237

  8.4.3　光功能材料 ·· 238

  8.4.4　磁性材料 ··· 239

8.4.5　压电材料 ……………………………………………… 240

8.4.6　热电材料 ……………………………………………… 241

8.4.7　催化材料 ……………………………………………… 243

8.5　非整比氧化物在电化学器件中的应用 ……………………… 246

8.5.1　ABO$_{3-\delta}$钙钛矿型催化剂 …………………………… 246

8.5.2　层状钙钛矿型催化剂 …………………………………… 249

8.5.3　焦绿石型钙钛矿型催化剂 ……………………………… 252

参考文献 ……………………………………………………………… 254

第1章
绪 论

1.1 人类使用固体材料和认识固体结构的历史

固体材料是人类生产和生活的物质基础，是人类社会进步及生产力发展的标志。人类的社会文明曾根据使用工具的材质被划分为石器时代、青铜器时代、铁器时代等。本书以固体材料的发展为主线，阐述固体材料的研究历史及其性能评价。人类对固体材料的认识过程也是对自然的认识的实际体现，从观察到实践、从宏观到微观。20 世纪以前，人类只是从宏观上熟悉固体材料，并总结和推导出各种晶体学理论，直至 1912 年劳厄 (M. von Laue，1879—1960) 等发现了晶体 X 射线衍射效应，从微观上证实了晶体学的点阵结构理论。这一发现被认为是晶体学经典与现代、宏观与微观的分界线，将人类认识和使用材料的历史分为两个阶段。本章围绕经典固体材料展开，对准晶的概念、时间晶体等不做系统的介绍。

1.1.1　20 世纪以前

自从人类出现，就和固体材料结下了不解之缘。我国认识和使用材料的历史可追溯到 50 万年前，北京猿人用玉石类的石英作武器和工具，用以猎取动物，而石英多数都是天然的二氧化硅晶体。我们的祖先使用陶器始于石器时代。人们常说"秦砖汉瓦"，说明秦汉时期制陶业的生产规模、烧造技术、数量和质量都超过了以往任何时代。西汉时期，韩婴发现雪花为六重对称性，这比欧洲对雪花的外形结构认识早了 1700 年左右。明初的李时珍在其旷世巨著《本草纲目》中记述了一些矿石晶体的外形、光泽、颜色，并已经知道用重结晶法提纯硝石 (KNO_3) 晶体。《圣经》中描述金刚石、蓝宝石和许多其他宝石的文字也随处可见，如美丽的外形、夺目的光彩及大的硬度等。这说明了当时人们只是从外观上认识晶体，还不清楚为什么晶体会有如此奇妙的特性。

17 世纪，丹麦解剖学家和地质学家斯特诺 (N. Steno，1638—1686) 在对石英和赤铁矿晶体做了充分观察的基础上，发现了晶面夹角守恒定律，这个面夹角的不变性是史料记载的第一个发现的晶体宏观规律，也被称为"晶体学第一定律"。1784 年，法国

科学家阿羽伊 (R. J. Hauy，1743—1822) 发现了晶体对称性定律。1830 年，德国矿物学家赫塞尔 (J. F. Ch. Hessel，1796—1872) 对晶体外形的对称元素的一切可能组合方式进行推导，得出 32 种点群，即 32 种对称性。但由于其文字晦涩，加之当时科学界经验主义盛行，没有引起人们的重视，直到 1867 年，俄国物理学家加多林 (1828—1892) 以数学方法进行严密的推导，得到相同的 32 种点群，才使这一成果得到应有的重视。

1842 年，德国学者弗兰肯海姆 (M. L. Frankenheim，1800—1869) 发现了宏观晶体的 15 种空间点阵型式。1848 年，法国晶体学家布拉维 (A. Bravais，1811—1863) 运用严格的数学方法推导出晶体的空间格子只有 14 种，指出了弗兰肯海姆的 15 种点阵型式有两种实质上是相同的，并重新确定了空间点阵的 14 种型式。晶体数学家在 32 种点群和 14 种空间点阵型式的基础上，推导出了晶体的 230 种不同的对称要素组合方式，也称为 230 种空间群，即自然界中的粒子所有可能的空间组合方式。

通过以上的叙述可以看出，晶体学的研究与发现都与数学密切相关。许多重要的研究成果是运用数学方法从理论上推导出来的，缺少相关的实验数据支撑和证明。但 1912 年，劳厄等关于晶体 X 射线衍射效应的发现，证实了晶体的点阵结构理论，并被认为是晶体学经典与近代的"分水岭"。

1.1.2　20 世纪以后

1895 年，德国物理学家伦琴 (W. Röntgen，1845—1923) 发现阴极射线管附近的一个荧光屏在阴极射线管放电过程中，发出一种他从未见过的光芒。最终确信这个光线的发生并不是阴极射线造成的，而是另一种看不见、可穿透许多物质的射线造成的，其和光很相似，但对其特性并不了解，只好暂定其为 X 射线。

1912 年，德国物理学家劳厄成功地进行了一个单晶衍射实验，证实了 X 射线通过晶体时发生衍射的现象，并因此于 1914 年获得诺贝尔物理学奖。劳厄当时仅仅是德国慕尼黑大学一名非正式聘请的讲师。晶体 X 射线衍射效应的重大发现一举证实了：

(1) X 射线是一种波长很短的电磁波，从而建立了 X 射线光谱学。

(2) 经典几何晶体学提出的空间点阵假设的正确性。晶体内部的原子、离子、分子确实是规则的周期性排列。

(3) 可根据晶体 X 射线衍射效应来研究晶体结构。例如，由衍射方向，可确定晶胞大小和型式；根据衍射强度可确定晶胞的内容，即原子、分子、离子等的分布位置。

一个多世纪以来，围绕 X 射线光谱学和 X 射线晶体学两方面获得的诺贝尔物理学奖、诺贝尔化学奖、诺贝尔生理学或医学奖的人次达 10 人次以上。布拉格父子 (William Henry Bragg，1862—1942；William Lawrence Bragg，1890—1971) 利用 X 射线衍射法测试了 NaCl 的晶体结构。结果出人意料，整个晶体形成了一个巨大的栅格，每个钠离子被六个等距离的氯离子包围，每个氯离子被六个等距离的钠离子包围且有规则地延伸排列，并没有发现单独的氯化钠"分子"。这一测试结果并未被化学家接受，当时普遍认为钠和氯不可能有六价。通过 X 射线衍射法证实了绝大多数无机化合物晶体中没有独立的分子，都是以离子的形式存在。布拉格父子也因此双双获得诺贝尔物理学奖。

　　1927 年，英国化学家海特勒 (Heitler) 和伦敦 (London) 建立了量子化学理论；1931 年，美国化学家鲍林 (Pauling) 建立了价键理论；20 世纪 50 年代，反映配合物结构的配位场理论日臻成熟，分子轨道理论也相继问世。这三大基础理论都已深入电子水平，为建立微观的化学反应理论创造了科学条件。紧接着科学家陆续合成出人造"红宝石"、"水晶"、"六氟化铀"、"硼氢化物"及"夹心化合物"等。近年来又陆续合成出了笼状化合物、簇状化合物及含稀土的永磁性材料，钕、铁、硼磁性材料代替了部分铁氧永磁性物质，发现了石墨烯等。超导材料、激光材料、储氢材料等也与固体化学有紧密联系。

　　固体间能直接化合进行反应，而且有些反应是湿化学法无法进行的。例如，$CoCl_2 \cdot 6H_2O$ 与 4- 甲基苯胺在乙醇中可以进行化学反应，生成蓝色的 $Co(C_7H_9N)_2Cl_2$，反应在水中不能进行，在干态时将反应物稍加研磨 (0℃) 即可反应生成蓝色的 $Co(C_7H_9N)_2Cl_2$。这也为固体化学反应开辟了新的研究方向。

　　总之，对于一种新固体材料，不同领域的学者关心的视角是不完全相同的。例如，对于超导材料，普遍的愿望是将其超导临界温度提高，但物理学家关心的是温度提高时其物理性质；材料学家是测试其温度提高后从宏观上反映的各种性能，如硬度、强度、韧性、延展性及热稳定性等；而化学家最为关心的则是如何才能把这种材料合成出来。

1.2　固体化学的主要研究内容

　　固体化学在我国真正的兴起是在 20 世纪 60 ～ 70 年代，在 80 年代初开始形成体系，研究内容可简略分为以下三个方面：

　　(1) 新型固体材料的制备过程，如扩散、烧结、热解、高温冶炼中的化学变化和控制机理；固体腐蚀、氧化、电化学过程等。

　　(2) 固态反应，固相反应多发生于三维晶格中，所以除化学反应本身的复杂性外，还必须充分考虑各种类型的缺陷对其的影响，同时缺陷会导致晶体的非化学计量化合物的形成 (其在超导材料制备上有较大的突破性应用)。

　　(3) 晶体生长，实际使用的材料通常为多晶材料，晶粒之间的交界处称为晶粒间界。原子在晶粒间界上是一种不规则的排列，具有晶体的二维缺陷。众所周知，界面分子因受力不均衡而产生界面能，故晶粒间界也具有较大的界面能，微量成分往往在晶界区域发生聚偏析和相分离。也有学者将研究晶界的科学问题定义为"晶界工程"。固体化学在晶界研究中探讨的是晶界能和晶界激活能随微量成分含量变化的规律及两者的联系；不同微量成分之间在晶界区域的相互作用，以及微量成分在晶界区域的扩散和对其他元素扩散过程的影响等。这也是目前固体化学中较难的一部分，由于篇幅限制，本书不做探讨。

　　总之，固体化学的研究内容十分繁杂，但中心问题是研究固体材料性质及其组成与结构的关系。最终目的是寻找和合成具有磁学、光学、电学和半导体性质的固体化合物及具有特殊功能的新材料。

目前世界各国在固体化学方面的研究热点主要侧重于以下领域：

(1) 固态的有序与缺陷的研究。

有序，理想的单晶是由原子有序、完整地排列而成。但实际的单晶总存在空位和位错等缺陷。目前理想的单晶硅的纯度也只能达到 99.9999999%。无位错的单晶是高光学质量的激光晶体集成电路等的重要材料，如高纯掺钕钇铝石榴石晶体因具有良好的物理化学性能、高的激光效率及激光破坏阈值等优点，一直是各种晶体激光器的最佳工作物质。不过，从点阵结构理论来说没有真正意义上的单晶，只能是无限趋近。

缺陷，即晶体的不完美性。可以是由热运动产生原子或离子的堆垛缺陷，也可以是有意或无意引入的杂质缺陷，同样也可能存在某种电子缺陷，还有制备过程产生的面缺陷和体缺陷等。缺陷的存在往往可以改变固体材料的性能，或是负面的，或是有益的。研究缺陷的意义在于可以控制材料中的缺陷种类及其浓度大小，为新固体材料的发现及其性能的优化服务。

(2) 无机固态物质表面与晶界的研究。

制备高存储密度的磁粉、提高催化剂活性、改善陶瓷的耐脆能力等需要一些具有特殊的表面和晶界的物质。同时，晶界也是进一步提高陶瓷高温超导体的临界电流密度的关键问题之一。

(3) 低维化合物的制备及其性能的研究。

低维化合物主要指层状或链状结构化合物，研究层与层之间的间距、键强及配位方式，寻找高温超导体及高温润滑材料。现在有将纳米铜粉掺到石墨中作高温减磨和修补类润滑材料。三维的固相反应多集中在高温区，而低维化合物也是固相化学反应的关键材料。

(4) 非整比化合物的合成与研究。

由晶体中的堆垛、价态及杂质等引入的缺陷可能导致晶体中组分原子不能满足道尔顿的定组成定律，形成固体化学中一大类非整比化合物，并在实际材料的组成上屡见不鲜。例如，1987 年发现的高温超导材料 $YBa_2Cu_3O_{7-x}$，临界温度跃至液氮温区 90K，而其正是一种典型的非整比化合物。

(5) 探求新的无机合成方法和新的反应。

利用极端条件进行化学合成，如超高压、超低真空、超高温、超低温、失重、辐照等，这也是目前国家自然科学基金材料类重点资助的研究方向之一。例如，利用溶胶 - 凝胶法和辉光放电法制备超细粉末、碳纳米管，以及反相微乳液法合成超微观材料等。

(6) 异常价态。

除了原子序数再向外延伸的超重元素还有可能被研究发现以外，元素周期表已被填满，发现稳定新元素的可能性不大，但发现某些元素的新价态则可能获得其新的用途。在合成化学中的离子不等价取代，可使化合物中的一些变价元素的价态发生改变或产生混价，从而使化合物的电、磁等性能发生明显的变化。例如，Fe_3O_4 是由

FeO、Fe_2O_3 组成的，但 Fe_3O_4 中的 Fe 元素的氧化数是 $2\frac{2}{3}$，其稳定程度及一些化学性能是 FeO、Fe_2O_3 所不能比的，而实际上其只是铁氧体尖晶石晶体的一种表达形式。

(7) 在固态化合物中有关能量的转换、存储、传递和损耗的研究。

这方面的研究主要包括：一种能量通过材料转换成为另一种能量的功能材料；存储材料，如储氢材料；传递材料，如利用电子或离子输运电子导体或离子导体，提高效率，降低能耗；高效杀菌材料；吸波、红外屏蔽类隐身材料等。

固体化学的研究领域和研究内容一样十分繁杂，其目标产物必须是固体，否则就超出了固体化学的研究范围。固体材料的制备或研究与其组成、结构、性质是密不可分的，为了更好地了解固体材料的性能，须对固体材料的理论、合成及表征等有较全面的认识。从 20 世纪末至 21 世纪初，固体化学的研究进展十分迅速，这在很大程度上得益于 1986 年高温陶瓷氧化物超导性质的发现。由此延伸出的对高温超导研究及先进功能材料的合成也促进了纳米科技的飞跃，如微介孔固体、微燃料电池、巨磁电阻效应的应用等。但是，若在一本书中全面介绍所有相关技术是很困难的，本书从晶体结构入手，会尽其所能，带您感受固体材料令人兴奋的研究成果，为新发明提供一个轮廓分明的科技背景。

第2章
晶体结构基础知识

  物质主要以气态、液态及固态三种形式存在，而固态又可分为有序和无序两种形式。有序是指以晶体形式存在的固体状态，简称"晶态"，即指由分子或原子、离子及原子团等微粒在空间有规则地周期性排列而成的固体。除稀有气体氦 (He) 以外，所有物质降温至足够低的温度后，基本均可形成一种至多种不同结构晶相 (呈规律性排列的固体)。本章主要介绍晶体结构的基本特性、描述晶体结构的堆积模型及其组成规律所依据的点阵结构理论。完整的晶体，各部分的性质是完全均匀的，如密度 (ρ)、熔点等，因其是由许许多多排列情况完全相同的基本单元，即晶胞 (也称为原胞) 重复出现形成的。晶体内部各微粒在各个方向上排列的情况不同导致其各向异性，如石墨的面上和层间导电性完全不同，云母晶体在不同方向的导热性不同，非晶体不具备以上性质。晶体存在周期性、对称性的特点，可以对 X 射线进行衍射，有固定的熔点，自发地长出晶面、晶棱及顶点而构成多面体外形等。为了使读者更容易掌握晶体的对称性，深入学习晶体结构，熟悉连接晶体内部的作用力，以及基本结构对作用力的影响，本章首先从个体分子的对称性入手，渐进式地步入三维晶体宏观对称性的认识。

2.1　分子对称性

  对称现象是自然界最普遍、最奇妙的现象之一，许多动植物，如海星、蜜蜂、水仙花、百合等都存在不同程度的面或轴的对称性；生活中，出于对外形设计美观的需求，许多建筑、雕刻、绘画、剪纸等也存在体、面、轴的对称性，如图 2-1 所示。由此可见，自然界是一个以对称为美的世界。

(a) 花草

(b) 雪花

(c) 剪纸

图 2-1　对称现象示例图

对称性在化学中也有广泛的例子，如图 2-2 中 CH_4 与 NH_3 具有类似的对称性，但对称程度不同；而二茂铁具有与 CH_4 和 NH_3 不同的对称类型。如何区分化学分子的对称类型，并进一步表达、确定各种对称性，是研究化学分子特性的问题之一。很多分子的几何形状，即原子核空间排布也表现出某些对称性，意味着作用于该分子内部电子的核电场也具有同样的对称性，其分子轨道也必然表现出与之相适应的对称性。通过分子对称性的研究，可以把握分子结构的某些特点，说明分子的相关性质。也可借助分子对称性，简化求解薛定谔方程，甚至可以不必求解薛定谔方程，仅仅经过简单的处理就能得到分子结构的某些结果。因此，了解化学分子的对称元素及分子的所属点群，对认识、掌握化学分子的一般特性是有很大帮助的。同理，在学习固体化学理论时，为了更好地学习掌握固体材料结构与性质的关系，也须讨论晶态对称性的数学规律"群"的概念，其对认识固态材料的规律性问题具有重要意义。目前群的思想已广泛应用于化学键理论、晶体结构、化学反应和凝聚态物理等各个领域。

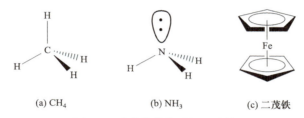

(a) CH_4 (b) NH_3 (c) 二茂铁

图 2-2　几种化学物质的对称性

2.1.1　对称操作和对称元素

在保持原子间距不变的情况下进行一定的操作，使分子构型中各点在空间位置上发生变动，变动后的分子在空间构型上与原分子一致，这种操作称为对称操作。在对称操作中，所依赖的几何要素 (点、线、面及其组合) 称为对称元素。对称操作与对称元素是密不可分的，二者有联系，也有区别。对称操作必须依赖一定的对称元素才能实现，属于变换过程；对称元素是具体的几何元素，如点、线、面等，对称元素只有在对称操作中才能体现其意义，一个对称元素可以对应几个对称操作。以 BF_3 为例，如图 2-3 所示，BF_3 为平面三角形，三个 F 原子占据三个顶点，B 原子位于三角形的中心，将其绕垂直于分子平面且过中心 B 原子的直线 (x 轴) 逆时针旋转 120° 得到分子 (2)，其中三个标号的 F 原子全部变换了位置，但分子 (1) 和 (2) 构型完全相同，称其为"等价图形"；同样，分子 (2) 再旋转 120° 得到分子 (3)，三个分子构型完全相同，若再旋转 120° 则得到的分子与 (1) 完全重复，此时称其为"复原操作"，所以"等价图形"和"复原图形"是有着不同含义的，这里的 x 轴可作为 BF_3 的对称元素。

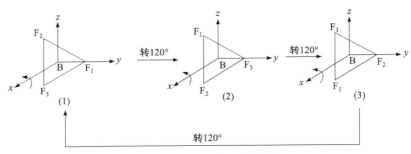

图 2-3 BF₃ 分子的对称变换

根据分子的对称操作类型,一般划分为六种对称元素,如表 2-1 所示。在实际分子的对称性研究中主要有恒等元素、旋转轴、对称面、对称中心及旋映轴五种对称元素,而反轴只是针对极少数具有特定结构的化学分子,但其在晶体对称性中比较常见。

表 2-1 对称元素与对称操作分类

对称元素		对称操作	
名称	符号	名称	说明
恒等元素	E	恒等操作	分子保持不变
旋转轴	C	旋转操作	绕某个旋转轴旋转
对称面	σ	反映操作	相对于某个面进行反映操作
对称中心	i	反演操作	相对某一点进行反演操作
旋映轴	S	旋转反映操作	先绕某旋转轴旋转 $2\pi/n$,再对垂直于该轴的平面进行反映操作
反轴	I	旋转反演操作	先绕某旋转轴旋转 $2\pi/n$,再相对某一点进行反演操作

2.1.2 旋转轴和旋转操作

当分子中各原子沿某一条固定的直线轴旋转一定角度后,得到与原化学分子等价的构型(物理结构上无区别),则旋转中借助的这条直线称为旋转轴,旋转的最小角度 α 称为基转角,此操作称为旋转操作。

$$\alpha = 360°/n \qquad (n \text{ 取正整数}) \qquad (2\text{-}1)$$

分子具有 n 次旋转轴,用 C_n 表示,n 次轴,即可产生 n 次旋转操作。例如,H_2O、H_2O_2 等分子的基转角为 180°,旋转轴为 C_2 轴,C_2 轴有两种操作 C_2^1、E。NH_3 的基转角为 120°,旋转轴为 C_3 轴,C_3 轴有两种操作 C_3^1、C_3^2、E,如图 2-4 所示,类似的分子包括 $CHCl_3$、PCl_5、$Fe(CO)_5$ 等;在旋转操作中,一般取逆时针方向的旋转为正操作,而顺时针方向的旋转为逆操作,正、逆操作之和为恒等操作。对称操作连续作用后能使分子图形完全复原,复原所需的最少操作次数称为该操作的周

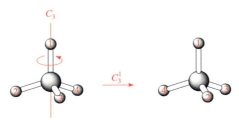

图 2-4 C_3 轴旋转操作示意图

期，如 C_n 轴即可产生 n 个旋转操作，周期则为 n。

SF$_6$ 是一种良好的气体绝缘介质，常用作超高压绝缘材料，其基转角为 90°，旋转轴为 C_4 轴，类似的分子包括 $[PtCl_4]^{2-}$、$[Ni(CN)_4]^{2-}$、BrF_5 等；由于 $C_4^2 = C_4^1 \cdot C_4^1 = C_2^1$，$C_4$ 轴包括 C_2 轴，因此 C_4 轴的特征对称元素为 C_4^1 和 C_4^3。IF_7、$Fe(C_5H_5)_2$ 等分子具有 C_5 旋转轴。苯分子具有 C_6 旋转轴，C_6 旋转轴包括 C_2 旋转轴和 C_3 旋转轴的全部对称操作。当分子具有多个对称轴时，轴次最高的称为主轴，其余称为副轴。在此，苯分子的主轴为 C_6 轴，副轴为 C_2 轴、C_3 轴，C_2 轴有两种不同的类型，其一为通过相对 C—C 键中点的连线，其二为通过相对碳原子的连线，如图 2-5 所示。

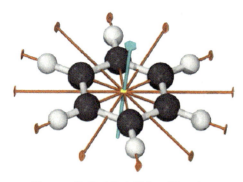

图 2-5　苯分子的主轴与副轴示意图

C_6 轴的六种对称操作包括 C_6^1、$C_6^2 = C_6^1 \cdot C_6^1 = C_3^1$、$C_6^3 = C_2^1$、$C_6^4 = C_3^2$、$C_6^5$ 和 E。因此，C_6 旋转轴包括 C_2 轴和 C_3 轴的全部对称操作，具有 C_6 旋转轴的分子一定存在 C_2 轴和 C_3 轴，一般情况下，只标明 C_6 轴而不必指出 C_2 轴和 C_3 轴。

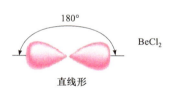

图 2-6　BeCl$_2$ 结构示意图

BeCl$_2$ 是 sp 杂化的直线分子，具有 C_∞ 旋转轴，即沿三个原子中心构成的直线旋转任意角度均可使分子构型复原，如图 2-6 所示，类似的分子包括 H_2、HCl、HCN、CO_2 等，但分子的旋转轴只有一条，特殊情况下，基转角可以无限小。

基转角为 α，绕旋转轴 C_n 连续进行 m 次旋转，即基转角旋转 m 倍 ($m \leqslant n$)，旋转可记为 C_n^m，$C_n^m = C_n^1 \cdot C_n^1 \cdot C_n^1 \cdot C_n^1 \cdot C_n^1 \cdot C_n^1 \cdots$ (m 个)。当 $m = n$ 时，旋转角为 2π，相当于分子不动，$C_n^m = E$，此时 E 称为恒等操作，是每个分子都具有的对称操作。恒等操作与任何对称操作均可互易，即 $EP = PE$。前面指出了逆时针方向的旋转为正操作，若先沿逆时针旋转 α，后沿顺时针旋转 α，所得操作相当于恒等操作 E，而在实际的其他对称操作时，若先进行某个对称操作，再进行下一个操作所得空间构型与原对称分子相同，则两个操作互为可逆操作。

2.1.3　对称面和反映操作

对称面就相当于一个镜面，把分子图形分成了互为镜像两个完全相等的对称部分，即将分子中的各原子沿垂直某一平面方向且距平面距离相等的位置移动，所得分子构型与原分子相同，则此平面称为对称面，记为 σ，相应的对称操作称为反映操作。同一分子连续进行两次反映操作相当于恒等操作，即 $\sigma\sigma = E$。对于 σ_n，当 n 为奇数时，$\sigma_n = \sigma$；当 n 为偶数时，$\sigma_n = E$。当分子中同时含有对称面和旋转轴时，通过不同角标以表示对称面与旋转轴的空间取向关系，如表 2-2 所示。实例中反式二氯乙烯的 σ_h 对称面如图 2-7 所示，该对称面刚好把平面分子一分为二，H_2O 和 NH_3 分子的 σ_v 对称面如图 2-8 所示。

表 2-2　对称面的分类

对称面类型	说明	举例
σ_h	垂直主轴的对称面	反式二氯乙烯有 1 个 σ_h
σ_v	包含主轴的对称面	H_2O 有 2 个 σ_v NH_3 有 3 个 σ_v
σ_d	主轴包含在对称平面中，且对称平面平分两个副轴的夹角	苯分子含 6 个夹角 30° 的 σ_d，6 个 σ_d 共同交线为苯分子的 C_6 轴

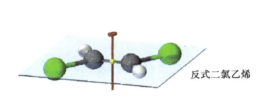

图 2-7　反式二氯乙烯的 σ_h 对称面

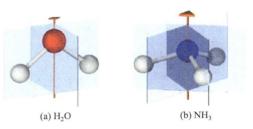

(a) H_2O　　　　(b) NH_3

图 2-8　H_2O 和 NH_3 分子的 σ_v 对称面

常见的 $PtCl_4$ 分子有两个 σ_v 对称面，其一为通过主轴 C_4 和 x 轴构成的平面，其二为通过主轴 C_4 和 y 轴构成的平面，一个垂直主轴 C_4 平行分子所在平面，并且将分子平均分为两部分的 σ_h 对称面，通过 C_4 轴平分 x 轴与 y 轴夹角的为 2 个 σ_d。在有些分子中 σ_v 与 σ_d 是对应的，如类似 $PtCl_4$ 的分子。

2.1.4　对称中心和反演操作

分子若具有对称中心，将分子中任意原子与对称中心 i 连线并延长相等距离后可得到与此相同的另一原子，此时 i 点为对称中心，所进行的操作称为反演操作。需要说明的是，分子若具有对称中心，任一原子沿对称中心均可进行相应的反演操作，并不仅限于某一原子；此外，分子进行反演时，分子中每个原子都应做相应的反演操作，而不可只限于某一原子或几个原子。

图 2-9 为具有对称中心的分子，A 原子的坐标为 (x, y, z)，i 为对称中心，A 原子经反演操作后坐标变为 $(-x, -y, -z)$，如图 2-9 所示。

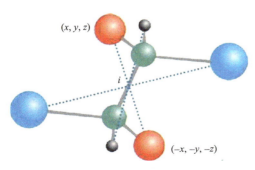

(x, y, z)

i

$(-x, -y, -z)$

图 2-9　分子的反演操作

上述分子可进行多次反演操作，n 次反演操作用 i^n 表示。取 k 为正整数，当 $n = 2k + 1$ 时，$i^n = i$；当 $n = 2k$ 时，$i^n = E$。因此，反演的独立操作为 i 和 i^2，阶次为 2。

苯分子中各对角线原子相连的中心即为对称中心 i，其和对二溴苯的对称中心重合。对二溴苯是有芳香味的白色晶体，取 1 号 C 原子上的溴标记为 Br_a，4 号 C 原子上的溴标记为 Br_b，苯分子中碳原子处于同一平面，沿 Br_a 原子与 i 的连线并延长到相等距离得到 Br_b 原子，可见苯分子的对称中心 i 即为对二溴苯的对称中心。

2.1.5　旋映轴和旋转反映操作

在分子对称性中，旋映轴也称为象转轴，还可称为非真轴。分子绕轴旋转 $2\pi / n$ 后，再通过垂直于该轴的平面进行反映，所得分子与原分子构型完全相同，此操作称为旋转反映操作，与之相应的对称元素称为旋映轴，用 S_n 表示。旋转反映是一种复合操作，实际操作中，先反映后旋转与先旋转后反映是等价操作，即 $S_n = C_n \cdot \sigma_h = \sigma_h \cdot C_n$。

$S_1 = \sigma_h \cdot C_1 = \sigma_h$　　　　S_1 等于镜面

$S_2 = \sigma_h \cdot C_2 = i$　　　　　S_2 等于对称中心

$S_3 = \sigma_h \cdot C_3 = C_3 + \sigma_h$　　S_3 等于 $C_3 + \sigma_h$

$S_4 = \sigma_h \cdot C_4$　　　　　　S_4 为独立的对称元素

$S_5 = \sigma_h \cdot C_5 = C_5 + \sigma_h$　　S_5 等于 $C_5 + \sigma_h$

$S_6 = \sigma_h \cdot C_6 = C_3 + i$　　　S_6 等于 $C_3 + i$

······

由此可见，S_n 并不等同于两个对称元素的简单组合，对于几个对称操作连续进行的复合操作，其中各个操作的几何元素并不一定独立存在。例如，CH_4 分子含 3 个 S_4 轴，却没有独立的 C_4 轴和与之垂直的 σ_h，如图 2-10 所示。类似地，丙二烯分子存在 1 个 S_4 轴，不存在 C_4 轴和与之垂直的 σ_h，可见 S_4 轴是独立的对称元素。

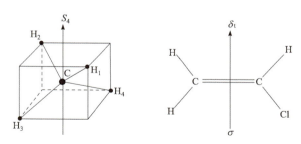

图 2-10　甲烷和氯代乙烯分子结构示意图

苯分子中存在独立的 C_3 轴和与之垂直的 σ_h，S_6 轴可由 C_3 轴和 σ_h 组合操作完成。

大量研究表明，当 $n = 2k+1$（k 为 0，1，2，···）时，S_n 轴是 C_n 与 σ_h 组合的结果；当 $n = 4k$（k 为 1，2，3，···）时，S_n 是独立的对称元素，即分子中不存在 C_n 和与之相应的 σ_h 时，S_n 仍独立存在；当 $n = 4k + 2$（k 为 0，1，2，···）时，S_n、$C_{n/2}$、i 共存。

2.1.6 反轴和旋转反演操作

分子绕轴旋转 $2\pi/n$ 后再通过对称中心反演，所得构型与原分子相同，此操作称为旋转反演操作，相应的对称元素称为反轴，用 I_n 表示，n 为反轴的轴次，I_n 称为 n 重反轴。与旋转反映操作类似，旋转反演是复合操作，不等同于两个对称元素的简单组合，实际操作中，先反演后旋转与先旋转后反演是等价操作，即 $I_n = C_n \cdot i = i \cdot C_n$。当 n 为奇数时，I_n 的阶次为 $2n$，I_n 涵盖 $2n$ 个基本操作，即 I_n^1, I_n^2, …, I_n^n, I_n^{n+1}, …, I_n^{2n}。当 n 为偶数时，I_n 的阶次为 n，I_n 涵盖 n 个基本操作，即 I_n^1, I_n^2, …, I_n^n。例如，一重反轴 $I_1^1 = i$，$I_1^2 = E$；二重反轴 $I_2^1 = i \cdot C_2^1 = \sigma_h$，$I_2^2 = E$。一重反轴和二重反轴相对简单，三重反轴以上会比较复杂，不易理解，所以在分子对称性中，一般不深入讨论"反轴"的概念，在晶体对称性中会重点关注，在此对其进行分解叙述，供有兴趣的读者参阅。

I_3 轴的对称操作包括 I_3^1、I_3^2、I_3^3、I_3^4、I_3^5、I_3^6，操作结果如下：

$$I_3^1 = i \cdot C_3^1$$

$$I_3^2 = I_3^1 \cdot I_3^1 = i \cdot C_3^1 \cdot i \cdot C_3^1 = C_3^2$$

$$I_3^3 = I_3^2 \cdot I_3^1 = C_3^2 \cdot i \cdot C_3^1 = i$$

$$I_3^4 = I_3^3 \cdot I_3^1 = i \cdot i \cdot C_3^1 = C_3^1$$

$$I_3^5 = I_3^4 \cdot I_3^1 = C_3^1 \cdot i \cdot C_3^1 = i \cdot C_3^2$$

$$I_3^6 = I_3^5 \cdot I_3^1 = E$$

从对称操作结果可知，I_3 包括 6 个独立的对称操作，即 E、C_3^1、C_3^2、i、iC_3^1、iC_3^2，其中包括 C_3、i 及 C_3 和 i 组合后的全部对称操作，因此 $I_3 = C_3 + i$。实际上 I_3 反轴为何会出现 6 次等价操作，是由于进行分子操作时不能在操作过程中终止，而是要求在出现恒等时（即复原分子后）才可记为一个完整的循环操作。

类似地，I_4 轴的对称操作包括 I_4^1、I_4^2、I_4^3、I_4^4，可见 I_4 反轴包括 4 个独立的对称操作，即 iC_4^1、iC_4^2、iC_4^3、E，并未涵盖 C_4、i 及 C_4 和 i 组合后的全部对称操作。因此，I_4 轴不是 C_4 和 i 的简单加和形式。

$I_4^1 = i \cdot C_4^1$，$I_4^2 = I_4^1 \cdot I_4^1 = i \cdot C_4^1 \cdot i \cdot C_4^1 = C_2^1$，$I_4^3 = I_4^2 \cdot I_4^1 = C_2^1 \cdot i \cdot C_4^1 = i \cdot C_4^3$，$I_4^4 = I_4^3 \cdot I_4^1 = E$，依此类推，$I_6$ 轴的对称操作结果显示，$I_6 = C_3 + \sigma_h$。

$I_6^1 = \sigma_h C_3^2$，$I_6^2 = I_6^1 \cdot I_6^1 = C_3^1$；

$I_6^3 = I_6^2 \cdot I_6^1 = \sigma_h$，$I_6^4 = I_6^3 \cdot I_6^1 = C_3^2$；

$I_6^5 = I_6^4 \cdot I_6^1 = \sigma_h C_3^1$，$I_6^6 = I_6^5 \cdot I_6^1 = E$。

在实际的应用中，反轴 I_n 与旋映轴 S_n 不完全独立，常见的有 $I_1 = S_2 = i$，$I_2 = S_1 = \sigma$ 等，旋转轴次为 6 以内的 I_n 与旋映轴 S_n 的关系如下：

$$I_1 = -S_2 = i \qquad\qquad S_1 = -I_2 = \sigma$$

$$I_2 = -S_1 = \sigma \qquad\qquad S_2 = -I_1 = i$$

$$I_3 = -S_6 = C_3 + i \qquad\qquad S_3 = -I_6 = C_3 + \sigma$$
$$I_4 = -S_4 \qquad\qquad\qquad\quad S_4 = -I_4$$
$$I_5 = -S_{10} = C_5 + i \qquad\qquad S_5 = -I_{10} = C_5 + \sigma$$
$$I_6 = -S_3 = C_3 + \sigma \qquad\qquad S_6 = -I_3 = C_3 + i$$

在此，"−"表示相应操作的逆操作。由此可见，反轴和旋映轴是可互通的，习惯上分子的对称性用 S_n 表示，晶体采用 I_n。

本节介绍了对称元素和相应的对称操作，对称元素大体可以分为两类，第一类对称元素包括旋转轴，对应的是实操作；第二类对称元素为对称面、对称中心、旋映轴和反轴，对应的是虚操作。两个对称操作的组合即为对称操作相乘，两个第一类对称操作相乘或者两个第二类对称操作相乘，其结果相当于第一类对称操作；只有第一类对称操作与第二类对称操作相乘，其结果才相当于第二类对称操作。例如，旋转反演或旋转反映都是第一类对称操作与第二类对称操作的乘积，因而均为第二类对称操作。该部分学习要着重理解各对称元素与对称操作的关系，以及它们之间的关联性。

2.2　分子点群

分子具有对称元素和相应的对称操作，对称元素需满足其组合原则并共同构成完整的对称元素系，与对称元素相应的全部对称操作形成一个对称操作的集合，该集合具有数学上群的性质，化学中将分子全部对称操作的集合称为分子点群。所以，分子点群即"分子的对称性"操作集合。

2.2.1　群的定义及性质

群是一个数学概念，由法国青年数学家伽罗瓦 (Galois，1811—1832) 提出。他系统地研究了群，发现了正规子群和可解群，用群的思想解决了关于解方程的问题，这是当时连最优秀数学家都感到棘手的难题。群论是较抽象的数学理论，但由于其应用的广泛性，在化学上也要求对其基本的概念有较深入的了解和掌握，尤其是群与分子点群的相关性。

群是按一定规律相互联系的元素组合。集合 G 含有 A、B、C、D、…元素，在这些元素之间定义一种运算，如果其满足以下四个条件，则称集合 G 为群。

(1) 封闭性：A、B 为 G 中任意元素，若 $A \cdot B = C$，$A \cdot A = D$，则 C、D 仍为 G 中元素。

(2) 缔合性：G 中各元素间运算满足乘法结合律，即 $(A \cdot B) \cdot C = A \cdot (B \cdot C)$。

(3) 含单位元素：群中必有一元素可与所有元素结合而使其不变，该元素称为恒等元素 E 或单位元素，即 $ER = RE = R$。

(4) 含逆元素：G 中任意元素 R 均有其逆元素 R^{-1}，R^{-1} 也属于 G。

以上四个性质在数学群中必不可少，群中元素的数目称为群的阶，若群的阶数是有限的称为有限阶群，群中元素的数目无限则称为无限阶群。若群中元素可再分出独立的满足群基本概念的集合，则将此集合群称为子群。

根据群的概念，全体正、负整数和零，对于加法运算可以构成一个群，将其记为

$$G=\{0,\ \pm1,\ \pm2,\ \pm3,\ \pm4,\ \cdots\}$$

群 G 中元素为 0，±1，±2，±3，$\cdots$，有无限多个，很容易证明其满足群的基本条件。

再以 NH_3 分子为例，该分子存在一个通过 N 原子的 C_3 轴，如图 2-11 所示，分子旋转 C_3^1、C_3^2 均可与原构型等价，因此 NH_3 分子至少存在一个 C_3 群，该群包含 E、C_3^1、C_3^2 三个元素，通过以上四个性质可判断其是否满足群成立的条件。

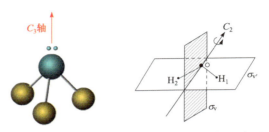

图 2-11　NH_3 分子 C_{3v} 和水分子 C_{2v} 群结构示意图

群中 $C_3^1 \cdot C_3^1 = C_3^2$，$C_3^1 \cdot C_3^2 = E$，$C_3^2 \cdot C_3^2 = C_3^1$，即任意元素结合所得元素仍为群中元素，满足封闭性；$(C_3^1 \cdot C_3^1) \cdot C_3^2 = C_3^1 \cdot (C_3^1 \cdot C_3^2)$ 元素运算之间满足乘法结合律；群中存在恒等元素 E；$C_3^1 \cdot C_3^2 = E$，C_3^1 与 C_3^2 互为逆元素。

综上分析，C_3 群满足群的四个基本条件，群元素为 E、C_3^1、C_3^2。

实际上，NH_3 分子还含有 σ_v^a、σ_v^b、σ_v^c 三个对称操作，共六个群元素，所以 NH_3 分子的群元素为

$$G=\{E,\ C_3^1,\ C_3^2,\ \sigma_v^a,\ \sigma_v^b,\ \sigma_v^c\}$$

由六个元素构成，其分子对称群属于 C_{3v} 群，其中 C_3 群也是 C_{3v} 群的子群。在 H_2O 分子中含有四个群元素，即 E、C_2、2 个 σ_v。

构成群的对象是广泛的，群的"元素"可以是各种各样的数学对象或物理操作，如实数、矩阵、对称操作等。H_2O 和 NH_3 所属群都是它们的对称操作的完全集合，所以称这种群为分子对称操作群，简称"分子对称群"。而分子在进行所有操作下（或在群元素作用下）分子图形至少有一点保持不动。分子中所有对称元素至少交于一点，所以分子对称群也称为分子点群。阿贝尔群又称交换群，是指满足交换律的群，如 H_2O 分子的 C_{2v}；不满足交换律的称为非交换群，如 NH_3 分子的 C_{3v} 群。整数群为无限阶群，C_{2v} 和 C_{3v} 群为有限阶群。

2.2.2　群的乘法表

群中对称元素的乘法可以定义为一个对称操作之后紧接着另一个对称操作，若

知道有限群中的所有元素，即可排列出该群的乘法表。在群乘法表中，每个元素在每一行和每一列中只出现一次，不存在两行或两列完全相同的情况，每一行或每一列均为元素的重新排列。如果在乘积操作中，一个操作产生的结果和两个或多个其他操作连续作用的结果相同，通常称这一操作为其他操作的乘积。例如，$A \cdot B = C$，则 C 为 A 和 B 的乘积；若 $A \cdot B = B \cdot A = C$，则称 A 和 B 是可交换的。水分子的对称元素有 E、C_2、σ_v、σ_v'，相应的对称操作的乘积均可交换。群的乘法表具有以下特点：

(1) h 阶群的乘法表由 h 行和 h 列构成。

(2) 对称操作相乘的次序不同，所得结果可能不同。

(3) 群中每个元素在乘法表的每一行、每一列只出现一次。

(4) 乘法表中不存在两行或两列完全相同。

设 X 和 A 是群 G 中的两个元素，若有 $X^{-1}AX = B$，B 称为 A 借助 X 所得的相似变换，A 和 B 互为共轭，即 $X^{-1}BX = A$，群中相互共轭元素的完整集合构成群的类。

例如，水分子的 C_{2v} 群中的任意两个元素之积是可以交换的，每个元素为自身共轭。$\hat{E}\hat{C_2} = \hat{C_2}\hat{E}$ 及 $\hat{C_2}^{-1}\sigma_v\hat{C_2} = \hat{C_2}^{-1}\hat{C_2}\hat{\sigma_v} = E\hat{\sigma_v} = \hat{\sigma_v}$（式中符号上的标识特指进行的操作，下同），所以 C_{2v} 群共有四类，每个元素为一类。而氨分子的 C_{3v} 群中虽有 6 个元素，由于 σ_v^a、σ_v^b 和 σ_v^c 通过主轴的对称面是不可交换，所以此三个对称元素单独成为一类。氨分子的 C_{3v} 群也是四类。

表 2-3 为群 G 的乘法表，其中第 j 行、第 i 列的元素 Y_jX_i 是第 1 行第 i 个元素 X_i 与第 1 列第 j 个元素 Y_j 的乘积，即 Y_jX_i 应先操作 X_i 再操作 Y_j。

表 2-3　群的乘法表

G	X_1	X_2	$\cdots$	X_i	$\cdots$	X_n
Y_1	Y_1X_1	Y_1X_2	$\cdots$	Y_1X_i	$\cdots$	Y_1X_n
Y_2	Y_2X_1	Y_2X_2	$\cdots$	Y_2X_i	$\cdots$	Y_2X_n
			$\cdots$			
Y_j	Y_jX_1	Y_jX_2	$\cdots$	Y_jX_i	$\cdots$	Y_jX_n
			$\cdots$			
Y_n	Y_nX_1	Y_nX_2	$\cdots$	Y_nX_i	$\cdots$	Y_nX_n

因此，根据乘法表的相乘原则可以得到不同分子所对应的乘法表，也可对不同分子进行群的归类，在各点群的对称性匹配线性组合中，可按轨道特性用不可约特征标表示，在此不做讨论。

例如，NH_3 分子属 C_{3v} 群，群元素为 E、C_3^1、C_3^2、σ_v^a、σ_v^b、σ_v^c，其乘法表见表 2-4。

表 2-4　C_{3v} 群乘法表

C_{3v}	E	C_3^1	C_3^2	σ_v^a	σ_v^b	σ_v^c
E	E	C_3^1	C_3^2	σ_v^a	σ_v^b	σ_v^c
C_3^1	C_3^1	C_3^2	E	σ_v^b	σ_v^c	σ_v^a
C_3^2	C_3^2	E	C_3^1	σ_v^c	σ_v^a	σ_v^b
σ_v^a	σ_v^a	σ_v^c	σ_v^b	E	C_3^2	C_3^1
σ_v^b	σ_v^b	σ_v^a	σ_v^c	C_3^1	E	C_3^2
σ_v^c	σ_v^c	σ_v^b	σ_v^a	C_3^2	C_3^1	E

2.2.3　分子点群

分子点群是按分子的空间结构进行的分类，由于分子所属群是通过对称操作完成的集合，故将这种群称为"分子对称"群。为了保证分子全部对称操作的科学性，在进行分子对称性操作时，分子图形至少有一点是不动的，即分子中所有对称元素在进行操作时至少交于一点，即质心不动，所以分子对称操作群又称为分子点群。表 2-5 是常见分子点群的基本分类，表中的群符号为申夫利斯记号，下面将对一些常见的分子点群进行介绍。

表 2-5　常见分子点群的基本分类

点群	类型				
C_n	C_1	C_2	C_3		
C_{nv}	C_{2v}	C_{3v}	$C_{\infty v}$		
C_{nh}	C_{1h}	C_{2h}	C_{3h}		
D_n	D_3				
D_{nh}	D_{2h}	D_{3h}	D_{4h}	D_{6h}	$D_{\infty h}$
D_{nd}	D_{2d}	D_{3d}			
S_n	S_2				
T_d	T_d				
O_h	O_h				

由于分子点群与其对称元素密切相关，了解分子所属的点群，也就明确了该分子的对称元素系，以下将按照对称性由低到高的顺序介绍各类分子点群。

1. 只含对称轴的点群（C_n 群、S_n 群、D_n 群）

(1) C_n 群。

若分子只含 n 重旋转轴，则其属于 C_n 群，群元素为 E，C_n^1，C_n^2，$\cdots$，C_n^{1-n}，各元素间彼此可以交换，C_n 群为 n 阶群。

以 C_1 群为例，图 2-12 为 CHFClBr 分子的结构示意图。该分子除 C_1 轴外无任何对称元素，属于 C_1 群，该类化合物称为非对称化合物。此外，SiFClBrI、POFClBr 等分

子也属于 C_1 群。

H$_2$O$_2$ 分子属于 C_2 群，其结构式如图 2-13 所示，C_2 轴通过 O—O 键中点且平分两个 O—H 键的夹角。

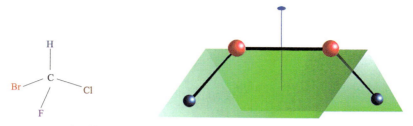

图 2-12　CHFClBr 分子结构示意图　　　　图 2-13　H$_2$O$_2$ 分子结构示意图

2, 3- 戊二烯及 [6] 螺烯等分子也属于 C_2 群，其分子结构示意图如图 2-14 所示。

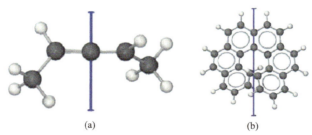

(a)　　　　　　　　　(b)

图 2-14　2, 3- 戊二烯 (a) 和 [6] 螺烯 (b)C_2 群分子

部分交叉式 1, 1, 1- 三氯代乙烷及环十二碳三烯等分子属于 C_3 群，其结构示意图如图 2-15 所示。

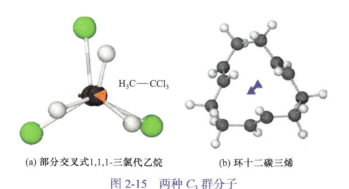

(a) 部分交叉式1,1,1-三氯代乙烷　　　(b) 环十二碳三烯

图 2-15　两种 C_3 群分子

(2) S_n 群。

分子中只含有旋映轴 S_n 的点群称为 S_n 群，旋映轴所对应的操作为绕轴旋转 $2\pi/n$，然后对垂直于轴的平面进行反映。由于 S_n 群含有一个 n 重旋映轴，此时必须考虑 n 是偶数还是奇数，当 n 为偶数时，群含有 n 个元素；n 为奇数时，S_n 群不存在，$S_n = C_{nh}$。

属于 S_4 群的分子并不常见，如反式 CHClBr—CHClBr 分子和属于 S_4 群的 1, 3, 5, 7- 四甲基环辛四烯分子 (一组甲基团破坏了所有对称面及 C_2 轴)，两种分子都具有独立的旋映轴，没有其他独立对称元素，其结构示意图如图 2-16 所示。

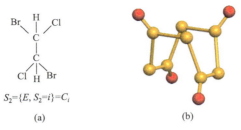

$S_2=\{E, S_2=i\}=C_i$

(a)　　　　　　　　　　(b)

图 2-16　反式 CHClBr—CHClBr(a) 和 1, 3, 5, 7- 四甲基环辛四烯 (b)

(3) D_n 群。

如分子除主旋转轴 $C_n(n \geq 2)$ 外，还有 n 个垂直于 C_n 主轴的二次轴 C_2，则该分子属 D_n 群，该点群中的分子中不存在任何对称面。D_n 群为 $2n$ 阶群，有 $2n$ 个独立的对称操作：

$$D_n = \{\hat{E}, \ \hat{C}_n, \ \hat{C}_n^2, \ \cdots, \ \hat{C}_n^{n-1}, \ \hat{C}_2^{(1)}, \ \hat{C}_2^{(2)}, \ \cdots, \ \hat{C}_2^{(n)}\}$$

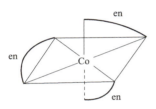

常见的 D_n 群是 D_3，如部分交错式的 H_3C—CH_3 分子，还有三乙二胺合钴配离子 $\{[Co(en)_3]^{3+}\}$，其是八面体构型，en 为乙二胺分子的缩写。螯合配体 en 降低了配离子的对称性，具有一个 C_3 轴，以及 3 个通过钴离子垂直 C_3 且与 N—Co—N 键成 45° 的 C_2 轴，如图 2-17 所示。

图 2-17　$[Co(en)_3]^{3+}$ 分子结构示意图

2. 具有对称轴和对称面的点群（C_{nh} 群、C_{nv} 群、D_{nh} 群、D_{nd} 群）

(1) C_{nh} 群。

若分子含有一个 n 次旋转轴和垂直于轴的水平对称面 σ_h，则该分子属于 C_{nh} 群。C_{nh} 群属于 $2n$ 阶群，对称元素包括 $\{E, C_n^1, C_n^2, \cdots, C_n^{n-1}, \sigma_h, S_n^2, \cdots, S_n^{n-1}\}$。

当 n 为奇数时，$C_{nh} = C_n \cdot \sigma_h = \{E, C_n^1, C_n^2, \cdots, C_n^{n-1}, C_n^1\sigma_h, C_n^2\sigma_h, \cdots, C_n^{n-1}\sigma_h\}$；

当 n 为偶数时，$C_{nh} = C_n \cdot i$，存在旋映轴或反轴，分子的群归属比较复杂，在此不进行讨论。

C_{1h} 群也称为 C_s 群，只有一个镜面，凡是没有其他对称元素的平面分子均属于此群。例如

O
H　Cl

Br
Cl

N
O　Cl

C_{2h} 群分子举例

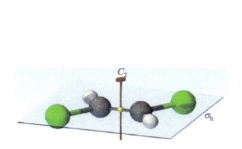

以反式二氯乙烯为例，C＝C 键的中点存在垂直于分子平面的 C_2 轴，分子所在平面为对称面 σ_h，同时 C＝C 键中点还是分子的对称中心 i，因此该分子属于 C_{2h} 群，对称元素包括 E、C_2、σ_h 和 I，如图 2-18 所示。根据分析，当分子中有偶次旋转轴和垂直于此轴的平面时，分子存在对称中心。1, 5- 萘啶、间苯三酚、环己二酮等常见的有机分子也属于 C_{nh} 群。

(2) C_{nv} 群。

若分子含有 n 次旋转轴 C_n 和通过 C_n 主轴的对称面 σ，且相邻两个对称面的夹角 $\alpha = \pi/n$，则该分子属于 C_{nv} 群。H_2O 分子属于 C_{2v} 群，C_2 主轴经过 O 原子并平分 H—O—H 之间的键角，取分子所在平面为 σ_v，另一个 σ_v 平面经过 O 原子并与分子所在平面垂直，且平分所有原子，两个 σ_v 平面相交于 C_2 轴，如图 2-19 所示。

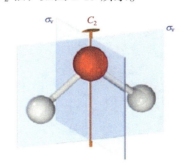

图 2-18　反式二氯乙烯结构示意图　　　图 2-19　H_2O 分子结构示意图

与 H_2O 分子的 V 形结构类似，H_2S、SO_2、NO_2 等分子均属于 C_{2v} 群，部分近似呈 V 形结构的分子也属于 C_{2v} 群，如环戊烯、邻菲咯啉及吡啶等。

图 2-20 为 NH_3 分子的三维结构示意图，其中 C_3 轴穿过 N 原子和三角锥形的底心，3 个 σ_v 对称面包含 N—H 键和 C_3 主轴，各对称面之间的夹角相等，因此 NH_3 分子属于 C_{3v} 群。

B_5H_9、IF_5 等分子的结构比较特殊，如图 2-21 所示，其也属于 C_{4v} 群。

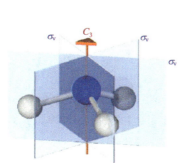
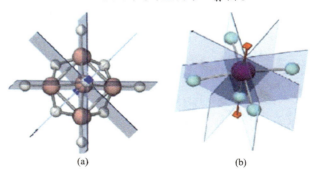

(a)　　　　　　　(b)

图 2-20　NH_3 分子结构示意图　　　图 2-21　B_5H_9(a) 和 IF_5(b)C_{4v} 群分子结构示意图

对于直线形的异核双原子分子，它包含一个 C_∞ 轴和与之相应的无穷多个对称面，因而属于 $C_{\infty v}$ 群，如 HCN、HF、CO 等分子。

(3) D_{nh} 群。

D_{nh} 群分子含有一个主旋转轴 $C_n(n \geq 2)$，n 个垂直于 C_n 主轴的二次轴 C_2，一个垂直于主轴 C_n 的水平对称面 σ_h，上述对称元素可产生 $4n$ 个对称操作：

$$\{E,\ C_n^1,\ C_n^2,\ \cdots,\ C_n^{n-1},\ C_2^{(1)},\ C_2^{(2)},\ \cdots,\ C_2^{(n)},\ \sigma_h,\ S_n^1,\ S_n^2,\ \cdots,\ S_n^{n-1},\ \sigma_v^{(1)},\ \sigma_v^{(2)},\ \cdots\ \sigma_v^{(n)}\}$$

C_n 旋转轴产生 n 个旋转操作，n 个 C_2 轴旋转产生 n 个旋转操作、对称面反映及 $(n-1)$ 个映转操作、n 个通过 C_n 主轴的垂面 σ_v 的反映操作，因此 D_{nh} 群为 $4n$ 阶群。

属于 D_{2h} 群的对称性分子较多，如乙烯，平面型对硝基苯 $[C_6H_4(NO_2)_2]$，稠环化合物萘、蒽，立体型双吡啶四氟化硅等，图 2-22 是部分 D_{2h} 群分子的结构示意图。图 2-23 给出了几种 D_{nh} 群的分子结构示意图。

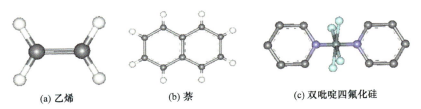

(a) 乙烯　　　　　　(b) 萘　　　　　　(c) 双吡啶四氟化硅

图 2-22　属于 D_{2h} 群的分子结构示意图

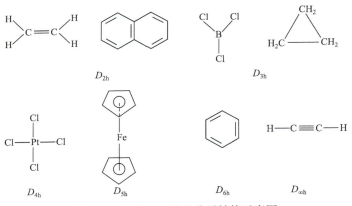

图 2-23　几种 D_{nh} 群的分子结构示意图

重叠式二茂铁属于 D_{5h} 对称性，IF_7、UF_7 为五角双锥构型，也属于 D_{5h} 对称性，环戊二烯是平面正五边形分子，也为 D_{5h} 群。

(4) D_{nd} 群。

分子中有一个 n 重旋转轴 C_n 及垂直于 C_n 轴的 n 个 C_2 轴，则分子可归属于 D_n 群。进一步分析可知，当分子中还有通过 C_n 轴，并平分 C_2 轴的 n 个 σ_d 垂直对称面，则该分子满足 D_{nd} 群的分子对称性，该群含 $4n$ 个对称操作。

丙二烯分子满足 D_{2d} 群的分子对称性，如图 2-24 所示，C_2 主轴沿 C ＝ C ＝ C 键方向，经过中心 C 原子且垂直于 C_2 主轴的两个 C_2 轴与两平面夹角为 45°，但分子不存在过中心 C 原子及垂直于主轴的平面，因此丙二烯分子不可归属于 D_{2h} 群。

图 2-25 是 N_4S_4 分子的结构示意图。该分子由共边五元环围成立体网络结构，属于 D_{2d} 群，C_2 主轴经过上下 S—S 键的中心，四个 N 原子共平面，两个 C_2 轴相互垂直。图 2-26 给出了三种 D_{nd} 群的分子结构。

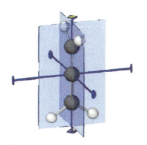 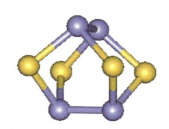

图 2-24　丙二烯结构示意图　　图 2-25　N_4S_4（D_{2d} 群）分子结构示意图

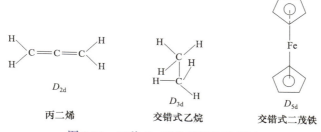

图 2-26　三种 D_{nd} 群分子结构示意图

3. 多面体群（T_d 群、O_h 群）

（1）T_d 群。

当分子具有四面体骨架构型，经过每个四面体顶点存在一个 C_3 旋转轴，连接每两条相对棱的中点存在 1 个 C_2 轴，σ_d 平分 C_3 轴之间的夹角，即 4 个 C_3 轴、3 个 C_2 轴、6 个 σ_d 平面，包含上述对称操作的分子归属于 T_d 群，该群为 24 阶群，可形成 12 个对称操作。

若一个四面体构型的分子存在 4 个 C_3 轴、3 个 C_2 轴和 3 个旋映轴 S_4，每个 C_2 轴与 2 个互相垂直的平面 σ_d 重合，2 个 σ_d 平面平分另外 2 个 C_2 轴，则该分子满足 T_d 群的分子对称性，如四面体结构的 CH_4、CCl_4 等分子。CH_4 分子中每个 C—H 键方向存在 1 个 C_3 轴，2 个氢原子连线的中点与中心 C 原子间是 S_4 轴，存在 6 个 σ_d 平面，因此四面体结构的 CH_4 分子属于 T_d 群，如图 2-27 所示。一些分子骨架是四面体构型的分子也属于 T_d 群，如过渡金属羰基化合物中 $Co_4(CO)_{12}$、$Ir_4(CO)_{12}$ 等分子，每个金属原子与 3 个羰基配体形成配位键，满足 C_3 旋转轴要求，故对称性也归属于 T_d。

还有一些分子，如封闭式碳笼富勒烯分子 C_{40}、C_{76} 等，由于封闭碳笼是由 12 个五

边形与 m 个六边形组成，五边形与六边形相对位置的改变使碳笼对称性发生变化，因此 C_{40}、C_{76}、C_{84} 等碳笼的某种排列也可归属于 T_d 群。

（2）O_h 群。

若分子包含 4 个 C_3 轴、3 个 C_4 轴，同时存在一个垂直于 C_4 轴的对称面 σ_h，由于分子中存在 3 个 C_4 轴，因而相应的对称面 σ_h 也为 3 个，3 个 σ_h 对称面形成对称中心 i，满足上述对称元素分子，其对称结构归属于 O_h 群，即 $3C_4$、$4C_3$、$6C_2$、$3\sigma_h$、$6\sigma_d$、i、$3S_4$、$4S_6$、E。图 2-27 为 T_d 群和 O_h 群的分子结构示意图。

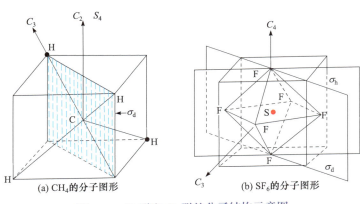

图 2-27 T_d 群和 O_h 群的分子结构示意图

属于 O_h 群的分子还包括八面体构型的 WF_6、$Mo(CO)_6$、立方体构型的 OsF_8 及立方烷 C_8H_8，如图 2-28。

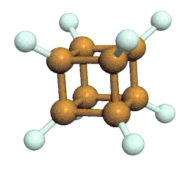

图 2-28 C_8H_8 分子结构示意图

2.2.4 分子点群与物理性质

分子是由一定数目及种类的原子通过化学键经空间排列而成，原子的空间排布包含原子核和电子云的空间分布，因此分子的对称性也体现了原子核和电子云的空间对称性。根据结构决定性质的化学理论，分子对称性在一定程度上影响其物理性能，如偶极矩、旋光性等。

1. 分子的偶极矩和极化率

偶极矩是描述分子中电荷分布情况的物理量，用 μ 表示，在分子中其与电荷分布的关系可用式 (2-2) 表示。偶极矩是矢量，属于分子的静态性质，任何对称操作对其大小和方向都不起作用。

$$\boldsymbol{\mu} = \boldsymbol{q} \cdot \boldsymbol{r} \tag{2-2}$$

式中，q 为电量；r 为分子中正、负电荷中心间的距离。偶极矩分为永久偶极矩和诱导偶极矩，其中永久偶极矩是分子本身固有的性质，与外加电场无关，它在分子所属点群的每一类对称操作下，大小和方向均保持不变；诱导偶极矩是由诱导极化产生的，只有在外加电场存在时才会产生。尽管分子在对称操作进行时可以产生等价构型，以致完全复原，但分子的偶极矩在对称操作中大小和方向均不改变。

根据分子偶极矩的性质，可得出如下结论：

(1) 若分子只有 1 个 C_n 轴，则偶极矩必在轴上。

(2) 若分子只有 1 个对称面 σ，则偶极矩必在对称面上。

(3) 若分子有 n 个对称面，则偶极矩必在对称面的相交线上。

(4) 若分子有 n 个 C_n 轴，则偶极矩必在轴的交点上，且偶极矩为零。

(5) 若分子有对称中心 i，则偶极矩为零。

由分子所属点群的对称性，可以判别分子是否存在偶极矩。当分子具有对称中心或两个对称元素相交于一点，则分子不存在偶极矩。属于 C_n 和 C_{nv} 群的分子才可能具有偶极矩，因此属于 C_s、C_n(如 $C_1 \sim C_6$)、C_{nv}(如 $C_{2v} \sim C_{6v}$) 群的分子具有偶极矩，C_i、S_n、C_{nh}、D_n、D_{nh}、D_{nd}、T_d 和 O_h 群的分子无偶极矩。例如，一氯乙炔分子为无对称中心的线形分子，其具有偶极矩；甲烷、四氯化碳等分子属于 T_d 点群，具有 4 个 C_3、3 个 S_4 对称元素，其为多个不重合的对称轴，因而偶极矩为 0。此外，根据偶极矩还可以判断分子的构型，利用偶极矩数据可判断分子为邻、间、对位异构体，烷烃的偶极矩接近于零，同系物的偶极矩大致相等。由此可见，对称性、分子结构性能与偶极矩的关系可用图 2-29 表示。

图 2-29　对称性、分子结构性能与偶极矩的关系

[例 2-1] 根据下列分子的偶极矩数据，推测分子立体构型及其点群。

(1) H—O—O—H ($\mu = 6.9 \times 10^{-30}$ C·m)

(2) F_2O ($\mu = 0.9 \times 10^{-30}$ C·m)

(3) H_2N—NH_2 ($\mu = 6.14 \times 10^{-30}$ C·m)

解　(1) H—O—O—H 分子的偶极矩 $\mu = 6.9 \times 10^{-30}$C·m，说明其为非直线形分子，2 个 H—O 键分别处于 2 个相交于 O—O 键的面上。该分子只有 1 个过 O—O 键中心且平分 2 个 H—O 键所在面夹角的 C_2 轴，因此属于 C_2 群。

同理，推导出：

(2) F_2O ($\mu = 0.9 \times 10^{-30}$C·m) 为 V 形结构分子，属于 C_{2v} 群。

(3) H_2N—NH_2 分子具有 3 种立体异构体。反式结构属于 C_{2h} 点群，不具有极性；具有极性的 H_2N—NH_2 分子 ($\mu = 6.14 \times 10^{-30}$C·m) 应该为顺式或 H—N—N—H 二面角为 109° 左右的结构。当分子为顺式结构时，属于 C_{2v} 群；当分子为另一种结构时，属于 C_2 群。

[例 2-2] 可能具有偶极矩的分子应该属于哪些群？

答　所有对称操作都不能改变物质的固有性质，即偶极矩矢量必须落在每一个对称元素上；具有对称中心 i、多个对称轴 (必交于一点) 或至少有两个对称元素相交于一点的分子为非极性分子，该分子无偶极矩。因此，具有 C_{nh}、D_n、D_{nh}、D_{nd} 对称性的分子无极性，具有 C_n、C_{nv}、C_s 对称性的分子可能有极性，且偶极矩的大小与键的极性和分子的几何构型密切相关。

2. 分子的手性和旋光性

分子的旋光性是指物质对入射偏振光中偏振面的旋转能力，它是物质的宏观性质，是大量分子而非单分子的性质。分子的旋光性与分子的对称性有关，它是分子结构的重要性质，只有手性分子才具有旋光性。分子与其镜像呈对映关系，二者互为对映异构体，两个互为对映异构体的分子旋光能力大小相等、方向相反；非手性分子能够与其对映体重合，二者是同一分子，因而非手性分子旋光度为零。

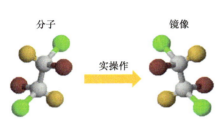

分子　　　　　镜像

实操作

图 2-30　分子与镜像

当分子与其镜像完全相同时，该分子为非手性分子，如图 2-30 所示。

从对称性分析，若分子具有 S_n 轴，则可通过操作将分子与其镜像重合，因而该分子为非手性分子。化学上，一个分子是否能与其镜像重合涉及对称性的问题。根据对称性知识可得出旋光性的判据，即只有无对称中心 i、对称面 σ 和 S_n 轴的分子才具有旋光性。当分子具有 S_n 轴时，分子通过实操作旋转与其镜像能够完全重合，因而可以得到 $S_1 = \sigma$，$S_2 = i$，具有 σ、i、S_4 的分子可通过实操作与其镜像完全重合，该分子为非手性分子。

分子旋光性的对称性判据：

(1) 具有假轴向对称轴 S_n（包括 σ、i、S_4）的分子为非手性分子，不具有旋光性。

(2) 没有假轴向对称轴 S_n 的分子是手性分子，具备产生旋光性的必要条件，但旋光度的大小因结构而定；手性分子通常属于 C_n 群、D_n 群。

实际上，分子是否具有手性，除了分子的对称性结构外，还和特征分子大小有密切关系。若手性特征分子相互区别较小，则会造成旋光不显著或很弱。在生命物质中旋光性也具有重要意义。例如，活性生物体的蛋白质仅利用 L 构型的氨基酸，核糖核酸由糖类分子构成，且活性生物体基本利用 D 型糖，RNA、DNA 是右手螺旋，酶也是由蛋白质和核酸组成的巨大手性分子。而构型相反的另一手性分子，对于生物体往往是有害的，如"反应停"沙利度胺。

2.3　晶体的密堆积模型

在晶体的密堆积模型中，原子被假想为半径相等的刚性球体。图 2-31 展示了两种可能的层状假想原子的堆积方式。在图 2-31(a) 中，原子有序周期性排列，但显然不属于密实排列。其中，原子间有产生滑动的趋势，从而演变为如图 2-31(b) 所示的排列方式。显然，图 2-31(b) 的排列方式使原子层更加稳定和密实，此种方式称为原子的密堆积。从单层原子的密堆积中可以看出，代表原子的等径球三三相切，其间产生的排列空隙分别用 × 和 ● 来表示 (请注意两类空隙的区别！)。为了建立一个三维空间中的密堆积结构，现将第二层原子 (B 层) 叠放在第一层 (A 层) 原子上，如图 2-32 所示，第二层原子填充了第一层原子间的一半空隙 (用 × 表示)。此时若将第三层原子叠放在第二层原子上，将会出现两种不同的叠放方式。第一种是使其在空间上恰好与 A 层平行，则得到层与层的重复顺序为 ABABAB…，这种堆积方式称为六方密堆积 (hexagonal close-packing，简写为 hcp)，如图 2-33 所示。在此结构中，以白色圆点标志的空隙将无法被填充，在层与层之间留下小的 "通道"。常见的金属中有 Mg、Zn、Ti 等采用此堆积方式，故六方密堆积模型也有人称其为 "Mg 型"模型。

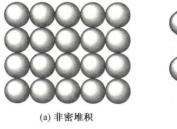

(a) 非密堆积　　　　　　　　(b) 密堆积

图 2-31　原子密堆积方式

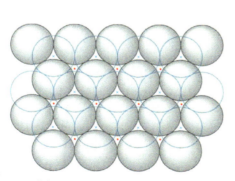

图 2-32　双层原子密堆积方式

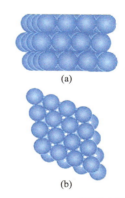

(a)

(b)

图 2-33　ABABAB…原子密堆积方式

　　而第二种方法是将第三层原子 (C 层) 叠放在图 2-32 圆点处的空隙上。此时第三层原子不会与 A、B 中任何一层在空间上平行，得到的层与层的重复顺序为 ABCABCABC…，这种堆积方式称为立方密堆积 (cubic close-packing，简写为 ccp)，如图 2-34 所示。这两种堆积方式的命名与该种结构的对称性有关，将在后文提到。由于该堆积方式中单个晶胞的原子分别处于立方体顶点、面心的位置，如图 2-35 所示，此种堆积方式又称为面心立方密堆积。常见金属如 Cu、Au、Ag 等均为此堆积方式，故面心立方密堆积模型也称为 "Cu 型"模型。

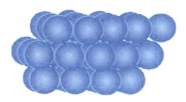

图 2-34　ABCABCABC···原子密堆积方式　　图 2-35　面心立方密堆积

密堆积代表了原子对空间最有效的利用方式，空间占有率达到 74.06%。每个原子周围都被 12 个相距最近的原子包围，其中 6 个来自同层，6 个分别来自上、下两层。也就是说，此时该原子的配位数 (coordination number) 为 12，常见金属多采用此方式堆积。下面以面心立方密堆积为例，对晶体中粒子空间占有率的计算方法进行演示。

图 2-36 为一面心立方晶胞，图 2-37 为面心立方晶胞切面图。设每个原子半径为 r。对于面心立方密堆积型式，归本晶胞独有（独有的原子数将在晶体结构详细讲述）的金属原子数为：$n = 8×1/8+6×1/2 = 4$ 个原子。其所占体积为 $4×\dfrac{4\pi r^3}{3}$；由图 2-37 可清楚地计算出面心立方晶胞的体积为 $(2\sqrt{2}r)^3$，则晶胞中被金属原子占据的空间实际利用率为：$4×\dfrac{4\pi r^3}{3}/(2\sqrt{2}r)^3 = 74.06\%$。

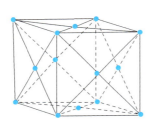

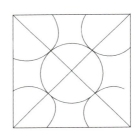

图 2-36　面心立方晶胞　　　　　图 2-37　面心立方晶胞切面图

密堆积结构的另一个重要特征体现在原子间空隙的形状和数量上，如图 2-38(a) 所示即为八面体空隙 (octahedral hole)。图 2-38(a) 展示了两层密堆积原子，其中蓝色阴影部分为八面体空隙。构成空隙的原子共有六个，分别来自 A 层、B 层各三个，如图 2-38(b) 所示。每个原子的中心即为八面体的一个顶点。所以，当有 N 个原子进行立方密堆积时，原则上可产生 N 个八面体空隙。图 2-39 为八面体空隙示意图，由此图可比较清晰地看出八面体空隙是如何由两层六个原子组成的。

和八面体空隙类似，图 2-40(a) 同样展示了两层密堆积的原子，蓝色阴影部分即为四面体空隙 (tetrahedral hole)。一个四面体空隙由 4 个原子构成，每个原子中心即为四面体空隙的顶点，如图 2-40(b) 所示。容易推出，当有 N 个原子进行立方密堆积时，原则上可产生 $2N$ 个四面体空隙。

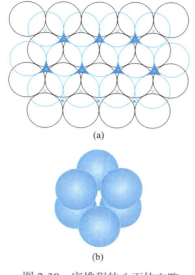

图 2-38　密堆积的八面体空隙

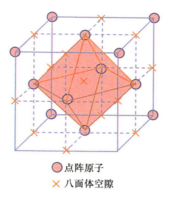

○ 点阵原子
× 八面体空隙

图 2-39　八面体空隙示意图

由于构成八面体空隙和四面体空隙的原子数不同，因此在密堆积结构中，八面体空隙会大于四面体空隙。经计算可知，一个由半径均为 r 的原子形成的八面体空隙能填充的另一个原子的最大半径为 $0.414r$，如图 2-41(a) 所示；而一个类似的四面体空隙只能填充最大半径为 $0.225r$ 的原子，如图 2-41(b) 所示。

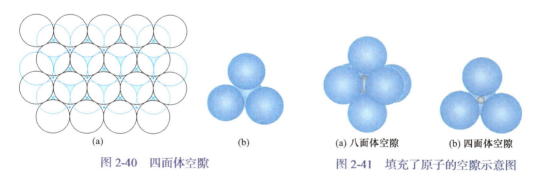

图 2-40　四面体空隙

(a) 八面体空隙　　(b) 四面体空隙

图 2-41　填充了原子的空隙示意图

当然，在一个宏观晶体中可能存在无数种原子堆积方式，上述的六方密堆积和立方密堆积仅为其中比较简单且相对普遍的两种，主要存在于稀有气体晶体及金属晶体中。研究发现，在元素镧 (La)、镨 (Pr)、钕 (Nd)、镅 (Am) 单质晶体中的堆积型式为 ABAC… 型两层密堆积；而钐 (Sm) 晶体则为 ABACACBCB… 的 9 层密堆积。

2.4　体心立方堆积和立方堆积模型

2.3 节介绍了金属的两种密堆积类型。不过，也有一些金属晶体并未采用原子密堆积的型式，而出现了如图 2-42 所示的另一种堆积方式——体心立方堆积 (body-centred cubic，简写为 bcc)。在此结构中，立方体的 8 个顶点和中心分别被原子占据。由于此时原子进行的并非是密堆积，固体的空间利用率和中心原子配位数均有所下降，分别由 74.06% 和 12 降至 68.02% 和 8。常见金属如 K、Na、Fe 均为此堆积方式，故体心立方堆积模型又称为"K 型"模型。

然而，最简单的原子排列方式是简单立方堆积，如图 2-43(a) 所示，是较不稳定的结构。在图 2-43(b) 中可以看出，8 个原子分别占据立方体的 8 个顶点。目前已知的晶体中，只有 Po 晶体采用此堆积方式。简单立方堆积时，原子配位数为 6，空间利用率为 52.36%，均远低于密堆积数值。因此，采用简单立方堆积的金属晶体具有密度小、延展性较好、熔点较低等特点。

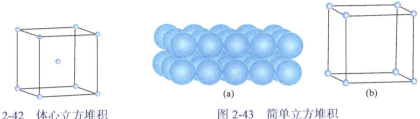

图 2-42　体心立方堆积　　　　图 2-43　简单立方堆积

图 2-44 给出了常见金属晶体 298K 时的主要堆积型式。可见只有极少数原子同时存在 hcp/ccp，也有一些金属晶体的堆积型式比较复杂，无法用简单的图形表示其堆积型式。还有像汞金属 298K 时为液态，相对论收缩效应解释汞的 6s 轨道在收缩稳定化后导致 $6s^2$ "惰性电子对效应"，使汞的 $6s^2 6p$ 能量间隔骤增，汞原子之间无法形成强键，基态汞仅靠范德华力维系，只有在 –38.9℃ (233K) 以下时才呈现类分子键的三方晶系。镧系和锕系金属的晶体堆积方式通常都较复杂，此处不予过多叙述。

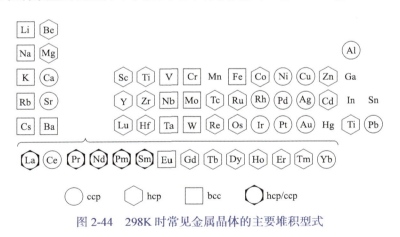

图 2-44　298K 时常见金属晶体的主要堆积型式

2.5　晶体的点阵理论

晶体可以看作形状规则的固体粒子，同时又具有许多小的晶面。在西汉时期，韩婴就发现了雪花为六重对称性，而英国科学家胡克 (R. Hooke，1635—1703) 在 1664 年发现晶体外表面的规律性排列可反映其内部结构的高度规律性。然而，相同物质往往可以呈现出不同的晶体形状，1671 年后续的研究发现，此种变化并不是由于其内部结构发生变化，而是因为一些晶面在晶体中的生长优势强于其他晶面，所以会长得更好。相同的晶面在同种物质的不同形状的晶体中所成角度往往相等，面与面之间角度的相似性也反映出其内在结构的统一。可以假设每个晶体都由一定数量、大小均等、结构相同的单元组成，在各个方向或三维体系中均呈现高度规范化的周期性形态。这种单元就称为晶胞 (crystal cell)。为分析已知的成千上万种晶体结构，必须有一种系统的定义、分析、归类方法，其是通过对晶胞内部原子位置排列、晶胞大小形状及其对称性的分析来实现的。晶体的空间结构可用两种方式表达其周期性排布规律，一种是将实际晶体划分成一个个完全相同的平行六面体——晶胞，通过晶胞来研究整个晶体结构；另一种是用抽象的数学形式——点阵和平移群来描述。

2.5.1　一维点阵

最简单的点阵是延伸的一排大小均等、间距相同排列，具有一维周期性的原子 (或结构单元)。如图 2-45(a) 所示，每一物体的正中均有一圆点，若移去图中物体的外形，仅留下圆点，便可得到一排线状等距排列的圆点，圆点间距离为 a，在点阵中称为向量 a，如 2-45(b) 所示，这排圆点在空间的排布就能反映出晶体结构中原子 (或分子、离子) 的排布规律。这些没有大小、没有质量、环境相同、不可分辨的圆点在空间呈周期性排布形成的图形称为点阵 (lattice)。点阵中的圆点称为点阵点 (简称阵点)，点阵点所代表的重复单位的具体内容称为结构基元。用点阵来研究晶体的几何结构的理论称为点阵理论。图 2-45(c) 为一维点阵的排列方式，格点间距 a 为唯一可变因素。无论将圆点定义为物体上哪一个位置上的点，均可得到相同的一维点阵。一维点阵的特点为其中的周期性重复的图形是无限延伸的，图 2-45 只是给出了一维点阵中的部分结构图形。

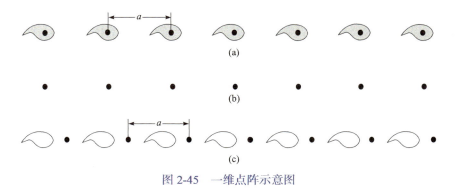

图 2-45　一维点阵示意图

连接一维直线点阵任意两个相邻阵点间的向量 a 称为素向量，$2a$、$3a$、…称为复向量。整个直线点阵沿着向量 a 的方向移动 ma(m 为任意整数)，图形必会复原，称此动作为平移。点阵的平移对称性是点阵最基本的性质。若一组点经平移后不能复原，则不能称其为点阵。所以点阵的严格定义是：按连接其中任意两点的向量平移后能够复原的一组点。点阵应具备以下特点：点阵点必须无穷多；每个点阵点处于相同的环境；每次操作平移方向的周期必须相同。现以 **T** 表示平移，不动记作 **T**$_0$，平移素向量 **a** 记作 **T**$_1$=**a**，平移复向量 2**a** 记作 **T**$_2$=2**a**，…。**T**$_0$、**T**$_1$、**T**$_2$、…、**T**$_m$、…组成的集合满足群的四个条件，构成∞阶的平移群，其是点阵的代数形式，一维点阵的代数形式可记为

$$\boldsymbol{T}_m = m\boldsymbol{a}\,(m=0，\pm1，\pm2，\cdots) \tag{2-3}$$

一维点阵与晶体中的晶棱相对应。

2.5.2　二维和三维点阵

在 2.5.1 节提到的一维点阵中，若将其取出并以相同间距 a 垂直平移，可得到一组基本阵列 (original array)，如图 2-46 所示，若其为无限图形，则可形成二维点阵 (two-dimensional lattice)，也称为平面点阵。可从中取出环境相同的任意的平行四边形单元作为二维点阵的单位，如图 2-46 中的 (1a) 或 (2) 等平行四边形。在晶胞的选择上并没有对错之分，完全以习惯或便利性决定，在一维及三维点阵中均如此。图 2-46 中展示了不同种类的平行四边形，经平移后均可产生整个二维点阵。选择平行四边形的一个惯例便是挑选可充分表现整体对称性的单元。其中，(1a) 和 (1b) 具有相同的大小，但显然只有 (1a) 可表达出正方形对称性，因此通常选择 (1a) 作为一个二维点阵的素单位，而不是 (1b)。图 2-47 为一中央矩形单位，其中 (a) 为此矩阵的一个复单位，因其包含的中央格点较好地体现了矩阵的特性，若选 (b) 作为该点阵的单位则失去了这一特点。通常，定义一个不包含中心格点的二维单位是完全可能的，但如此做则会丢失晶格的对称性信息。二维点阵与晶体中的晶面相对应。

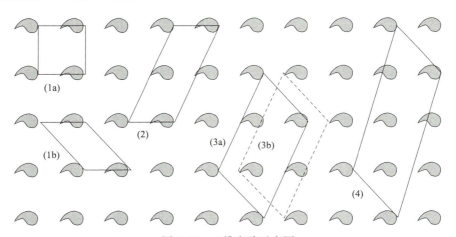

图 2-46　二维点阵示意图

图 2-46 中的 (1a)、(1b) 和图 2-47 中的 (b) 各格点均位于平行四边形的顶点。然而它们却分别只包含一个格点，因其每个顶点都是与相邻四个平行四边形共用的。这样的平行四边形称为原始单位，也称为素单位，用 P 表示。图 2-47 中的 (a) 包括两个格点，一个位于其中心，另一个是四个顶点的共用格点。包含中心格点的为复单位，用 c 表示。

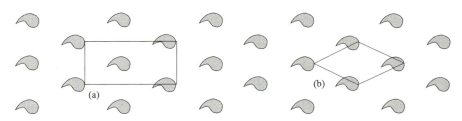

图 2-47　二维点阵中的中央矩形单位

图 2-48 中 (a) 是一抽象的平面点阵，所有点阵点分布在一个平面上，图 2-48 中 (b) 是按二维点阵画出的平面格子。二维点阵平移群的代数式为

$$T_m = ma + nb(m, \ n=0, \ \pm1, \ \pm2, \ \cdots) \tag{2-4}$$

式中，a、b 分别为两个不同方向的一维直线点阵的重复周期。

图 2-49 中 (a) 是三维点阵，也称为空间点阵，其所有阵点分布在三维空间，图 2-49 中 (b) 是空间格子。三维点阵平移群的代数式为

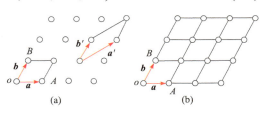

图 2-48　二维结构与平面点阵

$$T_{m,n,p} = ma + nb + pc(m, \ n, \ p = 0, \ \pm1, \ \pm2, \ \cdots) \tag{2-5}$$

式中，a、b、c 为三个不共面且不同方向的一维直线点阵的重复周期。

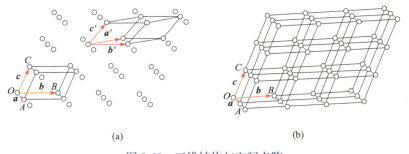

图 2-49　三维结构与空间点阵

二维点阵中的平移向量 a 和 b 选择的多样性决定了平面格子的形状和大小也是多样的。为了使研究问题方便，常选对称性高、含阵点少的单位称为正当单位，具体地说，选用的素向量间的夹角最好是 90°，其次是 60°，再次是其他角度；选用的素向量尽量短。符合以上要求的平面正当格子只有四种形状五种型式，即正方形格子、矩形格子、矩形带心格子、六方格子和平行四边形格子。

同理，三维点阵也可划分成许多平行六面体单位。向量 a、b、c 的长度 a、b、c 及其相互间夹角 $b \wedge c = \alpha$、$c \wedge a = \beta$、$a \wedge b = \gamma$ 称为空间点阵的点阵参数。参照图 2-49(b)，处于平行六面体顶点位置的阵点为 8 个单位所共用，对每个单位的贡献是 $\frac{1}{8}$；棱上阵点为 4 个单位所共用，对每个单位的贡献是 $\frac{1}{4}$；面上阵点为 2 个单位共用，对每个单位贡献是 $\frac{1}{2}$；体内阵点为该单位独有。按平行六面体分摊到的阵点数是一个还是两个或两个以上可将空间格子分成素单位和复单位。按正当单位的要求，三维点阵的正当格子有七种类型共十四种型式。

2.5.3 晶体结构与点阵的相互关系

晶体结构周期性的内容包括：重复周期的大小及变化规律，即点阵，以及周期性变化的具体内容，如原子种类、数目及原子间距，其用结构基元表示。点阵、结构基元和晶体结构的关系可以表示为

$$点阵 + 结构基元 = 晶体结构$$

(1) 晶胞。

晶胞是指构成实际晶体的最小结构，其周期性重复排列即可组成晶体，而空间点阵是晶体结构数学上的几何抽象，空间点阵的点阵点对应的是实际晶体中的最小结构基元（简称结构基元），将其依次放到空间点阵的点阵点上，即演化为实际晶体。对于

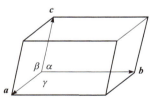

图 2-50 简单晶胞的形状

实际的三维晶体，选择三个不相平行的、能满足周期性的单位向量 a、b、c，将晶体划分成一个个完全等同的平行六面体（构成实际晶体的最小结构），代表晶体结构的基本重复单位，即称其为实际晶体的晶胞，如图 2-50 是简单晶胞的形状，相当于构成实际晶体的结构基元为单个原子。也就是说，将上述组成三维点阵的正当格子中的每个阵点用构成实际晶体的结构单元代替就得到了对应的晶胞。

晶胞必须是一个平行六面体，其三条边的长度不一定相等，也不一定互相垂直。晶胞的形状和大小由具体晶体的结构所决定。晶胞不能是其他形状，因为只有平行六面体才能用平移向量 $T_{m,n,p} = ma + nb + pc$ 重复，否则不满足其周期性的要求。

整个晶体就是由组成该晶体的晶胞按其周期性在三维空间重复排列而成的。这种排列必须是晶胞的并置堆砌。并置堆砌是指平行六面体之间没有任何空隙，同时相邻的八个平行六面体均能共顶点相连接，可参照图 2-49 中 (b) 理解。对于同一晶体，在划分平行六面体时，由于选择向量的方式（大小和方向）不同，则可有多种划分方法，也就能得到多种不同型式的晶胞。这些晶胞基本上分为两类：素晶胞（如空间点阵的素单位）和复晶胞（空间点阵的复单位）。素晶胞包含的内容实质上就是结构基元。如果不考虑其他因素，任何晶体均可划分为素晶胞。但在实际确定晶胞时，常选正当晶胞（如空间点阵的正当单位），即在满足高对称性的前提下选取体积最小的晶胞。

图 2-51 和图 2-52 给出了两种晶体的不同晶胞的划分。在图 2-51 中，若按素晶胞划分时，其对称性最高的单位只能是一个菱面体单位，而按复晶胞划分，则可得到一个面上带心的立方体单位，显然面心立方体比菱面体对称性高，所以此晶体必须按面心立方复晶胞划分。而在图 2-52 中，按素晶胞划分时，其最高对称单位是一个（简单）四方体单位，按复晶胞划分时，则是一个（底心）四方体单位，二者对称性虽然相同，但显然按简单四方体单位——素晶胞划分才是正确的。

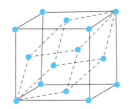
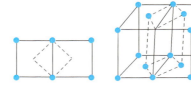

图 2-51　立方面心复晶胞和菱面体素晶胞　　　图 2-52　底心四方复晶胞和简单四方素晶胞

(2) 晶胞的基本要素。

晶胞是晶体结构的基本重复单位，因此研究晶体结构就需要弄懂晶胞。晶胞的基本要素是晶胞的大小和形状，可用晶胞参数表示，以及晶胞中各原子的坐标位置，通常用分数坐标 $(X、Y、Z)$ 表示。与三维点阵的点阵参数的定义相同，晶胞参数的定义通常根据平行 $a、b、c$ 方向选择晶体的坐标轴 $X、Y、Z$，因此将 $a、b、c$ 所表示的方向也称为晶轴。晶胞确定了坐标轴后，其中所含原子的位置就可用分数坐标表示。如图 2-53 所示，选择 O 点为晶胞的坐标原点，P 点为晶胞中原子中心所在位置，该位置用向量 OP 可表示为

$$OP = xa + yb + zc \tag{2-6}$$

图 2-54 是 CsCl 晶胞，而且是素晶胞（只包含 1 个 CsCl 基本结构基元），其中 Cs^+ 和 Cl^- 的分数坐标分别为 $\left(\dfrac{1}{2}, \dfrac{1}{2}, \dfrac{1}{2}\right)$ 和 $(0, 0, 0)$。

通过分数坐标和晶胞参数可以计算出相邻原子之间的距离（也称为键长）。对于同一晶体，因为晶胞的坐标原点选择不同时会造成同一原子分数坐标的表示也不相同，所以对晶胞来说，坐标原点的选择必须遵循一定的规律。一般情况下，晶体中若存在对称中心，原点应选择在对称中心位置上。

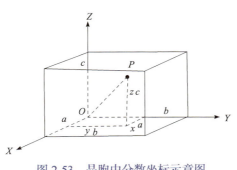
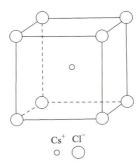

图 2-53　晶胞中分数坐标示意图　　　　图 2-54　CsCl 晶胞

2.5.4   晶面与晶面指标

晶体生长或发生断裂时可形成新的晶面。新生成的晶面常与晶胞的棱、表面或晶

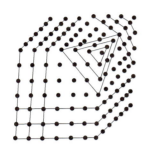

体中原子密度较高的晶面平行。而空间点阵中的各组平面点阵对应于实际晶体结构中不同方向的晶面，在不同方向的晶面上，结构基元的排列情况是各不相同的，故不同晶面所表现的性质也不同。通过以晶体内部或晶胞平面作参照，达到区别这些不同的晶面并标记晶面的目的，晶体学中引用了晶面指标，也称为米勒指数 (Miller indices) 或晶面符号。图 2-55 是空间点阵从不同方向划分出的不同平面点阵组，每一组中的每个点阵平面都是互相平行的。

图 2-55   空间点阵划分为平面点阵

首先讨论二维环境中的米勒指数。图 2-56 为一具有平行直线的矩形点阵，蓝色平行四边形为点阵的一个素单位，也可称为基本单元，a、b 分别为其两边长，每个单元的左下角为坐标系原点，一组平行直线由两个常数 h、k 定义。h'、k' 分别为点阵单元与坐标轴 x、y 的截距，分别用 a、b 的倍数表示，则此单元的米勒指数定义为 $\dfrac{a}{h'}$、$\dfrac{b}{k'}$。若一组直线平行于坐标轴，直线与坐标轴截距为 ∞，相应米勒指数为 0。若截距为负，则对应指数用一个位于数字上方的上划线表示负值，如 $\bar{2}$。所以，如果另一组直线位于 A 组直线原点左侧，这组直线的米勒指数为 $\bar{1}\,\bar{2}$，且这组直线与 A 组平行，故此组直线与 A 组相同。因此，整组米勒指数的正负 ($h\,k$ 与 $\bar{h}\,\bar{k}$) 仅与原点的位置有关，且 $h\,k$ 与 $\bar{h}\,\bar{k}$ 代表同一组直线。注意，在图 2-56 中，米勒指数小的直线间距会大，直线上的阵点多；反之，米勒指数越大，直线间距越小，直线上的阵点越少，所以晶体的米勒指数一般不会太小。

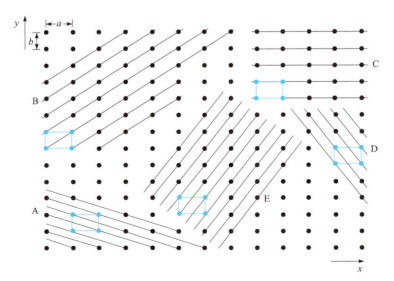

图 2-56   平面点阵间距及阵点密度与米勒指数的关系示意图

三维点阵中的米勒指数用 $(h\,k\,l)$ 表示，l' 为直线在 z 轴上的截距。其余法则与二维体系相同，晶胞边长分别为 a、b、c，所得米勒指数为 $\dfrac{a}{h'}$、$\dfrac{b}{k'}$、$\dfrac{c}{l'}$。图 2-57 描述了具有不同晶面 (以阴影表示) 的立方晶胞及相应坐标轴的正方向，坐标系均为右手系，如图 2-58 所示。在图 2-57(a) 中，阴影所示的平面与 y、z 轴平行，并与 x 轴相交在截距 a 处。则该晶面的米勒指数为 $(1\,0\,0)$。同二维点阵中的规则类似，米勒指数为 $(h\,k\,l)$ 和 $(\bar{h}\,\bar{k}\,\bar{l})$ 的晶面为同组晶面。

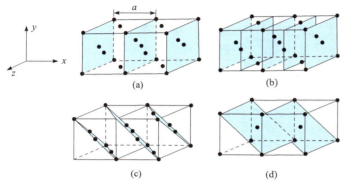

图 2-57　立方晶胞的不同晶面

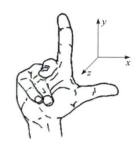

图 2-58　坐标系的右手系

　　根据上述对晶面指标的解释，可以给出晶面指标的严格定义：晶面在三个晶轴上的倒易截数的互质整数之比。如图 2-59 所示，设一个晶面在三个晶轴上的截距分别是 $h'a$、$k'a$ 和 $l'a$，由于三个晶轴的长度分别是以 a、b、c 为单位的，故将截长中的 h'、k'、l' 分别称为晶面在三个晶轴上的截数。它们的倒数 $\dfrac{1}{h'}$、$\dfrac{1}{k'}$ 及 $\dfrac{1}{l'}$ 称为倒易截数。将倒易截数之比化为一组互质的整数比 $(h\,k\,l)$，即

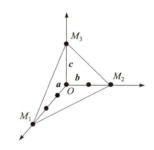

图 2-59　晶面指标示意图

$$\frac{1}{h'} : \frac{1}{k'} : \frac{1}{l'} = h : k : l \tag{2-7}$$

　　图 2-59 所给晶面的晶面指标即为 $(2\,3\,6)$ 晶面。很明显，用晶面指标标记晶面有其一定的方便之处，由于采用了倒易截数，避免了在晶面指标 $(h\,k\,l)$ 中出现 ∞(无穷大)。当一个晶面与某一晶轴平行时，其倒易截数 $\dfrac{1}{\infty}$ 则为 0，如图 2-59 所示。因此，若晶面指标中某一数为 0，就意味着晶面与该指数对应的晶轴平行。一个晶面指标 $(h\,k\,l)$ 则代表一组平行晶面，而不是一个晶面。晶面与晶面的交线称为晶棱，显然它与直线点阵相对应。

　　和前面所述的直线点阵一样，晶面指标 $(h\,k\,l)$ 越小，其所表示一组平行晶面族的晶面间距离越大，晶面上阵点的密度也越大，由于阵点与实际晶体的结构基元对应，故也可说晶面上的原子、离子或原子团越多，这对研究实际晶体表面的基元构成有较大的帮助。同理，晶面指标 $(h\,k\,l)$ 越大，所得分析结果则刚好与此相反。所以，能测

出的实际晶体的晶面指标一般较小,数值超过 5 的已是比较少见。

表 2-6 列出了晶体和点阵间的相互对应关系。人们从晶体的客观存在中抽象出了点阵概念,是为了正确地反映晶体的结构本质。虽然对于任何宏观物体,其微观的结构基元或单位的数目不可能是真正无限的,但微观的结构基元数与单位本身的大小相比则是非常大的,所以人们认为其基本符合点阵结构的要求。

表 2-6 抽象的点阵与实际晶体的对应关系

数学模型	空间点阵	(点)阵点	直线点阵	平面点阵	素单位	复单位
实际结构	晶体	结构基元	晶棱	晶面	素晶胞	复晶胞

例如,X 射线晶体结构分析测得 Cu 的晶胞边长为 0.3608nm 的立方体,对于晶棱长度为 1mm 的 Cu 晶体,仅沿此晶棱就排列约 2.8×10^6 个晶胞。由此可见,上述点阵与晶体对应关系的科学抽象和近似在一定范围内是基本合理的。正因为晶体有如此严格的点阵结构,在性质上才表现出了诸多的独特之处。

在图 2-56 中,假设垂直于该平面点阵的为 c 方向,按 c 方向,以 c 为单位,等间距进行无限次平移操作,则形成空间点阵,图中的所有平行直线变成了相互平行的一组平面或晶面,由于 c 方向永远平行于图 2-56 中给出的各晶面组,其截距为 ∞,通过计算可得:A、B、C、D、E 所代表各晶面组的晶面指标分别为 (1 2 0)、(1 1 0)、(0 1 0)、(2 1 0)、(2 1 0)。从这一计算结果进一步证明晶面指标的数值反映了这组晶面之间距离的大小及晶面上阵点的疏密程度。晶面指标较小的平面点阵组(晶面),其面间距离较大,而且每个面上阵点的密度也较大。

由此可见,计算晶面指标中相邻晶面间距离,对于了解晶体的特性是有实际物理意义的。当晶体为正交晶系($a \neq b \neq c$,$\alpha = \beta = \gamma = 90°$)时,有

$$\frac{1}{d_{hkl}^2} = \frac{h^2}{a^2} + \frac{k^2}{b^2} + \frac{l^2}{c^2} \tag{2-8}$$

式中,d_{hkl} 为相邻晶面的垂直距离。对其他晶系晶胞参数与距离的关系见表 2-7,公式的推导过程此处不再赘述。

表 2-7 不同晶系的晶面间距计算公式

晶系	晶面间距 "d_{hkl}" 与米勒指数和晶胞参数的关系
立方	$\dfrac{1}{d^2} = \dfrac{h^2 + k^2 + l^2}{a^2}$
四方	$\dfrac{1}{d^2} = \dfrac{h^2 + k^2}{a^2} + \dfrac{l^2}{c^2}$
正交	$\dfrac{1}{d^2} = \dfrac{h^2}{a^2} + \dfrac{k^2}{b^2} + \dfrac{l^2}{c^2}$
三方、六方	$\dfrac{1}{d^2} = \dfrac{4}{3}\left(\dfrac{h^2 + hk + k^2}{a^2}\right) + \dfrac{l^2}{c^2}$
单斜	$\dfrac{1}{d^2} = \dfrac{1}{\sin 2\beta}\left(\dfrac{h^2}{a^2} + \dfrac{k^2 + \sin 2\beta}{b^2} + \dfrac{l^2}{c^2} - \dfrac{2hl\cos\beta}{ac}\right)$

2.5.5　四轴定向的晶面指标表示方法

在 2.5.4 节讨论了晶体中关于晶面指标的三轴定向表示方法，但在材料科学、矿物学及结晶化学中，为了更方便地研究三方或六方晶系，有时也经常采用四轴定向的晶面表示方法。四轴定向是针对三轴坐标而言，图 2-60 是橄榄石晶体四方晶系的理想外形，选三个互相垂直的二次轴为坐标系，分别为 a、b、c 三个矢量所指的方向，选晶面 7 为单位面，这个晶体上共有 26 个晶面。标号 1～7 代表晶面，其晶面指标分别为：1(1 0 0)、2(0 1 0)、3(0 0 1)、4(1 1 0)、5(0 1 1)、6(1 0 1)、7(1 1 1)。

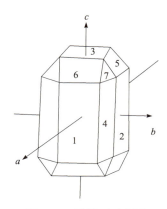

图 2-60　橄榄石示意图

对于三方或六方晶系，以上方法表达的信息不够有特性，图 2-61 是六方晶系柱面在三轴定向后的晶面指数，发现无法给出一个统一的晶面符号。在六方晶系中从对称性考虑采用四轴定向更有利，现在把六方晶系中的 L_6 作为 c 轴，把相互成 120° 的三个二重对称轴 L_2 定义为 a_1、a_2、a_3。这样，以这四个轴定向的柱面，其晶面指数为 $(1 0 \bar{1} 0)$、$(0 1 \bar{1} 0)$、$(\bar{1} 1 0 0)$、$(\bar{1} 0 1 0)$、$(0 \bar{1} 1 0)$、$(1 \bar{1} 0 0)$。因此，可用 $(h\,k\,i\,l)$ 表示六方柱面的六个晶面，如图 2-62 所示。在用 $(h\,k\,i\,l)$ 表示三方或六方晶系的晶面指数时，其中 a_3 方向的指标与 a_1、a_2 方向的指标的关系是 $i = -(h + k)$。

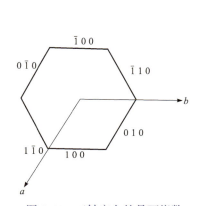

图 2-61　三轴定向的晶面指数

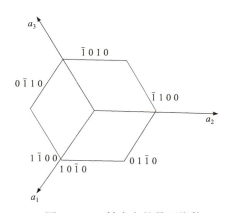

图 2-62　四轴定向的晶面指数

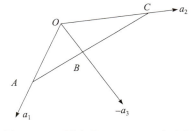

图 2-63　四轴定向 a_1、a_2、a_3 方向图

下面通过三角形之间的面积关系，以数学的方法证明：$i = -(h + k)$。如图 2-63，AC 是六方晶系的一个晶面，n 为比例常数，则 $OA = n \times \left(\dfrac{a_1}{h}\right)$，$OB = n \times \left(-\dfrac{a_3}{i}\right)$，$OC = n \times \left(\dfrac{a_2}{k}\right)$。

已知：三角形面积有式 (2-9) 的关系，而且一个三角形面积等于三角形两夹边之积再乘以两边夹角的正弦值。

$$S_{\triangle OAC} = S_{\triangle OAB} + S_{\triangle OBC} \qquad (2\text{-}9)$$

根据图 2-63 及式 (2-9)，则有

$$\frac{n^2 a_1 a_2 \times \sin 120°}{hk} = -\frac{n^2 a_1 a_3 \sin 60°}{hi} - \frac{n^2 a_2 a_3 \sin 60°}{ik} \qquad (2\text{-}10)$$

由于 $\sin 120° = \sin 60°$，a_1、a_2、a_3 是六方晶系中相互成 $120°$ 的三个除方向不同、其他数学含义相同的三个二重对称轴 L_2，故可以将式 (2-10) 简化为

$$\frac{1}{hk} + \frac{1}{hi} + \frac{1}{ik} = 0 \qquad (2\text{-}11)$$

即

$$h + k + i = 0 \qquad (2\text{-}12)$$

$$i = -(h + k) \qquad (2\text{-}13)$$

这样在三轴定向改为四轴定向以后，由于 $i = -(h + k)$，晶面指标的其他所有情况并没有改变，只是表示方法更明朗。在材料科学及矿物学对三方和六方晶系的研究中经常使用四轴定向，而在固体化学中使用的相对较少。

以上各节从分子对称性的角度出发，详细介绍了有关对称性的规律、群的定义及分子点群，由分子对称性引申到晶体的密堆积方式、点阵的周期性规律，以及空间点阵与实际晶体的对应关系。尤其应注意的是二者之间的关系，空间点阵中的点阵点只是几何学中的"点"，对应的是实际晶体的"结构基元"，而用"结构基元"替换空间点阵中所有的点阵点之后，空间点阵即转化为实际晶体，所以空间点阵与实际晶体既存在对应关系，又各有不同的含义。

参 考 文 献

江元生 . 1997. 结构化学 . 北京：高等教育出版社 .

李奇，黄元河，陈光巨 . 2008. 结构化学 . 北京：北京师范大学出版社 .

林梦海，谢兆雄，等 . 2014. 结构化学 . 3 版 . 北京：科学出版社 .

潘道皑，赵成大，郑载兴 . 1989. 物质结构 . 2 版 . 北京：高等教育出版社 .

王军 . 2017. 结构化学 . 2 版 . 北京：科学出版社 .

夏少武 . 2011. 简明结构化学教程 . 3 版 . 北京：化学工业出版社 .

徐光宪，王祥云 . 2010. 物质结构 . 2 版 . 北京：科学出版社 .

周公度，段连运 . 2002. 结构化学基础 . 3 版 . 北京：北京大学出版社 .

Smart L E, Moore E A. 2005. Solid State Chemistry: An Introduction. 3rd ed. London: Taylor & Francis Group.

第3章
晶体对称结构及其类型

在物理化学中学习的热力学第三定律通常表述为，绝对零度时所有纯物质的完美晶体的熵值为零。完美晶体也可理解为理想晶体，即完全符合空间点阵结构的晶体，而实际上这种晶体在现实中是不存在的，只能是无限地趋近。自然界或人工制备的晶体或多或少存在一定偏离点阵结构的情况，就像前面所述的单晶硅，其纯度也只不过是 8 ～ 11 个 "9"。而实际晶体多是由多晶体或微晶体构成。多晶体是由小晶粒组成，微晶体中每颗晶粒由几千或几万个晶胞组成，晶棱只能重复几十或十几个周期，如目前研究的纳米晶等。本章从空间点阵所对应的理想晶体出发，研究完美晶体结构的宏观和微观对称的情况，以及晶体所属的空间群，并简述晶体的类型，如金属晶体、离子晶体等。

晶体结构的测量通常是由 X 射线晶体学 (X ray crystallography) 完成的。该技术是将具有一定波长的 X 射线 (波长范围为 0.1 ～ 10nm) 照射至晶体样本上，X 射线在晶体内遇到规则排列的原子或离子而发生衍射，衍射的 X 射线在某些方向上相位得到加强，从而显示与晶体结晶结构相对应的特有的衍射现象 (关于此测量法的进一步说明在许多书中已有阐述，在此不做详细叙述)。

3.1 晶体的对称性

在第 2 章已经比较详细地介绍了有关分子对称性、点阵理论的概念，对称性不仅仅是一个描述分子结构的工具，自然界及日常生活中也经常遇到对称的现象，对分子对称性的掌握可以帮助理解晶体对称性特点。在固体化学中，对称性常被用于捕捉不同结构中的相似点，从而得到不同晶体的某些共性，如在固体催化剂研究中，常常要考虑固体表面原子或离子的排列，以及其对催化对象的影响。下面以实物为例再复习一下对称性的特点，如图 3-1 所示，是日常生活中对称性的具体体现，如果在图中的勺子正中出现一个镜子，那么勺子的一半恰好可与其镜像重合。类似地，在刷子中也可找到两个相互垂直的平面，使刷子被均匀分成两部分，并分别呈镜像重合，此平面即为对称面 (plane of symmetry)。除此之外，物体还可能具有旋转对称性。在图 3-1(c)

中，若将该雪花图案绕其几何中心旋转 180°，所得前后图案可完全重合。此时，便称其具有旋转对称性，这个图形为点对称图形 (point symmetry)，对称点则为此图形的点对称中心。

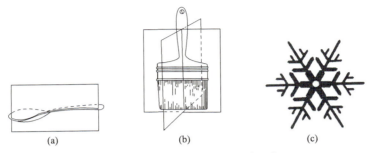

图 3-1　日常生活中常见的对称现象

平面上的图形，若可以找到一个固定点 (在此图形上或在此图形外)，使图形围绕此固定点旋转 180° 后，新位置恰好和原位置重合，则称此图形为以此固定点为旋转中心的点对称图形，简称点对称图形，晶体中的对称性与此很相似，也存在对称操作 (symmetry operations) 和对称元素 (symmetry element)。只是晶体的对称性有宏观对称性与微观对称性之分，前者指晶体的宏观外形对称性，对应的是点对称，而后者指晶体微观结构的对称性，对应的是空间对称性。

3.1.1　晶体的宏观对称性

1. 晶体的宏观对称元素

晶体的宏观对称性与有限分子的对称性一样也是点对称，具有点群的性质。如图 3-2 中晶体 (a) 所示，有一个三次轴和三个通过三次轴的对称面，这四个对称元素至少通过一个共同点，显然这个晶体属于 C_{3v} 群。习惯上，在讨论晶体对称性时，所用的对称元素和对称操作的符号和名称与讨论分子对称性时并非完全相同。表 3-1 给出了描述二者的对称性及对称操作的对照表。

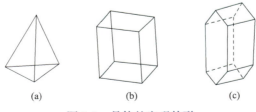

图 3-2　晶体的宏观外形

表 3-1　描述分子对称性与晶体宏观对称性常用的对称元素及与其相应的对称操作对照表

分子对称性		晶体宏观对称性	
对称元素及其符号	对称操作及其符号	对称元素及其符号	对称操作及其符号
对称轴 C_n	旋转 $\hat{C}_n$	旋转轴 $\underline{n}$	旋转 $L(a)$
对称面 σ	反映 $\hat{\sigma}$	反映面或镜面 m	反映 M
对称中心 i	反演 $\hat{i}$	对称中心 i	倒反 I
象转轴 S_n	旋转反映 $\hat{S}_n$	—	—
反轴 I_n	旋转反演 $I_n i$	反轴 $\bar{n}$	旋转倒反 $L(a)I$

　　在晶体学中常选用反轴 $(\bar{n})$ 为对称元素，基本不用象转轴 (S_n)，实际上这两种对称元素所对应的对称操作分别是旋转反映和旋转倒反，它们同属于复合对称操作，而且都是由旋转与另一相连的操作组合而成的。

　　反轴是一根特定的直线与该线中心的一个点组合而成的对称元素，与此元素相应的对称操作进行时，先绕（轴）线旋转一定角度 (α)，而后再通过线上（中心）点进行倒反（或先倒反再旋转），即能产生等价图形。这种连续操作的符号，记为 "$L(\alpha)I$"，也就是由旋转 "$L(\alpha)$" 与倒反 "I" 两种简单对称操作组成的。这里 α 为基转角，当 $\alpha = \dfrac{2\pi}{n}$ 时，基本对称操作为 $L\left(\dfrac{2\pi}{n}\right)I$，这时对称元素的符号记为 "$\bar{n}$"，称为 "$n$ 重反轴"。例如，正四面体结构图像中有 $\bar{4}$ 存在。四氟化碳是具有正四面体结构的分子，如图 3-3 所示，这里犹如将分子镶嵌在一个立方体中，以更方便地分析其中对称元素：将 F_1 原子

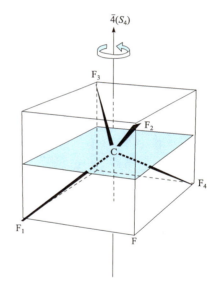

图 3-3　具有四重象转轴 S_4 或 $\bar{4}$ 反轴的 CF_4 分子

绕对称轴旋转 90° 至图中 F 原子位置，之后，再以 C 原子为中心作倒反变换，则 F_3 与原子 F_1 恰好重合。

　　表 3-1 给出晶体的各对称操作中，只有旋转 $[L(a)]$ 属于实际操作，其特点是能通过具体操作直接产生等价图形，也就是说通过具体旋转操作，能使完全等价的图形直接重合；其他对称操作则都属于虚操作，其特点是这类操作只能在想象中抽象地给出等价图形。

　　晶体的宏观对称性与有限分子的对称性的本质区别在于晶体具有点阵结构，其使晶体的宏观对称性受到了限制。在经典的晶体学理论中，晶体的宏观对称性受以下两

个基本原理的限制。

原理一：在晶体的空间点阵结构中，任何对称轴（包括旋转轴、反轴及螺旋轴）都必与一组直线点阵平行，除一重轴外，任何对称轴还必与一组平面点阵垂直；任何对称面（包括镜面及滑移面）都必与一组平面点阵平行，而与一组直线点阵垂直。

原理二：晶体中对称轴（包括旋转轴、反轴和螺旋轴）的轴次 n 并不是可以有任意多重，而是仅限于 $n=1$、2、3、4、6。这一原理称为"晶体的对称性定律"，其可以根据原理一，通过以下对旋转轴轴次的推引做出证明。

原理二的证明：假设某晶体中有一旋转轴 $\underline{n}$（n 取整数）通过某阵点 O，根据原理一，必有一组平面点阵与 $\underline{n}$ 垂直，而在其中必可找出与 $\underline{n}$ 垂直、属于平移群的素向量 $\underline{a}$，如图 3-4 所示。

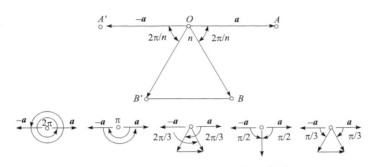

图 3-4　晶体结构中旋转轴轴次的推引

将 $\underline{a}$ 作用于 O 得 A 点，将 $-\underline{a}$ 作用于 O 得 A' 点，按着群的封闭性要求，$\underline{a}$ 与 $-\underline{a}$ 都应属于平移群。若以 $\dfrac{2\pi}{n}$ 表示 $\underline{n}$ 重旋转轴的基转角 (α)，则 $L\left(\dfrac{2\pi}{n}\right)$ 及 $L\left(-\dfrac{2\pi}{n}\right)$ 必能使点阵复原，这样就必可得到阵点 B 及 B'，并可得出矢量 $\boldsymbol{BB'}$。由于矢量 $\boldsymbol{OB}$ 及 $\boldsymbol{OB'}$ 是 $\underline{a}$ 及 $-\underline{a}$ 绕 $\underline{n}$ 旋转后得到的，因此其也应属于平移群；而矢量 $\boldsymbol{BB'}$ 为 $\boldsymbol{OB}$ 与 $\boldsymbol{OB'}$ 两个矢量之差，也必属于平移群，既然属于同一个平移群，其素矢量的单位也应为 $\underline{a}$。从图 3-4 可以看出，$\boldsymbol{BB'}$ 必平行于 $\boldsymbol{AA'}$，则 $\boldsymbol{BB'}=m\underline{a}$ 成立，式中 m 应为整数。由图中几何关系可得式 (3-1)：

$$|\boldsymbol{BB'}|=2|\boldsymbol{OB}|\cos\frac{2\pi}{n} \tag{3-1}$$

将 $\boldsymbol{BB'}=m\underline{a}$ 及 $\boldsymbol{OB}=\underline{a}$ 代入式 (3-1)，则

$$m\underline{a}=2\underline{a}\cos\frac{2\pi}{n} \quad \text{或} \quad \frac{m}{2}=\cos\frac{2\pi}{n}$$

又因 $\left|\cos\dfrac{2\pi}{n}\right|\leqslant 1$，即 $\left|\dfrac{m}{2}\right|\leqslant 1$ 或 $|m|\leqslant 2$，故有 $m=0$，±1，±2。

分别解 $2\cos\dfrac{2\pi}{n}=0$、±1、±2，将计算所得相应各值列入表 3-2 中。

表 3-2　晶体结构中对称轴可能轴次的各相应取值

m	$\cos\dfrac{2\pi}{n}$	$a\dfrac{2\pi}{n}$	n
+2	+1	$2\pi=\dfrac{2\pi}{1}$	1
+1	$+\dfrac{1}{2}$	$\dfrac{1}{3}\pi=\dfrac{2\pi}{6}$	6
0	0	$\dfrac{1}{2}\pi=\dfrac{2\pi}{4}$	4
−1	−	$\dfrac{2}{3}\pi=\dfrac{2\pi}{3}$	3
−2	−1	$1\pi=\dfrac{2\pi}{2}$	2

由上述推算证明，在晶体结构中旋转对称轴的轴次 n 只能为 1、2、3、4、6，不能为 5 或大于 6 的轴次。这就是经典晶体学理论中的"晶体的对称性定律"。同样也说明反轴及螺旋轴的轴次也只有"1、2、3、4、6"这五种。其中唯 4 重反轴是独立存在的，见表 3-3 中注。由于点阵结构的制约，晶体中实际可能独立存在的宏观对称元素仅有八种，现将其汇总于表 3-3 中。

表 3-3　晶体中的宏观对称元素

对称元素	国际记号	对称操作	等同元素或组合成分
对称中心	i	倒反 I	$\bar{1}$
反映面（或镜面）	m	反映 M	$\bar{2}$
一重旋转轴	$\underline{1}$	旋转 $L(0^\circ)$	
二重旋转轴	$\underline{2}$	旋转 $L(180^\circ)$	
三重旋转轴	$\underline{3}$	旋转 $L(120^\circ)$	$\underline{3}+i=\bar{3}$　$\underline{3}+m=\bar{6}$
四重旋转轴	$\underline{4}$	旋转 $L(90^\circ)$	
六重旋转轴	$\underline{6}$	旋转 $L(60^\circ)$	
四重反轴	$\bar{4}$	旋转倒反 $L(90^\circ)I$	

注：因 $\bar{1}=i$，$\bar{2}=m$，$\bar{3}=\underline{3}+i$，$\bar{6}=\underline{3}+m$，故均未单独列入表中；只有 $\bar{4}$ 是独立存在的，不能用其他对称元素组合的方式代替，故单独列入。

由以上叙述可知，晶体的对称性与独立分子的对称性是有区别的，分子具有 5 或大于 7 的对称轴并非罕见，如二环戊二烯基铁（二茂铁）分子中就存在五重对称轴。而晶体不会有五重对称性，其会破坏点阵的平移对称性。举一个容易理解的例子，如图 3-5 所示，正五边形无法并置铺满二维平面而不留任何空隙，若晶体中采取此方式排列，必会影响其化学键的强度，甚至是破坏了化学键。

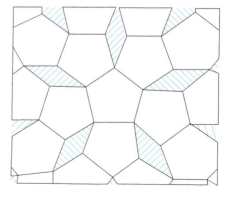

图 3-5　五边形不能充满所有二维平面

2. 宏观对称元素的组合和 32 个点群

在晶体中，只允许存在一种宏观对称元素，也可能有多种对称元素按一定方式组合起来而共同存在。当两种对称元素组合时，将会产生另一对称元素。对于晶体的宏观对称元素而言，按经典的晶体学理论进行组合时必须严格遵守：第一，晶体的多面体外形是一种有限图形，因而各对称元素组合时必须通过一个公共点，否则将会产生出无限多个对称元素，这与晶体的有限外形相互矛盾；第二，晶体具有周期性的点阵结构，对称元素组合时，不允许产生与点阵结构相悖的对称元素（如产生了与"晶体的对称性定律"不符的轴性对称元素等）。只有符合以上两个条件的对称元素组合才是合理的。晶体的宏观对称元素的组合顺序是：先进行旋转轴与旋转轴的组合；再进行旋转轴与镜面（习惯上常称对称面）的组合；最后为旋转轴、对称面与对称中心的组合。每一步的组合都有其一定的规律性，所以在晶体学的经典理论中称为"对称元素组合原理"，其组合推理过程不再赘述。

由表 3-3 可以看出，晶体独立的宏观对称元素虽只有 8 种，但晶体中存在的宏观对称元素的组合却不止 8 种，按照组合顺序及其规律进行合理组合，不遗漏也不重复，可得到的对称元素系共 32 种，称晶体的 32 种宏观对称性。由于各对称元素组合时必须通过一个公共点，对称元素系与点对称操作群相对应，故也称其为"32 个点群"。其具体的操作方式、组合过程是 19 世纪，主要由俄国的数学家加多林以数学方法进行严密的推导得出的，经一个多世纪的科学验证，被同行学者接受的科学结论，故本书对其也不再赘述。32 个点群及其记号列于表 3-4 中。尽管自然界中实际晶体的外形多种多样、变幻无穷，而 32 个点群却囊括了其所有的宏观对称类型。一般常用申夫利斯 (Schfl.) 记号和通用的国际记号表示晶体结构的 32 个点群所包含的对称元素。点群的国际符号是按照一定的顺序排列的数字和字母，先后顺序称为"位序"，大多数记三位，但不同晶系晶体的对称性有高有低，故也有记两位或一位的。"位序"在不同晶系中代表不同方向，其与正当晶胞的 a、b、c 三个矢量间形成确定的关系，"位序"上的数字或字母则表示与这个方向相关的对称元素。例如，在某一方向有旋转轴或反轴，则是指与这一方向平行，而存在的反映面则是与这一方向垂直。若某一方向同时有旋转轴、反轴和反映面时，可用分数的形式表示，即将各种轴对称符号记在分子的位置，而将各种对称面 m 记在分母的位置上。国际记号中的"位序"方向可参照表 3-4，以加深理解。

表 3–4　晶系的划分与 32 个点群及其记号

晶系	对称元素	申夫利斯记号	点群国际记号
三斜	1	C_1	1
	i	C_i	$\bar{1}$
单斜	2	C_2	2
	m	C_s	m
	2、m、i	C_{2h}	$\dfrac{2}{m}$

续表

晶系	对称元素	申夫利斯记号	点群国际记号
正交	2、2m	C_{2v}	$mm2$
	3 2	C_2	$2\,2\,2$
	32、3m、i	C_{2h}	$\dfrac{2}{m}\dfrac{2}{m}\dfrac{2}{m}$
三方	3	C_3	3
	$\bar{3}$	C_{3i}	$\bar{3}$
	3、3m	C_{3v}	$3m$
	3、32	C_3	$3\,2$
	3、32、3m、i	C_{3d}	$\bar{3}\dfrac{2}{m}$
四方	4	C_4	4
	$\bar{4}$	S_4	$\bar{4}$
	4、m、I	C_{4h}	$\dfrac{4}{m}$
	4、4、m	C_{4v}	$4mm$
	$\bar{4}$、22、2m	D_{2d}	$\bar{4}2m$
	4、42	D_4	$4\,2\,2$
	4、42、5m、i	D_{4h}	$\dfrac{4}{m}\dfrac{2}{m}\dfrac{2}{m}$
六方	6	C_6	6
	$\bar{6}$	C_{3h}	$\bar{6}$
	6、m、i	C_{6h}	$\dfrac{6}{m}$
	6、6m	C_{6v}	$6mm$
	6、32、4m	D_{3h}	$\bar{6}2m$
	6、62	D_6	$6\,2$
	6、62、7m、i	D_{6h}	$\dfrac{6}{m}\dfrac{2}{m}\dfrac{2}{m}$
立方	43、3 2	T	$2\,3$
	43、32、3m、i	T_h	$\dfrac{2}{m}\bar{3}$
	43、3$\bar{4}$、6m	T_d	$\bar{4}3m$
	43、34、62	O	432
	43、34、62、9m、i	O_h	$\dfrac{4}{m}\bar{3}\dfrac{2}{m}$

对点群进行表述时，常常将申夫利斯和通用的国际记号两种符号同时标出，以互相补充理解，申夫利斯记号在前面，国际记号在后。例如，表示立方晶胞所属的某一点群及其对称性时，可以用 T_d-$\bar{4}3\,m$，而另一点群及其对称性，可用 O_h-$\dfrac{4}{m}\bar{3}\dfrac{2}{m}$。对

照"位序"表 3-5 分析国际符号，可知在具有 O_h-$\dfrac{4}{m}\,\bar{3}\,\dfrac{2}{m}$ 点群的晶胞中存在：与 a 平行的方向上有 4，与 a 垂直的方向上有镜面 m，与 $a+b+c$（即体对角线方向）平行的方向上有 $\bar{3}$，与 $a+b$（面对角线）平行的方向有 2，与面对角线垂直的方向上还有镜面 m。

表 3-5　国际记号中位序相应的方向

晶系	国际记号中位序相应的方向	选择晶轴的方法
立方	$\underline{a}$, $\underline{a+b+c}$, $\underline{a+b}$	$4\underline{3}$ // 4 条对角线，立方体的三边即为 a、b、c
六方	$\underline{c}$, $\underline{a}$, $2\underline{a+b}$	c // $\underline{6}$，a、b // $\underline{2}$，或 $\perp m$
四方	$\underline{c}$, $\underline{a}$, $\underline{a+b}$	c // $\underline{4}$，a、b // $\underline{2}$，或 $\perp m$
三方	$\underline{c}$, $\underline{a}$	c // $\underline{3}$，a、b // $\underline{2}$，或 $\perp m$
正交	$\underline{a}$, $\underline{b}$, $\underline{c}$	a、b、c // $\underline{2}$，或 $\perp m$
单斜	$\underline{b}$	b // $\underline{2}$ 或 $\perp m$，a、c $\perp b$ 轴的晶棱
三斜	$\underline{a}$	a、b、c 选三个不共面的晶棱

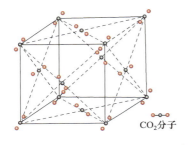

图 3-6　分子晶体二氧化碳的晶胞示意图

CO_2 分子

此处还应注意的是，晶体的宏观对称性和组成该晶体的分子对称性是两个不同层次的问题，对于分子晶体（也称零维固体），晶体的对称性与组成该晶体的 ∞ 分子本身的分子对称性没有必然的联系，对称性也不可能一致。例如，晶态二氧化碳的晶体结构为面心立方结构，如图 3-6 所示。二氧化碳分子为 $D_{\infty h}$ 分子点群，而其晶体属于 O 类群，两者截然不同。

3. 特征对称元素与晶系

在 32 个晶体学点群中，可以发现某些点群含有一种相同的对称元素（一般指尽可能高次的对称轴），如在 T、T_h、T_d、O 和 O_h 五个点群中都有 4 个 $\underline{3}$，而在 C_{2v}、D_2 和 D_{2h} 三个点群中又都有 $\underline{2}$，这样的对称元素称为此类晶体的特征对称元素。根据特征对称元素及不同的数目，可将 32 个点群分为 7 类，正好对应于 7 类不同形状的晶胞，即 7 个晶系，见表 3-6 和图 3-7。对于晶体结构，根据晶胞的类型（即与其相对应的平行六面体形状）的不同，可以把 32 个点群划分为 7 个晶系。实际上，很难透过实际晶体观察到组成该晶体的晶胞或空间点阵的小平行六面体的微观结构，而特征对称元素是晶体微观结构中的小平行六面体晶胞的类型在整个晶体外形上的反映，也可认为其是能直接观察的宏观对称元素。可在实际晶体的宏观对称元素中找出相应的特征对称元素，作为划分晶体的依据。

表 3-6 七个晶系所对应的特征对称元素及晶胞参数

晶系	特征对称元素	晶胞参数
立方晶系	四个按立方体的对角线取向的三重旋转轴	$a = b = c$ $\alpha = \beta = \gamma = 90°$
六方晶系	六重旋转轴或反轴	$a = b \neq c$ $\alpha = \beta = 90°$ $\gamma = 120°$
四方晶系	四重旋转轴或反轴	$a = b \neq c$ $\alpha = \beta = \gamma = 90°$
三方晶系	三重旋转轴或反轴	(1) 菱形晶胞 $a = b = c$ $\alpha = \beta = \gamma \neq 90°$，小于 120° (2) 可变换为六方晶胞 $a = b \neq c$ $\alpha = \beta = 90°$ $\gamma = 120°$
正交晶系	两个互相垂直的镜面或三个互相垂直的二重旋转轴	$a \neq b \neq c$ $\alpha = \beta = \gamma = 90°$
单斜晶系	二重旋转轴或镜面	$a \neq b \neq c$ $\alpha = \gamma = 90° = \beta$
三斜晶系	无	$a \neq b \neq c$ $\alpha \neq \beta \neq \gamma \neq 90°$

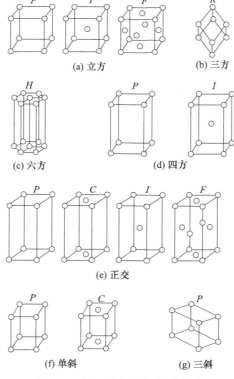

(a) 立方 (b) 三方

(c) 六方 (d) 四方

(e) 正交

(f) 单斜 (g) 三斜

图 3-7 十四种空间点阵型式图

若仔细分析表 3-4 还可以发现，各个晶系所包含的几个点群中，有对称中心 "i" 的点群，其对称性在该晶系中是最高的，可作为该晶系的代表。人们为了研究的方便，又把七个晶系按照对称性的高低分为三个晶族：立方晶系为高级晶族；六方、四方和三方三个晶系为中级晶族；正交、单斜和三斜三个晶系为低级晶族。此处所指的 "对称性的高低"，实际是指晶胞的 "规则性的强弱"。例如，立方晶系的晶胞是立方体，其三边等长并互相垂直，这样的晶胞规则性最强；反映在实际晶体外形上，就是宏观对称性最高，有四个不同方向的三重旋转轴。在晶体对称性中把三重（含三重以上）旋转轴称为高次轴；具有不止一个高次轴的晶体为高级晶族（或高级晶系），如立方晶系。而六方、四方、三方晶系有一个共同特点，就是它们都有且只有一个高次轴（分别是 $\underline{6}$ 或 $\underline{\bar{6}}$、$\underline{4}$ 或 $\underline{\bar{4}}$、$\underline{3}$ 或 $\underline{\bar{3}}$），规则性相对较弱，对称性低于立方晶系，属于中级晶族（或中级晶系）。至于另外三个晶系，不具有大于 $\underline{2}$ 的高次轴，故统称为低级晶系，合并为同一个低级晶族。明确了晶体对称性与晶胞规则性的关系，可以根据晶体宏观外形的特征对称元素判断晶体属于何种晶系，判断的顺序是：先找寻有无四个 $\underline{3}$，是否为立方晶系；而后看是否属于六方、四方等晶系，根据晶体的对称性由高到低依次类推进行判断，这一过程在晶体研究中常通过表征设备完成。

4. 十四种空间点阵

按晶体学中空间点阵正当格子的要求，空间正当格子只有七种形状，分别对应于七种晶系的十四种空间点阵型式。图 3-7 中给出了十四种空间点阵型式的具体形状。由于这些型式是由布拉维 (A. Bravais) 在 1885 年推理得出的，为了纪念布拉维，故又称为布拉维空间格子。

对应图 3-7 可以看出，立方晶系分别有简单点阵 P、体心点阵 I、面心点阵 F 三种空间点阵型式，立方晶系不存在底心，因为底心立方点阵不存在三重旋转轴，不满足立方晶系特征对称。另外，底心立方点阵还可用四方简单点阵来代替。四方晶系只有 P、I 两种空间点阵型式，因为四方底心可用四方简单点阵来代替，四方面心可用四方体心点阵来代替。而正交晶系有四种空间点阵型式，分别为 P、I、F、C（或侧心 A），C 表示底心阵点在 c 方向，侧心 A 表示底心阵点在 a 方向上，但由于在正交晶系中晶胞参数是 $a \neq b \neq c$，$\underline{a}$、$\underline{b}$、c 都可作为方向，也就是说，侧心点阵与底心并无严格区分，所以都用底心 C 代替，当用于 230 个空间群表示时才予以区分。单斜晶系有 P、C 两种型式。三方、六方、三斜都只有素格子，它们的点阵型式可分别用 R、H、P 来标记。R 是三方晶系的符号，在地质学有研究者称 R 为菱形晶胞（或菱形晶系），在材料学中还有学者称 R 为三角晶系。

P、I、F、C 分别为初基胞（也称为简单点阵）、体心晶胞、面心晶胞、底心晶胞 4 种类型空间点阵型式的标记符号，其也是 230 个空间群的标记符号组成之一，初基胞符号 P 还用于表示三方和六方某些空间群的标记符号（属于三方晶系的晶体中有些晶体的对称性可变换为六方晶系的菱面体晶胞）。有关空间群的概念后续课程中将进一步介绍。

不同种类晶胞代表不同的晶体结构。例如，在前面叙述过的二维中央矩形点阵中，包含中央格点的单元含两个格点，而不包含中央格点的平行四边形晶胞仅含一个格点。在三维点阵中也可进行类似的计算。原子对晶胞所含的原子数贡献取决于其位置。对于立方晶系而言，位于顶点的原子被 8 个晶胞共享，而位于棱上的原子被 4 个晶胞共享，位于晶胞表面位置的原子则被 2 个晶胞共享，如图 3-8 所示。显然，位于晶胞内部的原子仅被此晶胞独有。用此方法可以得出 P、I、F、C 四种空间点阵类型中所含格点的数目分别为 1、2、4、2。

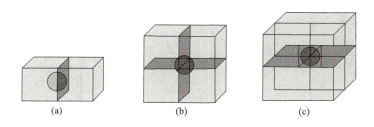

图 3-8 晶胞中原子的共享情况示意图

晶体的点群与其物理性质之间有很大的相关性，从晶体的点群对称性可以判明晶体有无对映体、旋光性、压电效应、热电效应、倍频效应等。例如，在 15 种不含对称中心点群的晶体中发现有旋光性；在 20 种不含对称中心点群的晶体中发现了压电现象；在 18 种不含对称中心点群的晶体中出现倍频效应。这些研究结果说明，晶体的宏观对称性若属于有对称中心的点群，该晶体可能不具有上述的物理性质。反过来，在晶体结构分析中，也可以借助物理性质的测量结果判定晶体是否具有对称中心。

3.1.2 晶体的微观对称性

1.晶体的微观对称元素

因为点阵结构是无限的图形，除存在点对称操作相应的宏观对称元素外，还有空间对称操作相应的微观对称元素，空间对称操作进行时，图像中的每一个点都动了，即没有共同通过或相交的点，这类对称元素是有限大小图形中所无法包含的，称为微观对称元素，与其相应的空间对称操作群也称为无限群。晶体的微观对称性是晶体内部点阵结构的对称性，由于晶体外型的对称性是其内部点阵结构（微观）对称性的宏观反映，所以晶体所有的宏观对称元素同样是晶体的微观对称元素。晶体的点阵结构使晶体的微观对称性在宏观对称元素的基础上增加了点阵、螺旋轴及滑移面三种类型的微观对称元素。所有的微观对称元素及相应的对称操作见表 3-7。点阵是晶体微观结构中最基本、最普遍的对称元素，这一对称性质反映出晶体结构的根本特征——周期性。与点阵相应的对称操作是平移 (T)。

表 3-7　微观对称元素及操作

对称操作	对称元素	操作特点
倒反 I	对称中心	
反映 M	反映面	
旋转 $L(\alpha)$	旋转轴	点对称操作
旋转倒反 $L(\alpha)I$	反轴	
平移 T	（点阵）	
螺旋旋转 $L(\alpha)T$	螺旋轴	空间对称操作
滑移反映 MT	滑移面	

(1) 螺旋轴。

螺旋轴 (screw axis) 是平移和旋转的组合，用 n_i 表示，对应的操作是螺旋旋转：是由旋转与平移组成的一种复合对称操作。n 代表 n 重旋转轴，平移距离为 i/n。在此操作中，顺序为先旋转再平移，且平移方向与旋转轴方向相同。图 3-9 为一个 2_1 螺旋轴，图中，螺旋轴沿 z 轴方向，平移方向与旋转轴方向相同也为 z 方向。c 为 z 方向上重复距离，则平移距离为 $c/2$。不难看出，在执行此操作后分子由位于纸面上方变为下方，符号由 "+" 变为 "−"。图 3-10 表示点阵结构所具有的 3_1 螺旋轴，可更清楚地体现出这一变化，以及同级旋转轴与螺旋轴对晶体重复结构带来的不同影响。微观的螺旋轴与宏观的旋转轴有一定的对应关系，若晶体宏观上有 $\underline{n}$，则微观上亦然。与旋转轴类似，螺旋轴施予对称操作后晶体必须与另一同种晶体完全重合 (即等价)。而所有其他的对称元素：滑移面、对称面、反演中心、反轴，均只产生原物体的一个镜像。

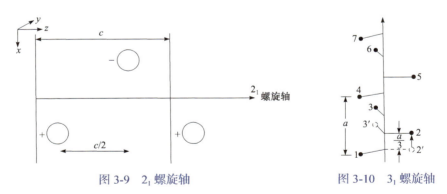

图 3-9　2_1 螺旋轴　　　　　　图 3-10　3_1 螺旋轴

另外，也可以先沿轴向平移 $T\left(\dfrac{i}{n}a\right)$，而后再绕轴旋转 $L\left(\dfrac{2\pi}{n}\right)$，从而得到 n_i 螺旋轴：

$$n_i = L\left(\frac{2\pi}{n}\right) \cdot T\left(\frac{i}{n}a\right) \tag{3-2}$$

式中，n=1，2，3，4，6；i=1，2，3，…，n，$(i < n)$。

(2) 滑移面。

滑移面 (glide plane) 是平移和反映的组合，其对应的操作是滑移反映，是由反映与平移组成的复合对称操作。图 3-11 是滑移面的一个例子，展示了部分以纸面为基准的重复三维结构，图中的圆圈为结构中的一个分子或离子，有标记的圆圈为另一同类但不同位置的分子。结构中，等价位置的距离 (即重复距离) 为 a。"+"代表分子沿 z 轴方向，但位于纸面上方。对称面 xz 垂直于纸面，以虚线表示。滑移面操作为先沿对称面反映后平移。在此图中，平移可沿 x 或 z 方向进行，平移距离为该方向重复距离的一半。图示中重复距离为 a，则平移距离为 $a/2$。此操作便称为滑移。在滑移后，分子仍具有 "+"符号，因反映及平移均未改变 z 轴方向。在此例中，滑移后的分子可与标记分子完全重合。也就是说，滑移操作后，分子必须与另一同种分子完全重合。根据滑移方向的不同，滑移面可分为三类，另两类对角线和菱形滑移面如图 3-12 所示。滑移面对操作顺序无特殊要求，先反映再平移或先平移再反映，结果相同。

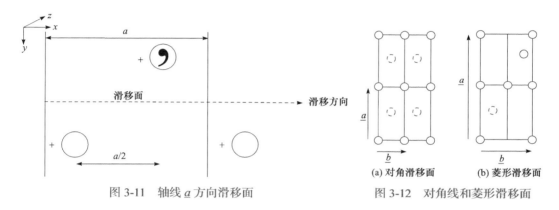

图 3-11　轴线 $\underline{a}$ 方向滑移面　　　图 3-12　对角线和菱形滑移面

(a) 对角滑移面　　(b) 菱形滑移面

对角线滑移面用 "n"表示，在图 3-12(a) 中 n 位于纸面上，○和 ◡ 分别在纸面的上面和下面，且与纸面的距离相等处，对应的操作是反映后沿 a 轴方向移动 $\dfrac{1}{2}a$，再沿 b 轴方向移动 $\dfrac{1}{2}b$，即反映后又平移 $\dfrac{1}{2}a+\dfrac{1}{2}b$ (或 $\dfrac{1}{2}a+\dfrac{1}{2}c$，或 $\dfrac{1}{2}b+\dfrac{1}{2}c$，或 $\dfrac{1}{2}a+\dfrac{1}{2}b+\dfrac{1}{2}c$)。

菱形滑移面用 "d"表示，其又称为金刚石滑移面，在图 3-12(b) 中 d 也在纸面上，○和 ◡ 也分别在纸面的上面和下面，且与纸面的距离相等处，对应的操作是反映后再平移 $\dfrac{1}{4}a\pm\dfrac{1}{4}b$ (或 $\dfrac{1}{4}a\pm\dfrac{1}{4}c$，或 $\dfrac{1}{4}b\pm\dfrac{1}{4}c$)。"d"滑移面只有在体心或面心空间点阵型式中出现，这时有关对角线的中点也有一个阵点，所以平移分量仍然是滑移方向点阵平移点阵周期的一半。

晶体中存在的各种对称面汇总在表 3-8 中。

表 3–8　晶体中存在的对称面

名称	国际记号	滑移量
镜面	m	
轴滑移面	a	$\frac{1}{2}a$
	b	$\frac{1}{2}b$
	c	$\frac{1}{2}c$
对角滑移面	n	$\frac{1}{2}(a+b)$，或 $\frac{1}{2}(a+c)$，或 $\frac{1}{2}(b+c)$，或 $\frac{1}{2}(a+b+c)$
金刚石滑移面	d	$\frac{1}{4}(a\pm b)$，或 $\frac{1}{4}(b\pm c)$，或 $\frac{1}{4}(a\pm c)$

在实际晶体中，宏观观察到的镜面与微观领域的滑移面也存在对应平行的关系。

2. 晶体的微观对称类型与 230 个空间群

晶体的微观对称性与晶体的宏观对称性的本质区别是在宏观对称操作的基础上增加了点阵结构特有的且具有周期性的平移操作，致使晶体的微观对称性不具有点对称性质。空间群是指晶体的空间对称操作群，其是在表示晶体宏观对称性的 32 个点群中增加平移操作，使之失去点群特性，而增加的具有周期性的平移操作可能会使点群中的一个旋转轴变为几个轴性（如可能增加螺旋轴）对称元素，镜面亦然（会出现滑移面）。这些对称元素的增加必然引起群数目的增加。故此，在将晶体的微观对称元素进行组合时，若不遗漏、不重复的组合，可得到 230 种不同的微观对称元素组合，也称为 230 种空间群。表 3-9 是理论推导出的所有空间群，它是由俄国结晶学家费多洛夫（Евграф Степанович Фёдоров，1853—1919）和德国结晶学家申夫利斯（Artur Moritz Schoenflies，1853—1928）各自独立地先后用数学方法推理得出的。他们在 32 种点群和 14 种空间点阵型式的基础上推导出了晶体的 230 种不同的对称要素组合方式。其是自然界中原子所有可能的组合方式，也就是指晶体可能具有的所有微观对称类型，即可能有的空间点阵结构类型。空间群的组合过程可通过图 3-13 来加深理解。

现以三斜和单斜晶系为例，对空间群的表示符号进行解释：

空间群符号 = 点阵类型 + 对称元素符号

[例 3–1]　三斜晶系只有一种空间点阵型式，即简单点阵用 "P" 表示，其宏观点群为 "$\bar{1}$" 和 "1"，引入平移群后并未衍生出相应的螺旋轴和滑移面，所以该三斜晶系的空间群为 "$P1$" 和 "$P\bar{1}$" 两种。

[例 3–2]　单斜晶系有底心 C 和简单 P 两种空间点阵型式，其宏观点群虽然只有 "2"、"m" 和 "2/m" 三种，但引入平移群后衍生出相应的 "2_1" 螺旋轴和滑移面 "c"，故单斜晶系有 13 种空间群，分别为

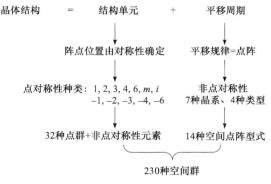

图 3-13　空间群的组合过程示意图

(1) $2 \to P2$，$C2$，$P2_1$。

(2) $m \to Pm$，Pc，Cm，Cc。

(3) $2/m \to P2/m$，$P2_1/m$，$P2/c$，$P2_1/c$，$C2/m$，$C2/c$。

以上例子说明，每个点群可以对应几个空间群。有关空间群的组合细节在此不做过多的赘述。230 种空间群在 7 个晶系的分布分别为：三斜晶系 2 种；单斜晶系 13 种；正交晶系 59 种；三方晶系 25 种；四方晶系 68 种；六方晶系 27 种；立方晶系 36 种。其中有对称中心的为 90 种空间群，而无对称中心空间群的为 140 种。见表 3-9。

空间群在实际测定晶体结构或从测得的晶体结构数据中区分不同的晶体物质等方面有重要的意义，其也是 X 射线晶体结构分析的基础。目前已经测知的晶体结构的类型还远没有达到 230 种，大部分晶体的结构仅属于其中的 100 多种。晶体的空间对称群是一个理论性比较强的概念，从产生就一直建立在偏数理的基础上，到目前为止，230 种空间群中仍有约 80 种还没有找到实际晶体的例子，这也是在晶体研究领域吸引诸多固体化学研究者的原因所在。对于初学者来说，很难将空间群的理论含义学懂学透，但空间群又是晶体结构组成划分的基础，犹如分子对称性，虽然分子种类上千万种，但分子点群只有有限的几十种，具有相同分子点群的分子性质相似，同理，具有同一空间群的晶体也会有相似性质。因此，在学习空间群概念时，尽量了解并掌握其正确的表示方法，并能根据空间群的表示符号，了解其对称性规律。

例如，对于 $Amm2$ 个空间群，可以看出其是 a 方向底心晶胞，高次轴是 2 次旋转轴，故只能是正交晶系。虽然单斜晶系也有底心晶胞，但其不存在侧心空间群。

再如，$Pm\bar{3}n$ 空间群，P 表示其是简单晶胞，几乎所有的晶系都存在此类晶胞，但具有三重反轴的只有三方和立方晶系，而 n 是对角线滑移面，故其只能是立方晶系的空间群，不可能是三方晶系。

对此，不再举例，只是提醒读者在书写时务必注意正斜体的书写格式，以及反轴的平移周期和同一方向既有旋转轴，又有对称面或滑移面时情况。

表 3-9　230 个晶体空间群符号

晶系	点群 国际记号	点群 申夫利斯记号	空间群								
三斜晶系	1	C_1	$P1$								
	$\bar{1}$	C_i	$P\bar{1}$								
单斜晶系	2	$C_2^{(1-3)}$	$P2$	$P2_1$	$C2$						
	m	$C_3^{(1-4)}$	Pm	Pc	Cm	Cc					
	$2/m$	$C_{2h}^{(1-3)}$	$P2/m$	$P2_1/m$	$C2/m$	$P2/c$	$P2_1/C$	$C2/c$			
正交晶系	222	$D_2^{(1-9)}$	$P222$	$P222_1$	$P2_12_12$	$P2_12_12_1$	$C222_1$	$C222$	$F222$	$I222$	$I2_12_12_1$
	$mm2$	$C_{2v}^{(1-22)}$	$Pmm2$	$Pmc2_1$	$Pcc2$	$Pma2$	$Pca2_1$	$Pnc2$	$Pmn2_1$	$Pba2$	$Pna2_1$
			$Pnn2$	$Cmm2$	$Cmc2_1$	$Ccc2$	$Amm2$	$Abm2$	$Ama2$	$Aba2$	$Fmm2$
			$Fdd2$	$Imm2$	$Iba2$	$Ima2$					
	mmm	$D_{2h}^{(1-28)}$	$Pmmm$	$Pnnn$	$Pccm$	$Pban$	$Pmma$	$Pnna$	$Pmna$	$Pcca$	$Pbam$
			$Pccn$	$Pbcm$	$Pnnm$	$Pmmn$	$Pbcn$	$Pbca$	$Pnma$	$Cmcm$	$Cmca$
			$Cmmm$	$Cccm$	$Cmma$	$Ccca$	$Fmmm$	$Fddd$	$Immm$	$Ibam$	$Ibca$
			$Imma$								
四方晶系	4	$C_4^{(1-6)}$	$P4$	$P4_1$	$P4_2$	$P4_3$	$I4$	$I4_1$			
	$\bar{4}$	$S_4^{(1-2)}$	$P\bar{4}$	$I\bar{4}$							
	$4/m$	$C_{4h}^{(1-6)}$	$P4/m$	$P4_2/m$	$P4/n$	$P4_2/n$	$I4/m$	$I4_1/a$			
	422	$D_4^{(1-10)}$	$P422$	$P42_12$	$P4_122$	$P4_12_12$	$P4_222$	$P4_22_12$	$P4_322$	$P4_32_12$	$I422$
			$I4_122$								
	$4mm$	$C_{4v}^{(1-12)}$	$P4mm$	$P4bm$	$P4_2cm$	$P4_2nm$	$P4cc$	$P4nc$	$P4_2mc$	$P4_2bc$	$I4mm$
			$I4cm$	$I4_1md$	$I4_1cd$						
	$\bar{4}2m$	$D_{2d}^{(1-12)}$	$P\bar{4}2m$	$P\bar{4}2c$	$P\bar{4}2_1m$	$P\bar{4}2_1c$	$P\bar{4}m2$	$P\bar{4}c2$	$P\bar{4}b2$	$P\bar{4}n2$	$I\bar{4}m2$
			$I\bar{4}c2$	$I\bar{4}2m$	$I\bar{4}2d$						
	$4/mmm$	$D_{4h}^{(1-20)}$	$P4/mmm$	$P4/mcc$	$P4/nbm$	$P4/nnc$	$P4/mbm$	$P4/mnc$	$P4/nmm$	$P4/ncc$	$P4_2/mmc$
			$P4_2/mcm$	$P4_2/nbc$	$P4_2/nnm$	$P4_2/mbc$	$P4_2/mnm$	$P4_2/nmc$	$P4_2/ncm$	$I4/mmm$	$I4/mcm$
			$I4_1/amd$	$I4_1/acd$							
三方晶系	3	$C_3^{(1-4)}$	$P3$	$P3_1$	$P3_2$	$R3$					
	$\bar{3}$	$C_{3i}^{(1-2)}$	$P\bar{3}$	$R\bar{3}$							
	32	$D_3^{(1-7)}$	$P312$	$P321$	$P3_112$	$P3_121$	$P3_212$	$P3_221$	$R32$		
	$3m$	$C_{3v}^{(1-6)}$	$P3m1$	$P31m$	$P3c1$	$P31c$	$R3m$	$R3c$			
	$\bar{3}m$	$D_{3d}^{(1-6)}$	$P\bar{3}1m$	$P\bar{3}1c$	$P\bar{3}m1$	$P\bar{3}c1$	$R\bar{3}m$	$R\bar{3}c$			
六方晶系	6	$C_6^{(1-6)}$	$P6$	$P6_1$	$P6_5$	$P6_2$	$P6_4$	$P6_3$			
	$\bar{6}$	$C_{3h}^{(1)}$	$P\bar{6}$								
	$6/m$	$D_{6h}^{(1-2)}$	$P6/m$	$P6_3/m$							
	622	$D_6^{(1-6)}$	$P622$	$P6_122$	$P6_522$	$P6_222$	$P6_422$	$P6_322$			
	$6mm$	$C_{6v}^{(1-4)}$	$P6mm$	$P6cc$	$P6_3cm$	$P6_3mc$					
	$\bar{6}m2$	$D_{3h}^{(1-4)}$	$P\bar{6}m2$	$P\bar{6}c2$	$P\bar{6}2m$	$P\bar{6}2c$					
	$6/mmm$	$D_{6h}^{(1-4)}$	$P6/mmm$	$P6/mcc$	$P6_3/mcm$	$P6_3/mmc$					
立方晶系	23	$T^{(1-5)}$	$P23$	$F23$	$I23$	$P2_13$	$I2_13$				
	$m\bar{3}$	$T_h^{(1-7)}$	$Pm3$	$Pn3$	$Fm3$	$Fd3$	$Im3$	$Pa3$	$Ia3$		
	432	$O^{(1-8)}$	$P432$	$P4_232$	$F432$	$F4_132$	$I432$	$P4_332$	$P4_132$	$I4_132$	
	$\bar{4}3m$	$T_d^{(1-6)}$	$P\bar{4}3m$	$F\bar{4}3m$	$I\bar{4}3m$	$P\bar{4}3n$	$F\bar{4}3c$	$I\bar{4}3d$			
	$m\bar{3}m$	$O_h^{(1-10)}$	$Pm\bar{3}m$	$Pn\bar{3}n$	$Pm\bar{3}n$	$Pn\bar{3}m$	$Fm\bar{3}m$	$Fm\bar{3}c$	$Fd\bar{3}m$	$Fd\bar{3}c$	$Im\bar{3}m$
			$Ia\bar{3}d$								

3.2　金属晶体及其合金

固体的许多性质（特别是电、磁性质）都和固体中电子的运动状态有密切关系，因此讨论金属中自由电子的运动就成为固体化学重要的基本理论之一。为了加深对实际晶体的理解，就必须明白在晶体的点阵结构中起决定性作用的是"格点"或"阵点"，而实际晶体中的原子可抽象成几何中的点。晶胞中的原子、离子、配离子及一些原子团均可用格点代表，格点通常起简化结构中重复部分的作用，但其无法传达结构中有关键合及理化性质的信息。为研究晶体内部化学键的结合情况，必须明确原子的位置关系。从本节起着重研究晶体的化学结构，而晶体中微粒之间不同的键合作用直接决定晶体的结构和性质。根据组成晶体的微粒特性及微粒间结合力（化学键）的性质，可将晶体分成金属晶体、离子晶体、共价型晶体、分子晶体（零维固体）等多种类型。不同类型晶体的电子结构和理化性质会有很大的差异。人们通过密堆积原理研究晶体的结构及其化学键性质，此方法对金属晶体尤为适用。

3.2.1　金属晶体的原子半径

前面已经对密堆积原理及金属晶体的几种堆积型式做了较细致的阐述，明确了金属晶体中的原子近似等径圆球的堆积方式，为计算金属原子半径，先用 X 射线衍射法测得金属晶体的晶胞参数，再结合金属晶体的空间点阵型式就比较容易计算出紧密相邻的金属原子间的距离，该数值的一半可视为金属的原子半径。

例如，对于体心立方晶胞，由 X 射线结构分析测知其晶胞参数为 a，如图 3-14 所示，由其堆积特点可以看出体对角线方向的金属原子的堆积是最紧密的，如立方体边长为 a，根据三角函数关系，可计算出体对角线长为 $\sqrt{3}a$，设该金属原子的半径为 r，则有 $\sqrt{3}a = 4r$，即

　　(a) 体心立方晶胞　　　　　(b) 堆积情况

图 3-14　体心立方晶胞的堆积情况

$$r = \frac{\sqrt{3}}{4}a(\text{Å})$$

也就是说，只要通过 X 射线结构分析测得其晶胞参数，再根据该金属晶体的堆积类型就可算出此金属晶体中金属原子的半径。同一种金属，若有两种或两种以上的晶体结构，不同点阵型式中的金属原子半径是有差别的，若某点阵型式金属原子的配位数高，则其半径会略显小。例如，配位数为 8 的 A2 型结构中的金属原子半径约为配位数为 12 的 A1 型或 A3 型的 97%，这也可解释为何在金属密堆积中，采取 A1 型或 A3 型堆积的金属占多数。因此，只有已知配位状况时比较不同元素的原子半径才有意义。

从上述分析可知，金属原子采取高配位数的最密堆积时，其结构最稳定。但是一

些金属单质晶体的结构型式并非最密堆积，而是采用 A2、A4 的堆积型式。事实上，实际金属原子在成键过程中原子会发生形变，因此用不变形的圆球密堆积模型讨论实际金属原子的成键过程就显得过于简单化了。这种现象也进一步说明影响金属晶体结构的因素除密堆积外，还有其他因素，如参加成键的金属原子的电子数、价电子数等。为了更全面地认识金属晶体的结构和性质，有必要进一步研究金属晶体中原子核外电子的运动情况及其成键的规律。

3.2.2　金属键

描述金属键的理论主要有自由电子模型、费米能级和能带理论。由于自由电子模型在解释金属的延展性、电阻等一些常见物理化学现象时比较成功，故用得相对比较广。固体能带理论的发展是以哈特里 - 福克近似下得到的自洽场中单电子方程的解为基础的，自洽场具有晶格的周期性和对称性。自由电子模型也常称为电子气模型，金属元素原子序数的差别使其外层电子数不同致使它们的电子密度变化，费米能级或费米球面的半径不同。而在能带理论中，不同金属的能带结构不一样，使其有各自的费米球面，对外场响应表现出各自特性。费米能级对解释金属晶体中电子气模型下参与电、热运动的电子的数量比较直观，在此也一并做简单介绍。

1. 金属键的自由电子模型

金属键 (metallic bond) 是化学键的一种，存在于金属晶体中，由自由电子及排列成晶格状的金属原子实之间的静电吸引力组合而成。

首先回顾一下一维势箱中运动粒子的模型，金属具有晶体结构，而晶体具有点阵结构，因此金属中原子实有规律地排列，电子就在这种周期性结构中自由运动，除了互相碰撞的瞬间以及处于接近金属表面的电子外，所受作用力或其位能也具有周期性。逸出功的限制使处于 $x = 0$，$x = l$ 的金属表面的电子不能逃逸到金属外，就像被边界上突然矗立的位能"墙"阻拦一样。假设：在常温时电子在金属外出现的概率为零，忽略电子间相互作用，位能也没有周期性变化，则电子的运动模型可用图 3-15 表示。电子在金属内的运动和一维势箱中运动的粒子一样，可以通过讨论势箱中粒子运动情况来解释电子在金属内的运动，进而理解自由电子模型。

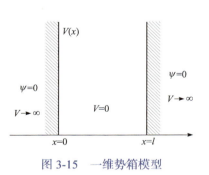

图 3-15　一维势箱模型

在 $x = 0$、$x = l$ 处 $V(x) \to \infty$，而 当 $0 < x < l$ 时，$V(x)=$ 常数，为一直线，若取金属晶体内的位能为零，则

$$V(x) = \begin{cases} 0 & 0 < x < l \\ \infty & x \leqslant 0, x \geqslant l \end{cases}$$

一维势箱中的薛定谔方程为

$$-\frac{h^2}{8\pi^2 m}\nabla^2\psi + V\psi = E\psi \tag{3-3}$$

其中，$\nabla^2 = \dfrac{\partial^2}{\partial x^2} + \dfrac{\partial^2}{\partial y^2} + \dfrac{\partial^2}{\partial z^2}$。

根据上述的假设，一维势箱的薛定谔方程可简化为

$$-\frac{h^2}{8\pi^2 m}\frac{\partial^2}{\partial x^2}\psi = E\psi \tag{3-4}$$

这是一个二阶常系数线性齐次方程，若定义 $\hbar = \dfrac{h}{2\pi}$，则其通解为

$$\psi(x) = A\cos\left(\sqrt{2mE}\,\frac{x}{\hbar}\right) + B\sin\left(\sqrt{2mE}\,\frac{x}{\hbar}\right) \tag{3-5}$$

根据 $\psi(x)$ 连续化的要求，如势箱外 $\psi = 0$，则按边界条件当 $x = 0$ 或 l 时，$\psi(x)$ 必为 "0"，这一结果说明金属晶体内的电子只能束缚在晶体内，不允许其离开金属。

当 $x = 0$ 时，$\psi(0) = A(\cos 0) + B\sin(0) = 0$，解得 $A=0$，将此值代入式 (3-5) 中，则

$$\psi(x) = B\sin\left(\sqrt{2mE}\,\frac{x}{\hbar}\right) \tag{3-6}$$

然而，当利用 $x = l$ 这一边界条件时，有

$$\psi(l) = B\sin\left(\sqrt{2mE}\,\frac{l}{\hbar}\right) = 0 \tag{3-7}$$

式 (3-7) 中的 B 不能为 "0"，因已经解得 $A = 0$，如 B 为 0，式 (3-5) 就没有物理意义了，这不符合金属晶体内自由电子实际运动状态。因此，只有 $\alpha = n\pi$(n 为正整数时) 在 $\sin\alpha = 0$，则

$$\sqrt{2mE}\,\frac{l}{h} = n\pi, \quad n=1,\ 2,\ 3,\ \cdots$$

解得

$$E = \frac{n^2 h^2}{8ml^2} \tag{3-8}$$

将 E 值代入式 (3-6) 中，可解得 (省略推导过程)

$$\psi(x) = B\sin\frac{n\pi x}{l} \tag{3-9}$$

由于电子不能逃逸，则电子在一维势箱 (或金属) 内各处出现概率的总和应满足归一化条件，即：

$$\int_0^l |\psi(x)|^2 \mathrm{d}x = B^2 \int_0^l \sin^2\left(\frac{n\pi x}{l}\right)\mathrm{d}x = 1 \tag{3-10}$$

在数学上 $\sin^2\left(\dfrac{n\pi x}{l}\right) = \dfrac{1 - \cos\left(\dfrac{n\pi x}{l}\right)}{2}$，故

$$B^2 \int_0^l \frac{1 - \cos\left(\dfrac{n\pi x}{l}\right)}{2} \, \mathrm{d}x = 1 \tag{3-11}$$

解得 $B = \sqrt{\dfrac{2}{l}}$ ，将其代入式 (3-9) 中，得

$$\psi(x) = \sqrt{\frac{2}{l}} \sin\frac{n\pi x}{l} \quad (n \text{ 为主量子数，取值为正整数})$$

金属内部自由电子可有无穷多个定态 ψ_n ，每一个代表可能存在的一种状态（定态）。每一定态由一特征能量 E_n 来标示。E_n 取值为量子化的，每一个 E_n 代表一个能级，全体 E_n 值就是体系的能谱，概括为体系所有可能的能量值。由 $E_n = \dfrac{n^2 h^2}{8ml^2}$ 可见， $n = 1$ 和 2 时，有能级差：

$$\Delta E = E_2 - E_1 = \frac{3h^2}{8ml^2} \tag{3-12}$$

当 $n = 2$ 和 3，或 3 和 4，以此类推，能级差 ΔE 分别为 5，7，9，11，13，…。

从式 (3-12) 可以看出，由于普朗克常数 "$h = 6.626 \times 10^{-34} \, \mathrm{J \cdot s}$" 是固定的，所以当粒子越重（$m$ 值越大），箱子越大（l 值变大）时，能级间隔 "ΔE" 必会越小。只有当 ml^2 和 h^2 同数量级时，或 $ml^2 < h^2$（在原子或分子大小的体系）时，量子化能级才相当明显。而对于宏观物体， m、l 都相当大，相邻能级的能级差可看作零，能量变为连续化，这就是经典力学理论。

由于粒子在全空间出现的概率不可能为零，即 $\psi(x) \neq 0$ ，则 n 不能为零，这说明体系最低能量不为零，但势箱内位能为零，这意味着粒子的动能恒大于零，此时称为 "零点能"。零点能是如何产生的？自由电子理论却无法解释，这一问题将在下面费米能级讨论。

上述结论可由一维势箱推广到三维势箱。将三维势箱中的薛定谔方程分解为三个一维微分方程：$\psi(x, y, z) = X(x)Y(y)Z(z)$ ，则 $E = E_x + E_y + E_z$ 。解得完全波函数：

$$\psi_{n_x n_y n_z}(x, y, z) = \sqrt{\frac{8}{abc}} \sin\frac{n_x \pi x}{a} \sin\frac{n_y \pi y}{b} \sin\frac{n_z \pi z}{c} \tag{3-13}$$

和能级：

$$E_{n_x n_y n_z} = \frac{h^2}{8m}\left(\frac{n_x^2}{a^2} + \frac{n_y^2}{b^2} + \frac{n_z^2}{c^2}\right) \tag{3-14}$$

对于立方势箱：

$$E_{n_x n_y n_z} = \frac{h^2}{8ml^2}\left(n_x^2 + n_y^2 + n_z^2\right) \tag{3-15}$$

从上述能级公式可以看出，对于微观系统 l 值越大（或 a、b、c 越大）则 E_n 越小，

也就是说，粒子活动范围的增大使系统能量降低，此效应称为电子的离域效应。也可用"离域效应"解释有机化合物，如丁二烯及苯的"共轭效应"情况。此处的 a、b、c 分别为三维势箱的长度。n_x、n_y、n_z 分别为三个方向能量变化量子数，这意味着对于金属晶体内的自由电子的运动也至少需要有三个量子数来确定。

理论上金属晶体在受电、磁、热作用时，如果金属原子核外的所有电子都参与运动，其导电、传热等都是相当快的。但实验结果证实，金属晶体在受热、磁、电作用时，只有相当于金属原子核外的 15% 左右的电子参与运动。为何大多数电子不参与运动，用自由电子理论无法解释，但通过金属的费米能级解释金属的零点能、导电和导热性能时却优于自由电子模型。

2. 费米能级

恩利克·费米 (Enrico Fermi，1901—1954) 是美国物理学家，诺贝尔物理学奖获得者，被誉为"中子物理学之父"。与其名字相关联的有：费米面、费米悖论、费米分布及费米能级等。在此仅对费米能级的物理意义进行解释，以进一步解释金属晶体中的电子特性。

电子在金属晶体能级上的分布，可看作与原子或分子中能级上的分布一样，符合能量最低原理和泡利不相容原理。根据量子力学理论，电子是具有半奇数自旋量子数 (通常为 1/2) 的费米子，而费米子在能级中的分布遵循费米 - 狄拉克分布，也遵循泡利不相容原理。设想金属晶体从无相互作用的费米子组成的系统的基态模型开始，将电子逐个填入现有而未被占据的最低能量的量子态，直到所有粒子全部填完。那么，在 0K 的温度下，第一个电子将进入最低能级 ($n=1$，常称为基态)，第二个自旋相反的电子也进入该能级；第二对自旋相反的电子进入能级 ($n=2$)，以此类推。如果某金属试样中有 N 个电子，它将占据 $N/2$ 的最低能级，其电子占有的最高能级为 $n=N/2$，对应能级的能量为

$$E_{max} = \frac{h^2}{8m}\frac{3N^{2/3}}{\pi V} \tag{3-16}$$

式中，$m=10^{-27}$g，是一个电子的质量；V 为金属试样的体积 (cm^3)；N 为价电子总数。

此时，系统中与 E_{max} 相对应的能级就是费米能级，其指最高占据分子轨道 (highest occupied molecular orbital，HOMO) 的能量。在导电材料中，HOMO 与最低未占据分子轨道 (lowest unoccupied molecular orbital，LUMO) 基本是等价的。但在其他材料中，上述两个轨道的能量会相差 2 ～ 3eV。事实上这一能隙在导体中也存在，只是可以忽略而已。

若取 $N/V \approx 10^2 \sim 10^{23}cm^{-3}$，则可近似求出 E_{max}。

此值意味着，当金属处于 0K 时，其中电子也具有相当的能量，表现强烈的运动，其运动速率约为 $v_e = 10^8 cm/s$。这就证实了一维势场中运动的粒子，即使势能 $V(x) = 0$，而粒子的动能并不为零，称其为"零点能"，金属中的电子也同样具有"零点能"。

在金属材料中，E_{max} 也称为费米能级，其指基态下，0K 时金属中电子的最高占有

能级的能量，常用"E_F"表示。

金属晶体在受热、磁、电场等作用时，只是在费米能级附近的电子发生激发作用，参与热传递等过程，而大部分电子是处于冻结状态，并不参与热、磁、电等运动。例如，Cu 的费米能级 E_F 约为 7.1eV，若把最低能级上的电子移到费米能级附近，大概需要一个相当于 30000K 的高温的条件才能实现，而这一高温在一般的条件下是很难实现的。故金属晶体中的大部分电子是不参加热、磁、电等过程的。这就可以解释为何金属晶体在受热、磁、电作用时只有相当于金属原子核外 15% 左右的电子参与运动。至于在金属晶体中为何存在导体、半导体及绝缘体，是下面能带理论将阐述的内容。

3. 金属键的能带理论

建立在量子力学基础上的晶体结构的能带理论是布洛赫 (Bloch) 和布里渊 (Brillouin) 在金属晶体自由电子势阱模型的基础上发展起来的。自由电子理论不能较好地解释如高熔点、高原子化热和硬度等问题，也无法解释导体、半导体及绝缘体的关系。按照自由电子理论，金属键强度应随价电子数增加而增大，高熔点的峰值不应出现在第六副族 (ⅥB)。基于分子轨道理论的能带理论，通过原子轨道线性组合成连续的分子轨道，即能带，可较好地解释这些问题。

一片金属锂，可看作一个无限的分子，其中所有锂原子上的原子轨道都经线性组合为分子轨道，再由分子轨道形成能带，如图 3-16 所示，其分别是由 2 个锂原子、8 个锂原子、1mol 锂原子先后组合成分立的分子轨道，最后形成能带的示意图。这说明如果大量的锂原子聚集在一起，2s 价轨道的相互作用将产生一组非常密集的分子轨道，其最高反键 σ_{2s}^* 的能级与 2p 价轨道的相互作用产生一组密集分子轨道最低成键 π_{2p} 的能级交叉，每个分子轨道都离域到金属中的全部原子，能级不再分立，而变为连续。这种能态的完整谱带称为能带。

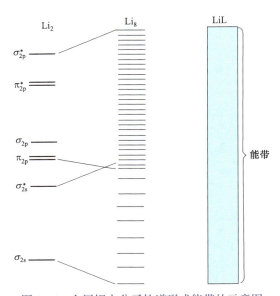

图 3-16 金属锂由分子轨道形成能带的示意图

在一个能带中，能态的分布并不均匀，在每个能带中，能态的数目等于由全部原子提供的轨道的总数。对 1mol 的金属而言，一个 s 能带将由 N_A 个态组成，而一个 p 能带则由 $3N_A$ 个态组成，这里 N_A 表示阿伏伽德罗 (Avogadro) 常量。如果 s 和 p 轨道能级差大，这些能带保持分立状态。但是如果 s 和 p 轨道能级差小，能带会互相重叠并发生混杂，如金属锂的 2s 和 2p 轨道就发生了混杂或称其为能级交叉。图 3-17 是钠和镁的能带示意图，镁的 3s 和 3p 发生了能级交叉，能带产生了重叠，也称其为重带。

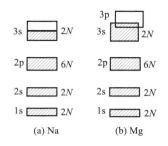

图 3-17　钠和镁的能带示意图

固体的电子性质和能带结构密切相关。根据能带的分布和电子填充情况，能带有不同的性质和名称。充满电子的能带称为满带，填有电子的最高能级称为价带；完全没有电子的能带称为空带，能级最低的空带称为导带；各能带间不能填充电子的区域称为带隙，又称为禁带。若价带电子未填满，其中电子在电势作用下可以运动，这是导体的能带特征之一。如果满带和空带重叠，它们合在一起形成一个未填满的能带，也称为重带。金属的能带特征就是有未填满电子的能带；若固体的能带中只有满带和空带，且能量最高的满带（价带）和能量最低的空带（导带）之间的带隙很宽，$E_g \geqslant 5eV$，在一般的电场条件下，很难把价带上的电子激发到导带而导电，这就是绝缘体；反之，价带和导带之间的带隙较窄，$E_g \leqslant 3eV$，满带中的电子获得能量后可越过能隙进入导带，结果发生导电现象，这就是半导体，如图 3-18 所示。

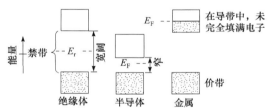

图 3-18　绝缘体、半导体和金属的能带

灰色区域：填入电子；E_F：费米能级

根据这种能带概念，可以很好地解释导体、绝缘体和半导体的区别。能够导电的晶体，其内部电子在外场的作用下，其运动速度和能量或它们的分布有可能改变时，才会产生净的电流（也就是说电子定向运动形成电子流时，并不是完全自由的，而会遇到各种不同程度的阻碍）。可以看出满带中电子在各能级的排布只有一种，电子的速度和能量分布固定，无改变余地，不可能形成电子的定向运动，故无电流产生，对导电无贡献。只有那些具有导带或重带的金属导体才能导电，导带就是未被电子填满的能带，也称为未满带，因其缺少了电子，产生了空穴，电子可以定向运动形成电流，也称其为空穴导电；而存在重带的金属，其满带与空带发生重叠，基本不存在带隙，满带中的电子很容易跃迁到空带，使空带有了电子，变为导带，满带少了电子，电子也有了定向运动的空间，成为导带；空带内由于没有电子，不可能形成电子定向运动的电流，为非导带。

对于绝缘体和半导体，都只有满带和空带。一般情况下由"原子晶体""分子晶体"等形成的材料，满带和空带的能级差大于 5eV，通常激发情况下，满带与空带间不会产生电子的跃迁，属绝缘体。但当在强光（紫外光）照射下，满带中的某一个电子会完全吸收一个光子的能量"$h\nu$"，此能量足以使其从满带跃迁到空带（其作用与"重带"相同），产生导电现象，使绝缘体变成了导体，相当于绝缘体被击穿。半导体虽然也只有价带和空带，但价带和空带的带隙间隔小，能级差小于 3eV，很小的能量微扰就可能使价带中的部分电子越过禁带进入能量较高的空带，空带中存在电子后成为导带，价带中缺少电子后发生导电现象。就是说半导体在一般的激发条件下，就可以产生跃迁，成为导体，但是由于有这种能级间隔，其导电效果不如导体，电阻较高，其电阻率介于金属和绝缘体之间。这种不含杂质且无晶格缺陷的半导体称为本征半导体。

在能带理论中将电子跃迁后留下的带正电的空位，称其为空穴。导带中的电子和价带中的空穴合称为电子-空穴对，空穴导电并不是空穴运动，实际上是电子运动方向的逆向电流的一种表达形式，但是可以将其等效为载流子。空穴导电时等电量的电子会沿其反方向运动。它们在外电场作用下产生定向运动而形成宏观电流，分别称为电子导电和空穴导电。导带中的电子会落入空穴，电子-空穴对消失，称为复合。在一定温度下，电子-空穴对的产生和复合同时存在并达到动态平衡，此时半导体具有一定的载流子密度，从而具有一定的电阻率。本征半导体的导电性能与温度有关。

通过加工、扩散等工艺，在本征半导体中掺入少量合适的杂质元素，可得到杂质半导体。杂质半导体分 P 型和 N 型 2 种类型，P 型半导体指在纯净的硅晶体中掺入三价元素，如硼，使之取代晶格中硅原子的位置，就形成了 P 型半导体。在 P 型半导体中，空穴的浓度大于自由电子的浓度，也称为受主半导体，它是靠空穴导电，掺入的杂质越多，导电性能越强。若在纯净的硅晶体中掺入五价元素，如磷，使之取代晶格中硅原子的位置形成 N 型半导体，也称为施主半导体，同 P 型半导体一样，其也是掺入的杂质越多，导电性能会趋于增强。若在同一块硅片上制成一半为 P 型半导体，另一半为 N 型半导体，由于电性能的不同，在它们相交的界面就形成 PN 结。

PN 结有同质结和异质结两种。用同一种半导体材料制成的 PN 结称为同质结，由禁带宽度不同的两种半导体材料（如 GaAl/GaAs、InGaAsP/InP 等）制成的 PN 结称为异质结。制造 PN 结的方法有合金法、扩散法、离子注入法和外延生长法等。制造异质结通常采用外延生长法。PN 结具有单向导电性，若外加电压使电流从 P 区流到 N 区，PN 结呈低阻性，所以电流大；反之是高阻性，电流小，见图 3-19。

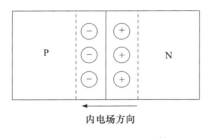

内电场方向

图 3-19　受主 P 型和施主 N 型半导体组成的 PN 结

从以上的叙述可以看出，能带理论比较成功地解释了绝缘体、半导体及导体的关系。但能带理论忽略了电子与声子（类似于水波，但声子只存在于晶体中，可简单解释为晶体中晶格振动简谐振子的能量量子）的作用；认为价电子在晶体中的运动是彼此独立的，忽略了电子间的关联作用。其结果导致无法用能带理论解释过渡金属化合物的导电性。

例如，MnO 晶体中 Mn^{2+} 的外层电子排布式为 $3d^5 4s^0$，失去 2 个电子，而 d 亚层平均有 5 个轨道，Mn^{2+} 的 3d 电子构成未填满的 3d 价带，O^{2-} 的 2p 能带是满带与 3d 不重叠，对导电无贡献，按能带理论，MnO 晶体存在 3d 电子的未满带，则其应为导体，而实际测量的结果 MnO 晶体是绝缘体。而与 MnO 有类似能带结构的 ReO_2（铼外层电子排布式为 $5d^5 6s^2$，失去 4 个电子后为 $5d^3 6s^0$）实测为导体。有些过渡金属氧化物当温度升高时会从绝缘体变为导体，这也是能带理论无法解决的问题。对于非晶态物质，晶体的长程有序不复存在，能带理论就更无法解释其电性能。这些理论上的高尖端问题还有待于人们进一步地深入研究。

3.2.3　合金的结构

中国是世界上最早研究和生产合金的国家之一，在商朝时，铜锡合金（青铜）工艺就已非常发达，战国时已能锻造出非常锋利抗锈蚀的青铜剑。还有像过去的苗银、藏银，其实都不是纯银，是一种由不同比例的铜与镍经加工制成的铜镍合金，白铜也是铜镍合金。藏银就是白铜的雅称，流行于我国西藏地区和尼泊尔一带的一种银饰品，一般含银量不超过 30%。合金是指由两种或两种以上的金属与金属或金属与某些非金属元素经一定加工方法合成的具有金属特性的均匀体系。一般通过熔合成均匀液体后凝固而得。根据组成元素的数目，合金可分为二元合金、三元合金和多元合金。合金的种类繁多，如铁合金、铜合金、钛合金、磁性合金、储氢合金、耐热合金及形状记忆合金等，本书主要介绍二元合金。二元合金按其结构特点可分为金属固溶体和金属化合物。

1. 金属固溶体

金属固溶体是指溶质原子溶入溶剂晶格中，仍保持溶剂晶体结构的合金相，这种合金相即为固溶体。其中一种组元称其为溶剂，而其他溶入的组元即为溶质。例如，将 A 组元加到 B 组元中形成的固体，如果固体结构保留 B 组元的晶体结构，这种固体即称其为固溶体，B 为溶剂，A 为溶质。A 组元或 B 组元，基本指的是化学元素，但也可以是化合物。金属固溶体有填隙式和置换式两种类型。

(1) 填隙式固溶体。一般是由 H、B、C、N 等原子半径相对较小的非金属元素的原子填到金属晶体结构的间隙中形成。这类合金中最典型的就是铁合金（俗称其为钢），是铁与 C、Si、Mn、P、S 以及少量的其他元素所组成的合金。其中除 Fe 外，C 的含量对钢铁的机械性能起着主要作用，故也统称其为铁碳合金。它就是最典型最常见的填隙式固溶体，其特点是：由较小的非金属原子填入金属晶体的间隙中，基本不改变金属晶体的结构参数。在不破坏金属键的基础上，金属原子还会和非金属原子形成一定的共价成分的化学键。所以，此类固溶体具有金属特性，与纯金属相比还具有硬度比较大、熔点比较高等性质。因此，有些填隙式合金在火箭材料、高级磨料和高

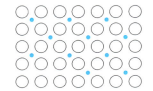

图 3-20　填隙式合金示意图

速切削工具等方面有重要的应用。如图 3-20 所示，蓝点代表填隙式原子。

(2) 置换固溶体。也称为取代固溶体，其指溶质原子占据溶剂金属原子晶格中正常的格点位置而形成的固溶体。当溶剂和溶质原子直径相差不大，一般在 15% 以内时，易于形成置换固溶体。铜镍二元合金形成的即是置换固溶体，镍原子可在铜晶格的任意位置替代铜原子。置换固溶体也可表述为固相溶剂中部分格位被溶质原子取代而成的固态溶液。通常情况下，只有在两种物质结构类型相同、价数相同、化学性质相似、两种原子直径大小相近时易于形成置换固溶体。按置换程度可分为无限固溶体和有限固溶体两类。无限固溶体 (类似乙醇与水) 可以任何比例完全互溶。有限固溶体 (类似丙酮和水) 只能按一定比例有限互溶。在两种金属互溶的程度方面，合金体系与液态溶液有相似的规律，即 "相似者相溶"。例如，Pb-Sn、Cu-Ni、Ni-Fe、Au-Ni 等体系都能形成无限固溶体，像 Cr^{3+} 和 Al^{3+} 可无限置换成铬刚玉。

在有限固溶体合金中，当金属的价电子数不一样，形成固溶体时，高价的溶于低价的量往往要大于相反的情况，原因是高价金属可以利用部分价电子 "模仿" 低价金属的外层电子结构，而低价的金属却难以 "模仿" 高价，如 Fe-Ti(13.5 和 6.9)、Fe-Nb(13 和 8.2)，但也有特例。

有限固溶体或无限固溶体都可能存在有序化状态。在置换固溶体中，当溶质原子无规则地占据晶格中溶剂原子的格位时，称为无序固溶体；然而当温度降低到一定程度时，溶质原子的无序排列将过渡到有序排列，即溶质原子占据晶格中固定的格点位置，此过程为有序化，固溶体从有序到无序的转变是一个突变过程，有一个转变温度，此温度称为居里点，用 "T_c" 表示。在转变温度附近，合金的许多物理性能，如磁性、比热容、电阻率等都发生突变。居里点也称为居里温度，有时也称为磁性转变点。例如，在铁磁体和顺磁体之间改变的温度，即从铁电相转变成顺电相引发的相变温度也可以说是发生二级相变的转变温度，当温度低于居里点时，该物质成为铁磁体，此时和材料有关的磁场很难改变；当温度高于居里点时，该物质成为顺磁体，磁体的磁场很容易随周围磁场的改变而改变。

利用居里点时磁性骤然转变的特点，人们开发出了很多控制元件。例如，家庭使用的电饭煲就利用了磁性材料的居里点的特性。在电饭煲的底部中央装了一块磁铁和一块居里点为 105℃ 的磁性材料。随着电饭煲里的水分不断减少，食品的温度将逐渐上升，当温度达到约 105℃ 时，由于被磁铁吸住的磁性材料的磁性消失，磁铁就对它失去了吸力，这时磁铁和磁性材料之间的弹簧就会把它们分开，同时带动电源开关被断开，电饭煲则停止加热。

2. 金属化合物

当组成合金的不同金属原子 (或为类金属原子) 的半径、电负性及其单质的结构差别较大时，则倾向于形成金属化合物，也有时称其为电子化合物。金属化合物一般又可分为组成固定的 "正常价化合物" 和组成可变的 "电子化合物" 两类。有序固溶体也看成类似的金属化合物。

正常价化合物具有固定的组成，其晶体结构往往和纯金属不同，键合方式也具有不同类型。电负性差别大的元素形成的化合物，还可能带有离子键的成分，其性质也有别于组成的金属。例如，Mg_2Sn、Mg_2Pb、$BaSe$、Fe_4B_2、Cu_2MnSn 等都属于正常价化合物。周期表中 ⅣA 族两旁的金属元素所形成的化合物，通称为"Ⅲ - Ⅴ族化合物"，如 InSb 等平均每个原子有四个价电子，其性质与硅、锗等半导体元素相近。

金属化合物的组成总体上会有一定固定的比值，但是由于该类化合物的键合方式较为特殊，所以金属化合物的组成比又常常是可变的。还有些金属化合物的晶体结构与其价电子数和原子数之间的比值相关，如当金属化合物中价电子数和原子数之间的比值为 3 : 2、21 : 13、7 : 4 时，每一比值对应于一定的晶体结构，这个比值称为价电子浓度。所以，这类化合物的晶体结构取决于电子浓度。这也正是把这类化合物称为电子化合物的原因。电子浓度为 3 : 2 时，化合物具有体心立方晶胞结构，称为 β 相；电子浓度为 21 : 13 时，为复杂立方结构，单位晶胞中含有 52 个原子，称为 γ 相，如 α-Mn 即属于这种结构；电子浓度为 7 : 4 时，具有密集六方结构，称为 ε 相。对此方面内容还缺少普遍的规律性的科学认识，本书不做深入的介绍。

3.3　晶体类型及其性质

通过前面的介绍可知，晶体是一个非常大的概念，指自然界中所有的基本符合空间点阵结构的固态物质，涉及的内容非常广。为了方便理解，将固态物质分为金属晶体、离子晶体、共价晶体 (也称原子晶体)、分子晶体及混合晶体，它们之间有许多共同的性质，如对称性，能对 X 射线发生衍射，有固定的熔点，自发长出晶面、晶棱及顶点而构成多面体外形。在上一节已对金属晶体做了较全面阐述，本节的讲解首先从离子键及简单的离子晶体入手，逐步深入其他类型的晶体，并同时对离子晶体的晶格能、晶体离子半径，以及与之密切相关的多元复杂离子化合物的鲍林规则进行介绍。

3.3.1　离子键与离子晶体

离子键 (ionic bond) 与共价键在许多晶体中并没有十分严格的界限，因为假设把最活泼的金属元素铯与最活泼的非金属元素氟之间形成的化学键定义为 100% 的离子键 (据实验实测其仅含 95% 的离子成分)，则其他任何元素之间形成的化学键因极化等作用都不可能达到 100% 离子键。因此，在讨论晶体类型时，对化学键的键型不做严格区分。离子键倾向于在元素周期表左下部及右上部的元素之间形成。因此，在化学反应中 ⅠA、ⅡA 族的金属元素易形成阳离子，ⅥA、ⅦA 族的非金属元素易形成阴离子，因其易于得 / 失电子形成离子，从而具有稀有气体原子电子排布的特性。ⅢA、ⅣA 族的金属在某些条件下也可形成稳定的离子，如 Al 形成 Al^{3+}，Sn 形成 Sn^{4+}，Pb 形成 Pb^{2+} 等。完全的离子化通常较困难，因为随着失去的电子数目增加，核对剩余电子吸引力增强，电子的失去越来越困难，这也是带电荷多的离子较难形成的原因。

离子键通常在电性相反的阴阳离子间形成，是一种强烈的静电作用，键能较大，没有方向性，且随离子间距离增大而迅速减弱。离子在形成晶体化合物时倾向于形成密堆积结构使离子间的库仑引力最大化，并相对减少同性离子间的斥力。因此，离子晶体可看作由无数密堆积的离子阵列组成。在ⅠA、ⅡA族及卤族元素中常可形成离子化合物。然而，理论上形成某种离子是可行的，不代表这种离子在实验中一定可以观测到。很多实验数据表明，离子化合物中的离子键常含有一定的共价成分，即电子对被原子共享，而不是完全离开原子形成离子，含过渡金属元素的化合物中此现象就更为明显。在实际晶体中，单纯的离子键很少，甚至那些很熟悉的离子化合物也存在较大成分的共价键作用，有时甚至存在几种键型。

离子晶体的结构多种多样，有的很复杂。但复杂离子晶体的结构一般都是典型的简单结构型式的变形，故可将离子晶体的结构归结为几种典型的结构型式。

1. 典型的离子晶体

(1)MX 型离子晶体。

Ⅰ. 氯化铯 (CsCl) 型。

CsCl 的晶胞结构如图 3-21 所示。晶胞中，Cs^+ 位于晶胞体心格位，被位于立方体

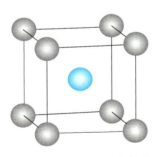

图 3-21　氯化铯的晶胞结构

八个顶点的 Cl^- 包围。不难看出，在 CsCl 晶体中 Cs^+ 及 Cl^- 均呈现简单立方堆积，CsCl 晶体实际由两组简单立方结构组成。因此，此晶胞的另一种画法是 Cs^+ 位于顶点，而 Cl^- 位于晶胞正中。然而，CsCl 晶胞并不能称为体心立方堆积，晶胞内 Cs^+ 和 Cl^- 化学环境不完全相同，Cs^+ 相对于 Cl^- 是体积相对较大的离子，且这种不对称破坏了完整的体心立方堆积结构。但是，Cs^+ 较大的体积也使其可以较好地与周围的 8 个 Cl^- 配合，使整个晶胞更为稳定，氯化铯型晶体的空间点阵型式简单立方，组成点阵的基本结构单元是 CsCl。

其他具有较大阴／阳离子的晶体也常常具有 CsCl 型结构，如 CsBr、CsI、TlCl、TlBr、TlI 和 NH_4Cl，以及一些配合物，如 $K[SbF_6]$、$Ag[NbF_6]$、$[Be(H_2O)]SO_4$、$[Ni(H_2O)_6]$ $[SnCl_6]$ 等。

Ⅱ. 氯化钠 (NaCl) 型。

氯化钠为自然界中最广泛存在的盐，又称岩盐，可从海水、地壳中提取而来。在古代，食盐对人类生活起着重要的作用，欧洲大陆为争夺盐矿甚至曾引起战争。食盐的主要成分为氯化钠，图 3-22 为氯化钠的一个晶胞，其中灰色球体为 Cl^-，蓝色球体为 Na^+。晶胞为面心立方型结构，由两组交叉排列的面心立方阵列组成，一组为 Cl^-，一组为 Na^+，每个 Na^+ 被六个位于八面体顶点的 Cl^- 包围，同时 Cl^- 也以此型式被 Na^+ 包围。因此，NaCl 晶体中的 Na^+ 与 Cl^- 的配位比为 6∶6，即 Na^+ 与 Cl^- 的配位数皆为 6，每个晶胞中含有 4 个 NaCl 基本结构单元。另一种研究氯化钠结构的方法见图 3-23，是将其看作 Cl^- 按立方密堆积型式排列，Na^+ 位于 Cl^- 密堆积形成的所有八面体空隙

中，Cl⁻密堆积层与立方体对角线垂直。不难发现，此种分析方式 Na⁺与 Cl⁻数目比也为 1∶1。采用此种分析方法，将一种离子视为填充入另一种离子密堆积空隙的思路是很有用的，可以方便地分析晶体配位构型及晶体结构中的可用空隙。相比较于 CsCl 结构，Na⁺由于具有较小的离子半径，使其周围最多只可堆积 6 个 Cl⁻，小于 Cs 周围的 8 个离子。一个 NaCl 晶胞包含 4 个完整的 NaCl 单元，计算方法与前面介绍相同，此处不做过多介绍。具有该结构的化合物有碱金属卤化物 (除 CsCl、CsBr、CsI 外)，碱土金属氧化物和硫化物、卤化银 (AgBr 除外)。本书中研究的很多结构均可看作扩展的八面体结构，一个金属离子位于八面体体心处，被 6 个位于八面体顶点的其他离子包围，如图 3-24(a) 和 (b) 所示。每个独立的八面体结构单元俯视图如 3-24(c) 所示，且可以图 3-25 的方式，点线面相互连接扩展为空间结构。这些连接方法有效地减少了构成晶体的原子数目，因为点线面相互连接的结果使一些原子在晶胞之间共用。例如，化学式为 MO_6 的两个八面体单元以顶点连接时，八面体共用顶点，所得二聚分子为 M_2O_{11}，减少了 1 个氧原子。而相同的两个八面体单元以共用棱的方式连接时，所得二聚分子为 M_2O_{10}，减少了 1 个氧原子。

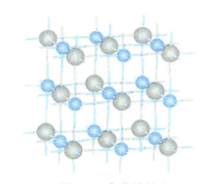

图 3-22　氯化钠晶胞

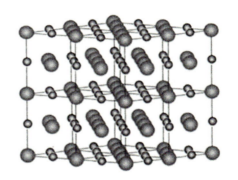

图 3-23　氯离子按立方密堆积型式排列

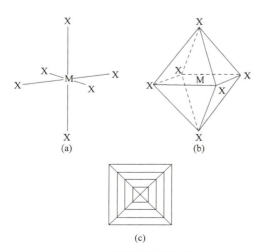

图 3-24　八面体结构示意图

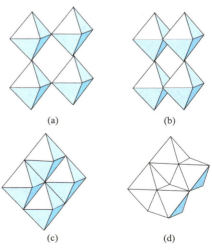

图 3-25　八面体共顶点 [(a)、(b)]、
共边 (c) 及共面 (d) 结构示意图

Ⅲ.闪锌矿型和纤锌矿型 (ZnS 型)。

ZnS 有两种主要的晶型，分别为闪锌矿型 (图 3-26) 和纤锌矿型 (图 3-27)。两图中灰色球体为硫离子。这两种晶型均在对自然界的硫化锌矿开采中发现。其中，闪锌矿中常混有一定数量的铁离子而呈现灰色，所以闪锌矿又称为灰锌矿。像这种化学式相同只有晶体结构不同的化合物称为多晶型化合物 (polymorph compound)。

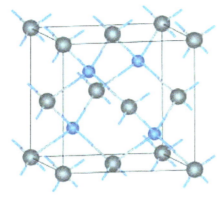

图 3-26　闪锌矿型 ZnS 晶胞

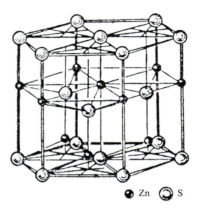

● Zn ◎ S

图 3-27　纤锌矿型 ZnS 晶胞

闪锌矿结构可视为硫离子依面心立方型式堆积，锌离子填充在硫离子形成的四面体空隙中。因此，每个锌离子被四个硫离子包围，反之亦然。具有此结构的化合物包括 Cu 的卤化物和 Zn、Cd、Hg 的硫化物，以及 MP、MAs、MSb(M=Al、Ga、In) 和 SiC 等。此外，如果每个原子均为相同原子，则此结构与金刚石结构相同。注意，在闪锌矿结构中，锌和硫离子均可视为等价堆积，若将二者交换位置，所得晶体结构仍不变，每个闪锌矿型 ZnS 晶胞中含有 "4 个 ZnS 单元"。

纤锌矿结构则为锌离子交替占据六方密堆积的硫离子形成的四面体空隙 (即硫离子形成的一半四面体空隙被锌离子占据)，同闪锌矿类似，每个锌离子仍被 4 个硫离子包围，每个纤锌矿型 ZnS 晶胞中含有 1 个由 "2 个 ZnS" 组成的基本结构基元。具有此晶体结构的物质包括 ZnO、BeO、NH_4F、MN(M=Al、Ga、In)、MnS。闪锌矿和纤锌矿中的 ZnS 都具有较大程度的共价键成分，偏共价键晶体，此处只是以此种晶体寓意有许多离子晶体也具有此种晶体结构。氧化锌纳米线的 SEM 照片见图 3-28，从图中可以明显看出生长出的纳米氧化锌晶体的六方结构的宏观外形。许多同种物质组成的化合物中具有不同结构的空间点阵型式，如硫化锌，存在六方型和立方型两种晶型结构，六方型硫化锌多为立方硫化锌的高温变体，属于这种类型的化合物还有硫化镉、氮化镓等。

从以上给出的几种典型离子晶体可知，点阵结构和晶体的对应关系是依据对称性，由晶体中抽出对应点阵的 "结构基元" 也要满足点阵的定义要求，以及晶体中原子、离子、分子或原子团所处周围环境。例如，氯化铯晶体的结构基元是由 Cl⁻ 和 Cs⁺ 抽象成几何学的点组成的简单立方点阵结构，虽然在解释时可以看成类似一套 Cl⁻ 和一套 Cs⁺ 互相穿插组成的简单立方点阵，但这种几套点阵互相穿插的方法与每个阵点代表一个结构基元不符，两套点阵之间的阵点和阵点之间的关系和点阵定义也不符，对应到氯化铯晶体就更不符合实际情况 (单独的正离子或负离子是不满足构成晶体条件的)。六方纤锌矿型硫化锌晶胞中的基本结构基元由 "2 个 ZnS" 组成，而立方硫化锌基本结构基元是 "1 个 ZnS"，类似的情况还有金刚石晶体的基本结构基元是由 "2 个 C" 组成、面心立方金属镁的晶体基本结构基元是由 "2 个 Mg" 组成，而面心立方金属铜晶体的结构基元却只由 "1 个 Cu" 构成。

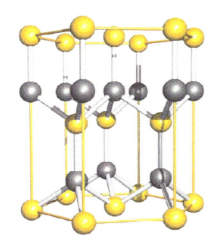 

图 3-28　氧化锌的晶胞示意图及其纳米线 SEM 照片

(2)MX$_2$ 型离子晶体。

Ⅰ. 萤石 (CaF$_2$) 结构和反萤石结构。

萤石的主要成分为 CaF$_2$，是一种发现较早的矿物。图 3-29 为萤石晶体结构，蓝色球为 Ca^{2+}，灰色球体为 F$^-$。其中 Ca^{2+} 为面心立方堆积，F$^-$ 占据形成的所有四面体空隙。这种描述方法的一个问题在于，Ca^{2+} 体积远小于 F$^-$，因此 F$^-$ 很难填充到 Ca^{2+} 堆积形成的空隙中，但是此方法可确切地描述原子所占的相对位置。注意在图 3-29(a) 中，体积更大的八面体空隙并没有被填满——晶胞体心处即为一处八面体空隙。此处的空隙极大地影响了 CaF$_2$ 晶体缺陷的形成，后面将进一步讨论缺陷及其相关问题。

将几个晶胞重复延伸开则可得到如图 3-29(b) 所示的晶体结构，可以看出晶体中 Ca^{2+} 配位数为 8。如果转换视角将 F 原子置于立方体的顶点，Ca^{2+} 配位数可变得更显而易见，如图 3-29(c) 所示。晶胞被分成 8 个小的八分体 (octants)，每个八分体正中央被一个 Ca^{2+} 占据，如图 3-29(d) 所示。每个萤石晶胞中含有 4 个 CaF$_2$ 基本结构基元。

在反萤石结构中，阴阳离子的位置被完全颠倒，其余特点保持萤石结构不变。这种结构可较好地弥补萤石结构的缺陷——体积较小的阳离子可很好地填入较大体积阴离子形成的八面体空隙中。例如，具有此晶型结构的 Li$_2$Te，由于 Li$^+$ 体积足够小，Te^{2-} 几乎为完全的面心立方密堆积结构 (尽管在此化合物中离子键含有很高的共价成分)。其他具有反萤石结构的化合物包括碱金属的氧化物、硫化物，即 M$_2$O 和 M$_2$S。在这些化合物中，原子的相对位置通常保持不变，但随着共价成分的增多，阴离子间常有一定的距离，并不是完美的密堆积结构；此外，由于阳离子体积过大，也进一步使阴离子密堆积距离增大。通过对萤石及反萤石结构的研究发现，只有配位数为 8 ∶ 4 的结构可稳定存在，很多具有此构型的离子化合物可用作离子导体。

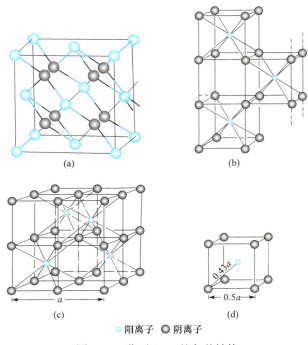

阳离子 ○ 阴离子

图 3-29　萤石 CaF_2 的各种结构

Ⅱ . 碘化镉 (CdI_2) 结构。

在 CdI_2 中，I^- 为六方密堆积，见图 3-30。由图 3-30(a) 可见，2 种离子间相互极化的结果使 CdI_2 晶体为层状结构，此时 I^- 与 Cd^{2+} 的配位数之比为 6 ∶ 3，每个 I^- 的一侧被三个 Cd^{2+} 包围，另一侧仍被 I^- 包围，此处的包围与此前所述结构的完全包围有所不同，这是由于晶体层间作用力是范德华力，只有原子间才是共价键力。具有此种结构的物质有 $CdCl_2$、MoS_2 等。

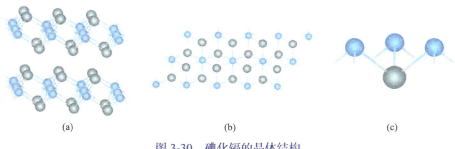

图 3-30　碘化镉的晶体结构

蓝色球为 Cd^{2+}，灰色球为 I^-

Ⅲ. 金红石 (TiO$_2$) 结构。

金红石矿为自然界中富含 TiO$_2$ 的一种矿物，具有很高的折射系数，可以反射大部分照射在其表面的可见光，因此常被用作白色染料和白色塑料的主要显色成分。图 3-31(a) 为金红石的一个晶胞。其晶胞属四方晶系，配位数之比为 O：Ti = 6：3。以 Ti 原子为中心，每个 Ti 原子被六个 O 原子包围，O 原子位于轻微扭曲的八面体各顶点。在此基础上，每个 O 原子被三个呈平面三角形结构的 Ti 原子包围 (从几何角度可知，对八面体构型的 O 原子和呈平面三角形的 Ti 原子，二者不可能同时为正八面体或正三角形结构)。整体来看，金红石晶体可视为由多个八面体单元组成，各八面体单元相互共享一对边，如图 3-31(b) 所示。图 3-31(c) 为上述结构的俯视图。每 1 个金红石晶胞中含 2 个 "TiO$_2$" 单元，它是简单四方晶系，其基本结构基元由 2 个 "TiO$_2$" 单元组成。TiO$_2$ 有 2 种典型的晶体，分别为金红石 (晶格参数：a 轴、c 轴分别为 0.458nm、0.795nm，晶胞表面积为 1.876nm^2) 和锐钛矿 (晶格参数：a 轴、c 轴分别为 0.378nm、0.949nm，晶胞表面积为 1.721nm^2)，但从表面积大小分析，金红石型 TiO$_2$ 更有助于催化性能的提高。多数过渡元素和重金属的二氧化物具有此类结构，如 OSO$_2$、PbO$_2$、GeO$_2$、MnO$_2$ 等。

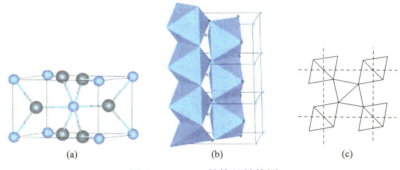

(a)　　　　　　　　(b)　　　　　　　　(c)

图 3-31　TiO$_2$ 晶体的结构图

在一些特殊的晶体中可观测到金属原子和非金属原子位置颠倒的反金红石结构，如 Ti$_2$N。

(3) 其他重要的晶体结构。

伴随形成晶体的金属化合价的不断增大，相应的离子化合物中共价成分也相应增加，所形成的化合物也越来越复杂。随着更多成分及元素的加入，原本晶体的高度对称性被破坏，使层状结构或大分子结构更为普遍。除以上讲述的非金属与金属间形成的化合物的晶体结构外，还有成千上万种，无法一一叙述，在此仅对下面相对常见的两类化合物的晶体进行简单介绍。

Ⅰ. 三氧化铼 (ReO$_3$) 结构。

此结构也称为三氟化铝结构，在金属的三氟化物中很常见，如金属 Al、Sc、Fe、Co、Rh、Pd，以及高温下的 WO$_3$、ReO$_3$ 均具有此结构。ReO$_3$ 结构可视为由八面体结构的 ReO$_6$ 单元连接而成的网状结构，具有立方晶系的高度对称性。其部分结构见图 3-32(a)，八面体的连接方式见图 3-32(b)，图 3-32(c) 为该晶体的一个晶胞 (铼占据晶胞的顶点，氧占据在晶胞 12 个棱的中间位置)。

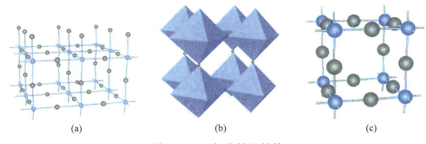

图 3-32　三氧化铼的结构

Ⅱ . 混合氧化物结构。

自然界中矿物质多数以混合氧化物晶体结构型式存在，种类非常多，典型的有钙钛矿型、尖晶石型及钛铁矿型等。尖晶石 (spinel) 的名字由来是指有尖角的晶体，多为镁铝的氧化物，故其与刚玉是有联系的。尖晶石的颜色多种多样，而作为宝石级别的尖晶石几乎是透明的镁尖晶石。铝镁尖晶石的主要成分为 $MgAl_2O_4$，有此结构的晶体通常具有 AB_2O_4 的化学通式，且 A 和 B 分别为 +2、+3 价离子，如 $MgAl_2O_4$ 等。通常在尖晶石结构中，氧原子为立方密堆积结构，A 离子占据其中的四面体空隙，B 离子占据八面体空隙。钛铁矿的化学式为 Fe(Ⅱ)Ti(Ⅳ)O_3，具有钛铁矿结构的晶体通常为金属氧化物，满足 ABO_3 的通式，且 A、B 原子大小相似，氧化数之和不超过 +6。此结构因钛铁矿主要成分 Fe(Ⅱ)Ti(Ⅳ)O_3 得名，与刚玉结构十分类似，氧原子按六方密堆积型式排列，但此时 A、B 离子以 1 : 1 比例占据其中三分之二的八面体空隙。

目前在研究领域比较活跃的是钙钛矿型晶体，主要成分是 $CaTiO_3$，$BaTiO_3$ 也同为钙钛矿结构。其化学通式与钛铁矿结构类似，也为 ABO_3 型，但与钛铁矿结构不同的是 A 位为低价、半径较大的 Ca^{2+}，它和 O^{2-} 一起按面心立方密堆；B 位为高价、半径较小的 Ti^{4+}，处于氧八面体体心位置，如图 3-33 所示，由 Ca^{2+} 与 O^{2-} 一起立方堆积，Ti^{4+} 处于六个氧形成的八面体空隙。从体心 B 位离子的振动可知，该类晶体在电场及外力作用下会产生极化，可能使材料具有压电等特殊性质。近年来，发现一批具有优异电学性能的钙钛矿结构材料，其组成属于氯化物型，组成通式为 $M^I M^{II} X_3$(X = Cl，Br，I)。典型的晶体结构及相应密堆积型式列于表 3-10 中。

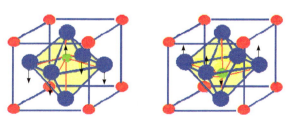

图 3-33　钙钛矿晶胞结构图

顶点为 A 位，体心为 B 位，O 占据面上位置

表 3-10 晶体结构及相应密堆积型式

分子式	阳离子：阴离子配位比	被占据空位的类型和数量	例子	
			立方密堆积	六方密堆积
MX	6：6	八面体	氯化钠型：NaCl、FeO、MnS、TiC	砷化镍型：NiAs、FeS、NiS
	4：4	一半为四面体，每个间隔位被占据	闪锌矿型：ZnS、CuCl、γ-AgI	纤锌矿型：ZnS、β-AgI
MX$_2$	8：4	四面体	萤石型：CaF$_2$、ThO$_2$、ZrO$_2$、CeO$_2$	无
	6：3	一半为八面体，每间隔层被完全占据	氯化镉型：CdCl$_2$	碘化镉型：CdI$_2$、TiS$_2$
MX$_3$	6：2	三分之一为八面体，每间隔的一对层中三分之二的八面体位置被占据		碘化铋型：BiI$_3$、FeCl$_3$、TiCl$_3$、VCl$_3$
M$_2$X$_3$	6：4	三分之二为八面体		刚玉型：α-Al$_2$O$_3$、α-Fe$_2$O$_3$、V$_2$O$_3$、Ti$_2$O$_3$、α-Cr$_2$O$_3$
ABO$_3$		三分之二为八面体		钛铁矿型：FeTiO$_3$
AB$_2$O$_4$		八分之一四面体和一半八面体	尖晶石型：MgAl$_2$O$_4$ 反尖晶石型：MgFe$_2$O$_4$、Fe$_3$O$_4$	橄榄石型：Mg$_2$SiO$_4$

2. 离子键理论

(1) 晶格能。

晶格能又称为点阵能，是指在 0K 时，1mol 离子化合物中的正、负离子由相互分离的气态结合成离子晶体时所放出的能量。此处的 0K 是指晶体达到完美晶体，得以充分发挥静电引力，使晶格能最大。晶格能的大小用来表示离子键的强弱。通过化学反应的内能改变量可将点阵能用化学反应式表示如下：

$$m\text{M}^{z+}(\text{气})+x\text{X}^{z-}(\text{气})\longrightarrow \text{M}_m\text{X}_x(\text{晶体})+U(\text{晶格能})$$

一般情况下，晶格能越大，表示形成的离子键越强，晶体越稳定。从离子晶体的特点出发，玻恩等假设离子晶体中的作用力主要是库仑 (Coulomb) 力，并根据库仑定律，从理论上导出了计算晶格能的公式。对于 MX 型离子晶体，如 NaCl 型离子晶体：

$$\text{M}^{z+}(\text{气})+\text{X}^{z-}(\text{气})\longrightarrow \text{MX}(\text{晶体})+U$$

其晶格能的通式为

$$U=\frac{ANz^+z^-e^2}{4\pi\varepsilon_0 r_0}\left(1-\frac{1}{n}\right) \tag{3-17}$$

A 也称为马德隆 (Madelung) 常数，对于 NaCl，$A=1.7457558$。式中，r_0 为紧邻正、负离子间的平衡距离；N 为阿伏伽德罗常量；e 为电子电荷；z^+、z^- 分别为正、负离子所带的电荷；ε_0 为真空电容率，也称为真空介电常数，为 $8.85419\times10^{-12}\text{C}^{-2}\cdot\text{N}^{-1}\cdot\text{m}^{-2}$；$n$ 称为玻恩指数，按离子的电子构型采取 $5\sim12$ 的数值，n 值与离子构型有关，如形成的离子构型分别为 2、8、18 等，即相当于 He、Ne、Ar(或 Cu$^+$)、Kr(或 Ag$^+$)、Xe 的离子，其 n 值分别取 5、7、9、10、12。

倘若正、负离子构型不同，则 n 值可取正、负离子 n 值的平均值，如 NaCl 中 Na^+ 的 $n=7$，Cl^- 的 $n=9$，则 NaCl 的 n 值取 8 计算。

马德隆常数与晶体结构的类型有关，在不同的晶体结构型式中其值不同，表 3-11 列出几种典型晶体结构型式的马德隆常数。

表 3-11　马德隆常数

结构型式	马德隆常数	结构型式	马德隆常数
NaCl	1.7476	六方 ZnS	1.6413
CsCl	1.7627	CaF_2	1.6796
立方 ZnS	1.6381	金红石	1.6053

根据晶体的结构数据，可方便地计算该离子晶体的点阵能。例如，用 X 射线结构分析测得 NaCl 立方面心晶体结构的晶胞参数 $a=0.5628nm$，则 Na^+ 和 Cl^- 的平衡距离，即 $r_0=0.2814nm=2.814 \times 10^{-10}m$，将已知参数代入式 (3-17) 中，可得 NaCl 晶体的晶格能 U 计算值为

$$U = \frac{6.022 \times 10^{23} \times 1.7476 \times (1.6 \times 10^{-19})^2 \times 1 \times 1}{4 \times \pi \times 8.854 \times 10^{-12} \times 2.814 \times 10^{-10}} \times \left(1 - \frac{1}{8}\right) = 753.2 \, (kJ/mol)$$

晶格能还可以根据热力学第一定律通过实验的方法进行间接测定。其是在无机化学中已经学习过的玻恩 - 哈伯 (Haber) 循环，在此不再复述。

点阵能对离子晶体来说应用极为广泛，有了点阵能的数据就可用于估算如电子亲和能、质子亲和能、离子的溶剂化能及非球形离子半径等这些不易测定的数据和分析化学反应性能。

影响晶体结构型式的主要因素有：晶体的化学组成类型，对于无机化合物晶体，一般按 AB 型、AB_2 型等类型来讨论其结构型式，化学组成类型不同，晶体结构型式也不同；晶体的结构基元的相对大小 (离子晶体的半径比)，若半径比不同会影响其结构型式；形成晶体结构基元正、负离子间的相互极化作用，会使晶体结构产生差异，如碘化镉晶体的层状结构。

(2) 离子半径。

我们知道，在量子化学中原子和离子均没有固定的半径，其半径由电子出现的概率密度决定。然而在晶体中，离子以有序的密堆积型式排列，其位置、核间距可十分精确的测量出来。据此，将离子假想为具有特定半径的实心球体，可对离子半径 (ionic radius) 进行精确测量。

以碱金属卤化物为例，这类卤化物均具有 NaCl 型结构。当一种金属的位置完全被另一种金属取代时 (如用 K 取代 Na)，若上述假设成立，则相应金属 - 卤素核间距会以特定数值增大。实验表明，随原子序数增大，相应离子半径也有所增大，但数值并不相同，将离子假想为实心球体的假设并不完全成立。但是，这一假设极大地简化了对晶体结构的描述，因此仍被广泛利用。除此之外，仍有许多假设被用于测量离子半径，文献记录了以不同实验方法所得的多组测量数据，每组数据均用其发现人的名字命名，

在此将简要讨论一些常用的实验方法及相应的测量值。同时，值得注意的是，不要将采用不同方法得到的离子半径数值混淆，即使不同方法所得数值间的测量值非常类似时，也要加以区别对待。

对离子半径的测量有一个很重要的技巧，以 LiI 晶体为例，实验可精确测量出 Li$^+$ 与 I$^-$ 间的平均距离，因此只要得出 Li$^+$ 或 I$^-$ 的任一半径即可简便地得出另一离子的半径。在实际计算中因为离子并不是真正的实心球体，有时具有弹性，有时因环境影响（如配位数或相邻离子的电性）则会发生电子云偏移，想要精确地得出一组离子的半径是十分困难的。

现以 NaCl 型离子晶体为例，对半径的实验测算进行描述。NaCl 型离子晶体属立方面心结构，从立方晶胞的一个侧面来看，如图 3-34 所示，会有三种可能：① 正、负离子不相接触，但负离子相互衔接，见图 3-34(a)；② 正、负离子之间相互接触，见图 3-34(b)；③ 正、负离子之间相互接触，但负离子之间不接触，见图 3-34(c)。若通过测定晶胞常数能确定某离子晶体属于图 3-34(a) 的情况，由于 $4r_- = \sqrt{2}a$ ，便可计算 r_-；在已知 r_- 的情况下，再通过结构型式图 3-34(c)，则可进而计算出 r_+。

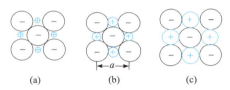

（a）　　　　　（b）　　　　　（c）

图 3-34　立方面心晶胞中正、负离子的接触情况

戈尔德施米特 (Goldschmidt) 按上述方法，并以测定值 $r_{F^-} = 1.33\text{Å}$、$r_{O^{2-}} = 1.22\text{Å}$ 为基准，但实际上在不同的化合物中离子半径是不同的，一般会有 10% 左右的伸缩，在离子晶体中，受阳离子极化作用的影响，其变化则会更大。结合晶体中晶胞的结构基元（正负离子对）的接触情况及空间点阵型式，再利用晶胞参数 (X 射线测出 a、b、c、α、β、γ 等晶胞的结构参数值)，计算出 80 多种元素的离子半径，称其为戈尔德施米特离子半径。

鲍林考虑到离子的半径与核外电子的排布情况和核对电子的作用力大小有关；并认为对于电子组态相同的不同离子，其半径大小与作用于最外层电子的有效核电荷成反比（$\gamma_{离子}$反比于 $Z_{有效}$）。由此出发，结合一些晶体中的离子接触距离值，鲍林推算出了另一套离子半径数值，称为鲍林离子半径，也常称为晶体离子半径。计算公式如下：

$$r = \frac{C_n}{Z - S} = \frac{C_n}{Z_{有效}} \tag{3-18}$$

式中，C_n 为由量子数规定的常数，其只与离子的外层电子构型有关；Z 为元素的核电荷数；S 是一套屏蔽值，并假定电子构型相同时屏蔽值 S 值相同。例如，Na$^+$ 与 F$^-$ 为类 Ne 离子，故屏蔽值相同，都为 4.50，则 $\gamma_{Na^+} = C_n/(11-4.50)$，$\gamma_{F^-} = C_n/(9-4.50)$，再根据 X 射线测得的数据：$\gamma_{Na^+} + \gamma_{F^-} = 0.231\text{nm}$，则计算出 C_n，进而分别推出 Na$^+$ 与 F$^-$ 的半径。

按斯莱特 (Slater) 方法可近似估算 S 值，其规定为：

(a) 外层电子对内层电子的屏蔽常数 S 为零。

(b) 同层电子间的屏蔽常数 $S=0.35$；但对第一层 K 层电子而言，$S=0.30$。

(c) 第 $(n-1)$ 层电子对第 n 层电子的屏蔽常数为 $S=0.85$。

(d) 第 $(n-2)$ 层及其以内各层电子对第 n 层电子的屏蔽常数均为 1.00。对于 d、f 电子，相邻内一组的电子对它的屏蔽常数均为 1.00；更靠里的内层各组 $S=1.00$。

(e) 原子内所有电子对指定电子的屏蔽常数的总和，即为该电子在原子中受到的总的屏蔽常数，$nS_{总} = \sum S_i$。

应该指出，同一电子层中不同的电子亚层 (即 n 相同，l 不同时) 的电子的屏蔽作用，严格说是有差别的，但在要求不太精确的情况下，可以近似认为其 S 是相同的。斯莱特计算屏蔽常数 S 时，将原子核外的电子按 "1s|2s, 2p|3s, 3p|3d|4s, 4p|4d|4f|5s, 5p|" 次序由内到外排序分组。以碳原子为例，碳原子为 $1s^2 2s^2 2p^2$，$S_{1s} = 0.30$，碳原子 1s 上电子受到的有效核电荷为：$Z_{有效} = 6-0.30 = 5.70$。

由于离子晶体中存在离子极化、无 100% 的离子键等因素，上述推算值与实际数值有一定的差距，实测的阳离子半径大于经典计算值，而阴离子恰恰相反。为此香农 (Shannon) 等在实验测定数据的基础上，考虑到杂化、离子极化、共价成分的存在，对鲍林离子半径又进行了修正，得出了接近实测的离子半径 (同时考虑了配位数的影响)。所以，目前使用的离子半径是香农等校正后的离子半径。

戈尔德施米特离子半径和鲍林晶体半径数值对于大多数离子，二者的数值很接近。在应用离子半径的表值时，如不特别注明，一般指鲍林晶体半径。

正、负离子半径的相对大小，直接影响离子的堆积方式和离子晶体的结构型式。每个离子都力求与尽可能多的异号离子接触，以使体系的能量尽可能低。一般说来，负离子较大，正离子较小；离子的堆积一般是负离子按一定方式堆积起来，而较小的正离子则嵌入负离子之间的空隙中。这样，一个正离子周围配位的负离子数 (配位数) 将受到正、负离子半径比 r_+/r_- 的限制。

需要指出，目前通用的几套离子半径数据多数已经被实验验证，即 X 射线精确确定了离子间的核间距，但差别在于各套数据所依据的参照离子半径数据有差异。因此，在使用离子半径数据时，必须采用各离子的同套数据。另外，在晶体结构中，香农离子半径还包括离子电子构型的差异，故常采用该套数据。

(3) 多元复杂离子化合物的鲍林规则。

认真观察已讲述的各种晶体中离子配位数的变化，不难发现配位数增加的特点，即随着阳离子半径的增大，其周围可堆积的阴离子也随之增多。例如，CsCl 结构中的配位数为 8、NaCl 结构中的配位数为 6，而在两种 ZnS 结构中阴阳离子的配位数均为 4，但在晶体的密堆积模型中，所有原子均等价的金属晶体的原子配位数为 12。1928年，鲍林总结出关于多元复杂离子晶体结构的几条规则，后称之为鲍林规则，使离子晶体结构的研究得以更加深入地开展。尤其像硅酸盐晶体等许多复杂离子晶体结构的研究得以推进。鲍林规则适用于各种简单和复杂的离子晶体的研究。

第一规则：在每个正离子的周围，形成了负离子的配位多面体。正、负离子的距离取决于半径之和；而正离子的配位数取决于正、负离子的半径比。该规则指明了围绕着正离子的负离子配位多面体的几何性质。离子半径比与配位数和配位多面体构型的关系列于表 3-12。

表 3-12　离子半径比与配位数的关系

r_+/r_-	配位数	配位多面体构型
0.155 ～ 0.225	3	三角形
0.225 ～ 0.414	4	四面体
0.414 ～ 0.732	6	八面体 (NaCl 型)
0.732 ～ 1.000	8	立方体 (CsCl 型)
1.000	12	最密堆积

　　第二规则：也称静电键规则。在稳定的离子结构中，每个负离子的电价数（也称为氧化数）等于或近乎等于这个负离子与其邻近正离子之间各静电键强度的总和。

　　静电键强度 S 定义为：正离子电价数 z_+ 与其配位数 n_+ 之比，即

$$S = \frac{z_+}{n_+} \tag{3-19}$$

于是，按照第二规则，负离子的电价数为

$$z_- = \sum_i S_i = \sum_i \left(\frac{z_+}{n_+} \right)_i \tag{3-20}$$

式 (3-20) 是对与一个负离子键连的所有正离子 i 求和。因此，这一规则指明了一个负离子与几个正离子相互键连，或者说，第二规则是关于几个配位多面体公用顶点的规则。静电键强度是离子键强度，也是晶体结构稳定性的标志，可近似地衡量正离子对配位多面体顶点处的正电位所做的贡献。在具有正电位高的位置，放置带有负电性高的离子，使晶体趋于结构的稳定。配位多面体是每个正离子周围直接与其配位的负离子所形成的多面体，如图 3-35 所示。

　　对于简单二元离子晶体，式 (3-20) 可表示为

$$z_- = \sum_i S_i = n_- S = n_- \frac{z_+}{n_+} \tag{3-21}$$

式中，n_- 为负离子的配位数。

　　例如，NaCl 晶体中 Na^+ 的配位数为 6，配位体构型为八面体，如图 3-35 所示。按照式 (3-19)，Na^+ 的静电键强度为 $S_{Na^+} = \frac{z_+}{n_+} = \frac{1}{6}$，则 Cl^- 的 $z_- = n_- S = n_- \times \frac{1}{6} = 1$，$n_- = 6$。此计算结果说明每个 Cl^- 为六个配位八面体的公共顶点。

　　第三规则：在一个配位结构中，共用棱边，特别是共用平面，会使结构的稳定性降

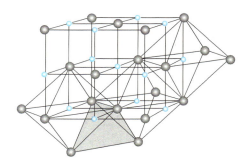

图 3-35　具有配位八面体结构的 NaCl 晶体

低；正离子的价数越大，配位数越小，这一效应越显著。

第三规则讨论的是两个配位多面体间共用一个或几个顶点的问题。共用两个顶点，即共用一个棱边；共用三个顶点或更多的顶点，即共用一个确定的平面，如图3-35 所示。

该规则的物理意义在于，随着共用顶点数的增加，两个配位多面体的正离子之间的距离将会逐渐缩短，静电斥力逐渐增大，稳定性逐渐降低。例如，四面体在共用一个、二个和三个顶点时的中心正离子间的距离之比分别为 1∶0.58∶0.33；而八面体则为 1∶0.71∶0.58。在实测的结构中，配位八面体共用一个面的很少；配位四面体共用一个面的尚未发现。

第四规则：在含有多种不同正离子的晶体，价数大而配位数小的正离子倾向于彼此间不共有配位多面体的任何几何要素。其与第三规则密切相关，具有共同的物理意义；它反映了高价正离子间力求保持较大的距离，以便降低斥力。

3.3.2 共价键型晶体和混合键型晶体

首先从最简单的共价晶体 (covalent crystal) 的结构开始进行介绍。在钻石结构中，每个碳原子以 sp^3 杂化与周围碳原子通过共价键结合，形成一种无限三维网状结构，在此结构中，碳与碳之间形成的 σ 键充满了整个晶体，这也是钻石晶体较稳定的原因。

普通非金属元素形成的原子晶体的结构，以及键型变异等现象的存在，使大部分化合物晶体的结构都比较复杂。在这些晶体中，原子和原子之间的作用力主要是共价键，某些晶体同时还可能存在其他类型的作用力。

1. 共价型原子晶体——金刚石的结构

共价型晶体是指以连续的共价键形成的晶体，即在点阵结构中处于阵点位置的原子通过共价键结合而成的晶体。金刚石是立体网状结构，碳原子 sp^3 杂化参与成键，每个碳原子与 4 个邻近的碳原子相连，属于三维晶体结构。下面主要介绍满足共价键类型晶体的结构特征及其与性质的关系。

(1) 共价键型晶体的结构特征与一般性质。

由于共价键既不同于金属键，又不同于离子键，它本身既具有饱和性，又具有方向性。因而在共价键型晶体中，共价键的饱和性和方向性在晶体结构中表现出十分明显的决定性作用。在这种类型晶体中，微粒 (原子) 的配位数由具有饱和性的键的数量所决定，原子间的连接 (键合) 必须采取一定的方向。这样就从根本上确定了晶体结构的空间构型。毫无疑问，共价键型晶体的结构特征决定了这类晶体性质的特殊性。在共价键型晶体内，键的饱和性和方向性决定了其不具有像金属那样的延性、展性和良好的导电性、导热性；又由于共价键的结合力一般比离子键的结合力强，说明共价键型原子晶体的硬度较大、熔点较高，这也是共价键型晶体的基本特性。

本节所介绍的共价键型晶体，是指由同种非金属元素或由异种元素的原子以连续共价键结合而成的无限分子。如果原子间是以共价键形成的有限分子，再以分子作为结构基元构成的晶体，结构基元间的键型已不再是共价键，将这类晶体称为分子晶体。对于由原子以共价键形成的无限分子，但所有原子间的键型结构并不都是纯的共价键，则应划归混合键型晶体，如石墨等。

(2) 典型共价型原子晶体。

真正典型的共价型原子晶体实际上不多，如前所述其含有一定成分的离子键性质，最典型的共价原子晶体就是金刚石，它有立方和六方两种晶体结构。金刚石由碳原子以共价单键结合而成，其中每一个碳原子都通过 sp^3 杂化轨道与相邻的四个碳原子形成典型的共价键基团 CC_4，所有的 CC_4 在空间连续分布，每个 C 配位数均为 4，如图 3-36 所示。前面已经叙述，其结构符合等径圆球的 A_4 型堆积型式，即四面体堆积，也称金刚石堆积。若从图中所示的金刚石结构中取出一个立方单位，即得到图 3-37。

在典型共价键晶体金刚石的结构中，所有的化学键都是典型的 C—C 共价单键，键长都是 1.54Å；每两个 C—C 键间的夹角都是 109° 28′；以每个 C 原子为中心，与其直接键合的相邻的四个 C 原子都形成正四面体结构。这样的结构也就决定了金刚石具有典型的共价晶体特性，即高的硬度、高的熔点和低的导电性、导热性。其是目前自然界硬度最大的晶体。

图 3-36 金刚石晶体结构　　　图 3-37 立方金刚石晶胞

元素硅、锗、锡的单质形成的晶体，也都是共价键型原子晶体，具有与金刚石类似的 A_4 型结构，由于化学键的强度不同，性能与金刚石有较大的不同。

在前面介绍的立方晶体中，Zn 与 S 间形成的化学键具有高的极性，其共价键成分大于离子键，故实际上其偏重于共价键型晶体，也常称之为 AB 型共价键晶体。具有该类型的共价键型晶体还有六方纤锌矿型 ZnS 晶体、AgI、铜的四种卤化物 (CuX)，以及金刚砂 (SiC) 等晶体，它们的配位数比都是 4 ∶ 4。

AB_2 型共价键晶体的典型例子是 SiO_2。晶态的 SiO_2 有石英相 (分为低温石英和高温石英)，石英晶体的结构也非常复杂，基本是从低温到高温经历了六方—单斜—六方—立方的结构相变过程。图 3-38 是其立方的结构，相当于将金刚石晶体结构中的 C 原子全部换为 Si 原子，同时在每两个 Si 原子中心连线的中间增添一个 O 原子，其中 Si 与 O 的配位数比为 4 ∶ 2。晶体化合物 BeF_2 同属于 AB_2 型共价键晶体类型结构。

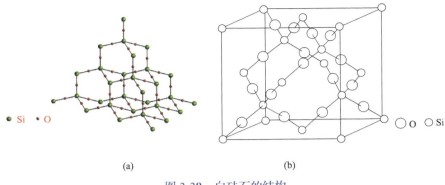

(a)   (b)

图 3-38   白硅石的结构

共价键型晶体的独特结构决定了晶体中原子的共价半径并不受密堆积的限制，共价半径与共价键分子中的半径完全一致。例如，金刚石中 C 原子的共价半径等于 C—C 键长的一半，为 0.77Å。

对于 ZnS、AgI、SiC、SiO_2 等 AB 型或 AB_2 型共价晶体来说，共价半径也同样是以 A—B 键的键长分配给 A 原子和 B 原子，其推求方法等同离子半径，只是其含义有所不同。离子半径是指离子晶体中正、负离子的"接触半径"；而共价半径却是指形成共价键的各原子的"表观半径"。显然，即使对于同一元素，其离子半径和共价半径的数值也可能不相同。

(3) 能带结构解释共价型晶体的物性。

在金刚石中，中心碳原子以 4 个 sp^3 杂化轨道与 4 个邻近的碳原子成键，共形成 4 个 σ 成键轨道和 4 个 σ* 反键轨道。来自中心碳原子的 4 个电子与来自每个相邻碳原子上的 1 个电子，8 个电子刚好填满 4 个 σ 成键轨道，对应的反键轨道是全空的。在金刚石结构中，σ 与 σ* 轨道分别形成了金刚石晶体的最高满带和最低空带，两个能带的禁带宽 $E_g \approx 7eV$，高的带隙使金刚石成为极好的绝缘体。如果能将满带上的电子激发到空带，则会产生导电。但是这种激发很难，因为激发的结果是将成键轨道的电子跃迁到反键轨道中，而反键轨道 σ* 上的电子必然会导致键的强度削弱。可见禁带宽度与键的强弱密切相关。在金刚石型结构的晶体中，若原子基团中键的强度越弱，则其禁带越窄，越易使电子跃迁，以至有半导体性。虽然其他IVA 族元素硅、锗、锡均具有金刚石型的结构，但因其相应键的强度均比 C—C 键弱，故其禁带宽度也比金刚石小得多，如表 3-13 所示，所以硅、锗、锡都是典型的半导体。

表 3-13   碳、硅、锗、锡晶体的键长与禁带宽度

晶体种类	金刚石	硅晶体	锗晶体	锡晶体
键长 /Å	1.544	2.3515	2.4497	2.810
禁带宽度 /eV	7	1.11	0.72	0.1

2. 混合键型晶体——石墨的结构

若晶体内部的原子间包含两种以上的键型，则统称为混合键型晶体。石墨晶体是

这类晶体中的典型例子。图3-39是碳的同素异形体石墨型 C 的晶体结构。由图中可以看出，石墨晶体中的 C 原子通过 sp^2 杂化轨道以共价 σ 键与其他 C 原子连接成六元环形的蜂窝式层状结构，在层中 C 原子的配位数为3，C—C 的键长为 1.42 Å；另外，每个 C 原子还有一个垂直于环层的 p 轨道，形成多原子的离域大 π 键，使其具有类似金属的良好导电性。层与层间的距离为 0.34nm，远大于 C—C 键长，实际上是由范德华力相互作用连接。显然，范德华力远弱于 C—C 键，使得层与层之间易于滑动，表现出了石墨晶体所特有的滑腻性质，正因如此，石墨在工业上常用作高温固体润滑剂。

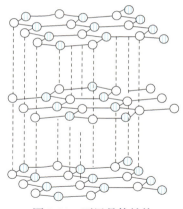

图 3-39 石墨晶体结构

与石墨晶体结构相类似的还有 MoS_2、CdI_2、CaI_2、MgI_2、$Ca(OH)_2$ 等化合物晶体，称为 AB_2 型混合键型晶体。这种类型的晶体，因为化学键只在层间连续，故也称为二维固体。目前研究比较热的是各种金属氢氧化物水滑石的插层化合物，也被称为插层水滑石。

3.3.3　分子型晶体

前面讨论过的金属键、离子键和共价键都不能阐明固态的惰性元素间的凝聚力和有机晶体中分子间的结合力。实际上，所有晶体中原子之间和分子之间都存在着极弱的引力，这种引力与共价键、离子键和金属键相比是如此的弱，当它与这些键中的任何一种共存于晶体结构中时，该引力在很大程度上被掩盖了。因此，当定性讨论晶体结构时，常常忽略它的影响。但在定量处理上述各类晶体时，或研究惰性元素晶体和有机晶体这样的分子晶体时，则必须考虑这种作用力——范德华力的影响。

(1) 分子晶体 (molecular crystal)。其是由独立的小分子组成，这些分子在范德华力 (van der Waals force) 的作用下形成晶体，化学键只在分子内连续，也称为零维固体。典型的分子晶体是由单原子分子或以共价键结合的有限分子，由范德华力作用形成的晶体。例如，惰性元素在足够低的温度下聚集而成的晶体。惰性元素的晶体具有熔点低、热膨胀系数大和升华热小等物理化学性质。在分子型晶体中，分子间的作用能大多数不超过十几千焦每摩尔，比其他化学键的键能小很多。

在分子型晶体中，每个原子周围的配位数是不确定的，空间分布上也没有一定的取向，范德华力的作用范围为 0.3 ~ 0.5nm，可见其不具有方向性和饱和性。所以，范德华力形式上和金属键有些相似，分子型晶体也都采用密堆积结构。所有稀有气体元素都和金属一样，在形成晶体时采用最密堆积结构。在高压，以及 –272.16℃时氦晶体为 A_3 型六方最密堆积，其余稀有气体元素，如 Ne、Ar、Kr、Xe 的晶体均为 A_1 型立方最密堆积。

接近球形或通过旋转可呈球形的分子，在形成晶体时也采取最密堆积的结构型式。例如，HCl 和 H_2S 等晶体为 A_1 型立方最密堆积，H_2 晶体为 A_3 型六方最密堆积。CO_2

晶体是典型分子晶体，如图 3-40 所示，晶体中分立的直线形 CO_2 分子以碳原子排列在立方晶胞的顶点和面心格位上，形成了以分子的中心作立方密堆积排列；CO_2 分子的轴平行于体对角线，使分子本身尽量适应分子的非球形形状。

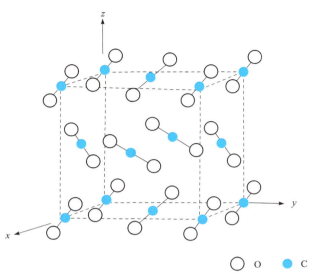

○ O　● C

图 3-40　CO_2 分子晶体结构

虽然有机分子在形状上极不规则，但有机分子在晶体中排布的致密程度往往是和它们的不规则形状协调一致。无论有机分子在晶体中成行（一维），还是成层（二维），或成三维堆积结构，一般都是这个分子的凸出部位趋于另一分子的凹陷部位，形成密堆积结构。在有机分子晶体中，分子体积通常占晶体体积的 60% ～ 80%。

(2) 范德华半径　物质分子之间因范德华力相互吸引，而当分子接近一定程度时其电子云又要互相排斥，当引力与斥力达到动态平衡时，分子间会自行保持一定的"接触距离"。"范德华半径"是指当分子以范德华力结合时，两邻近分子的引力与斥力达到动态平衡时相互"接触"的原子所表现出的半径。例如，由 Cl_2 分子或其他含 Cl 的有限分子组成的晶体中，两邻近分子的相互"接触"的两个 Cl 原子间的距离，经实验测定约为 0.36nm，那么它的一半 0.18nm 就是 Cl 的范德华半径。这一数值比 Cl 的共价半径 0.099nm 要大得多，而与 Cl 的负离子 (Cl^-) 半径 0.18nm 相近。表 3-14 中列出了一些原子和原子基团的范德华半径数值。由于范德华力比较弱，故范德华半径变动的范围要比共价半径大。

表 3-14　部分原子和基团的范德华半径　　　　　　　　　　（单位：nm）

H	N	P	As	Br	I	Sb	O	F	Cl	—CH_3
0.12	0.15	0.19	0.20	0.195	0.215	0.22	0.14	0.135	0.180	0.20

以上内容共介绍了四种粒子半径：金属原子半径、离子半径、共价半径和范德华半径。这几种半径的含义是各不相同的，有的"半径"从概念上严格地讲并不十分准确，但这些半径的数据都有很重要的理论和实际的意义。由于键型不同，即相互作

用的不同，决定了粒子表现出的半径也不同；反之，如果已知某种粒子的半径的数值，也就可据此判定粒子间的结合属于哪种相互作用或键型，二者之间是有密切联系的。

利用已知的半径和键角等数据，可以搭出各种单个分子和由不同粒子堆积成晶体的立体模型，从而进一步了解它们的具体结构。如在分子型晶体中，分子内原子间的距离是由共价半径决定的，而分子的边界及相邻分子的间距则是由范德华半径决定的。搭出各种立体模型对于研究物质的结构与性能之间的关系也有一定的益处，如弄清楚构建分子筛的分子内基团的空间障碍效应和分子的形状、大小及分子筛的孔径等问题，对于研究分子筛对哪些分子有吸附性能就显得十分重要。

(3) 氢键型晶体。众所周知，粒子间的相互作用除了化学键和范德华力外，还可能有氢键的形成，分子间氢键在构成氢键型晶体时起重要作用。氢键主要是因为当 H 原子与电负性大的 X 原子形成共价键时，在 H 原子上有剩余作用力，可与另一电负性大的 Y 原子形成一种 "较强的具有方向性的范德华力"。氢键具有与共价键相似的方向性、饱和性，但键能却比共价键小，比范德华力大，介于一般共价键能与范德华作用力之间，故其键长也介于一般的键长与 H 和 Y 两原子的范德华半径之间。由于氢键具有一定的方向性，如在分子之间形成氢键时，必然要对由这些分子堆积而成的晶体的构型发生重要的影响。在氢键型晶体中，有的因分子间氢键而连接成链状，有的连成层状，有的则形成骨架型结构。

图 3-41 给出了冰的骨架结构示意图，从这种非常典型的氢键结构可以看出，氢键对于晶体结构的影响是很明显的。在整个冰的晶体结构中每个 H 原子都参与了氢键的形成，这是因为它服从最低能量原理，以 "最大限度生成氢键" 可以最大限度地降低体系的能量，增强晶体结构的稳定性。这样，每个 O 原子周围都有 4 个 H 原子，由图可以看出，2 个 H 距 O 较近，以共价键结合；另 2 个 H 距 O 较远，则是以氢键相连。O 的配位数为 4，为了形

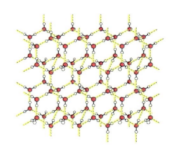

图 3-41　冰以氢键形成的晶体结构
红色球为 O，白色球为 H，虚线为氢键

成较稳定的四面体型结构，水分子中原有的键角 (105°) 也稍稍扩张，使各键之间都成为四面体角 (109° 28′)。这种结构是比较疏松的，因此冰表现出密度比水小的特殊性质。冰的结构属于六方晶系，从冰的这种六方晶系结构模型出发，即不难推测出雪花为六角晶形由来的基本内在因素。

通过以上介绍可以看出，晶体内微粒间的键型可以是多种多样的，而且不同键型之间的界限区分并不是足够清晰的。除了一部分典型的金属晶体、离子晶体和共价型晶体外，相当多的晶体内部可能含有两种或两种以上的键型 (包括分子间作用力或氢键)；而且有些键型并不够典型，可能有的是介于两种键型之间的过渡键型，或者说是某种键，但同时又兼有其他键的性质。可以这样认为："键型可在不同结构类型的晶体之间过渡"，键型的过渡决定着晶体性质的变化，即结构决定性能。晶体结构中的这种内在的、微观的键型过渡，可通过晶体的宏观性质的变化反映出来。因此，在考虑

晶体中的键型时，不应将不同类型的键分割开来，而应以运动形式变化的观点来看待。因为晶体是大量物质微粒的聚集状态之一，其所特有的点阵结构完全不同于单个的、有限的分子的键合，所以研究形成分子的化学键理论问题，与研究晶体内微粒间的键型很难完全一致。二者间的关系是既有极紧密的联系，又有明显的差异。只有掌握好有关分子结构的化学键理论，才能为晶体内键型的研究提供可靠的基础；反之，弄清晶体中的键型问题，可加深对分子结构的化学键理论的理解。

3.4 准晶概述

2011 年，诺贝尔化学奖揭晓，以色列科学家丹·舍特曼 (Daniel Shechtman) 教授因发现准晶体 (quasi-crystal) 而独享这份殊荣，并成为美国工程院院士，其开拓了一个新的科学研究领域，促进了晶体学、材料科学等的发展。

准晶是具有长程准周期性平移序和非晶体学旋转对称的固态有序相，它是一种介于晶体和非晶体之间的固体，图 3-42 是一准晶模型。准晶虽存在有序的结构，但又不具有晶体特有的平移对称性，所以其可以具有经典晶体理论所不允许的宏观对称性。人们之所以没有把准晶认为是晶体的根本原因，是其原子虽然按某种有序的规律排列，但这种规律未必一定是三维周期性。从数学上说，有序就是结构中的电子云密度函数可以用有限个基矢量进行傅里叶展开。传统上说的晶体具有三维周期性，其电子云密度函数只需要 3 个基矢量就可以展开，也就是说它的电子衍射或 X 射线衍射中的衍射点可以用 3 个基矢量指标化。对于图 3-43 中准晶的衍射图，则需要 4 个基矢量才能够用整数指标化所有的衍射点，而三维的十二面体准晶需要 6 个基矢量才能描述。这样的晶体在三维空间中不具有平移对称性，但是在六维空间中，它们就具有平移对称性了 (本书不做深入讨论)。

图 3-42　准晶模型

图 3-43　准晶的衍射图

在发现准晶之前，人们通常认为固体物质仅有两种状态：晶体和非晶体。前者可用一种结构单元的周期性重复排列来描述，后者仅近程有序，无长程序对称性。而"准晶"是一种无平移周期性但有严格长程准周期 (quasi-crystal) 位置序的独特晶体，称为准周期晶体，即准晶。它的出现极大地挑战了经典晶体学的基本理论，如对称定律等，对凝聚态物理产生了深远的影响。同时，由于准晶体独特的结构和性能，它受到材料、物理、化学及数学等多个领域科学家的广泛关注，极大地推动了相关科学的发展。目前，准晶研究仍然是凝聚态物理领域的重要科学前沿。

3.4.1　准晶的发现

　　人们对准晶的认知经历了一段曲折历程。20 世纪 80 年代，Shechtman 在美国做访问学者，研究高强铝合金材料时，通过 TEM 衍射观察熔体速冷制备的 Al-Mn 合金，发现了一组奇妙的电子衍射花样，其衍射斑分布按特殊的非周期性序列排列，绕中心透射斑，呈鲜明的 10 重旋转对称特征，如图 3-44 所示。晶体学理论认为，晶体是"三维周期有序重复的原子排列"，这种周期重复的平移对称性决定了晶体中仅能出现 1 次、2 次、3 次、4 次和 6 次旋转轴，而且衍射物理明确指出，离散分布明锐的衍射斑点必定对应着具有长程序原子排列特征的结构，衍射点若不明锐，说明晶体的取向不是完全一致。因此，Shechtman 发现的具有非同寻常的 5 次旋转对称性的离散强衍射斑，难以与传统的周期晶体长程序结构相对应，其一边系统地重复确认相关结果，一边多方咨询。直到与法国 CNRS 冶金化学研究所的 Gratias 讨论后，引入二十面体结构对称性，才完美解释了上述奇妙的衍射图谱。随后的计算结果也证实了 5 次对称衍射花样的合理性，并将这种具有长程取向序而无平移序的特殊有序结构命名为准周期性晶体，即准晶。图 3-45 是具有五重旋转轴的二十面体准晶衍射图。我国郭可信院士等在 1984 年底，也从 Ti$_2$Ni 合金中发现五重电子衍射图。

 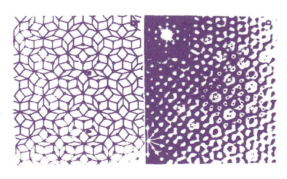

图 3-44　Shechtman 的实验衍射结果　　　　图 3-45　具有五重旋转轴的二十面体准晶衍射图

　　此后多国的研究人员，在 Al-Mn 之外的其他多个种类的合金中也发现了与 Shechtman 类似的衍射结果，这些确凿的事实最终使人们确信并接受了准晶体这类有别于传统晶体的特殊有序固体结构的存在。其实，自然界中早就存在准晶体，在意大利佛罗伦萨大学自然历史博物馆所收藏的来自俄罗斯的三叠纪 (距今约 2 亿年) 铝锌铜矿石样本中，发现了天然的 Al-Cu-Fe 二十面体准晶颗粒。所以说准晶是一类奇妙但不少见的固态结构，它常与周期性晶体共生，与许多周期晶体在局域原子结构和化学组成等方面存在诸多共性。也有学者认为准晶是传统周期性晶体的变异，是一类奇异的晶体。为了给准晶一个合理晶体学定义，在1992年国际结晶学会曾有学者建议：将晶体的定义从"有序、重复的原子阵列"扩展为"任何能给出明确离散衍射图的固体"，以使准晶补充到晶体范围内。但是否也可以说，准晶是处于经典晶体与非晶体一个相对稳定的过渡态，在此也不去讨论。

3.4.2　准晶与实际晶体的区别

准周期性平移序和非晶体学旋转对称性是准晶的晶体学特征。图3-46给出了典型的Al-Cu-Fe二十面体准晶的电子衍射图和相关的空间结构特征。衍射图中明锐的斑点呈特殊的非周期性排列，如图3-46(c)所示，其中的强衍射斑点序列严格对应着准晶体的准周期平移序。同时，Al-Cu-Fe准晶的衍射谱，如图3-46(a)所示，呈现出奇妙的五次"非晶体学旋转对称性"，由于衍射图所固有的倒反中心，实际显示出10次旋转对称。Al-Cu-Fe准晶的这种既不同于周期晶体，又不同于非晶体的晶体学特征，见

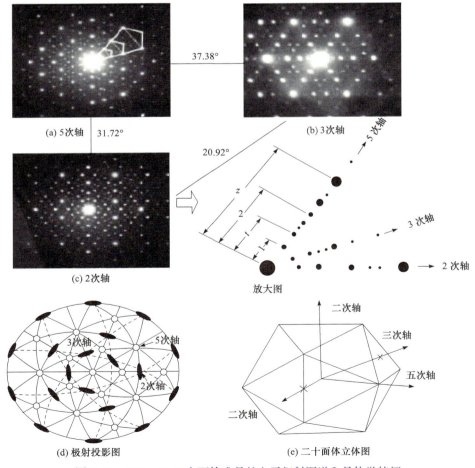

图 3-46　Al-Cu-Fe 二十面体准晶的电子衍射图谱和晶体学特征

图 3-46(d) 极射投影图（一种由球面直角坐标系，即经纬网通过投影转绘而成的平面网），只能与图 3-46(e) 二十面体空间对称性相对应。实际上，准周期性平移序并非准晶体所特有，普通非公度结构晶体也会出现准周期平移序。完美的"非晶体学旋转对称性"，是准晶体结构的典型特征，它是准晶体内原子或原子团呈特殊的长程准周期位置序排列的本质体现。

准晶的命名常采用准晶体的最高非晶体学旋转对称性来表达。例如，五次准晶因其空间分布满足二十面体点群对称性，也常称为二十面体准晶，见图 3-46；还有 8 次、10 次和 12 次准晶的表述，人们还从热力学角度将准晶分成稳定准晶和亚稳准晶两大类。目前发现稳定准晶仅为二十面体准晶和 10 次准晶。

3.4.3　准晶材料的应用及研究进展

自 1984 年首篇准晶论文发表以来，国内外学者对准晶研究主要取得三方面的进展：①对准晶结构的认识得到深化，使相关的晶体学理论得到很大发展和完善，基本澄清准晶体稳定的决定因素和相关机制，发现了稳定而结构完整的准晶体；②解决了准晶材料的制备技术，高质量准晶薄膜与粉末以及大尺寸的准晶单晶的制备成为可能，方便了准晶的实验研究及各种性能的测定；③初步认识到准晶材料的应用潜力，推进了准晶的应用研究，发现了准晶的一些独特性能，如高硬度、高耐磨性、高热障、低摩擦系数、低表面能及储氢特性等。

准晶基础研究主要集中在微结构、非晶关联、物理性能、复合材料、人工晶体、准周期理论等方向，最近有中国学者基于准晶相关的二十面体团簇结构，开发出可用作固体润滑剂的复杂合金粉末材料。该发明充分发挥了准晶相关复杂合金相材料的特殊综合性能。针对准晶相关固体润滑剂材料的工况性能研究的初步结果表明，与准晶相关的复杂合金相材料，虽在宏观上显示鲜明的硬脆特性，当其粉体颗粒小到某一临界尺度后，其性能却主要体现为高硬弹特征，并不容易发生脆性破碎。这一现象在一定程度上表明准晶材料在微小化尺度时可能会出现与宏观性能迥异的特性。人们迄今还没有发现单纯由单质构成的准晶结构，准晶体的原子结构和生长理论还不够明确，有待于材料工作者深入的研究。

参 考 文 献

李安昌 . 1989. 浅谈金属键的能带理论 . 广西师范大学学报 (自然科学版), (1): 83-88.

潘道皑，赵成大，郑载兴 . 1989. 物质结构 . 2 版 . 北京：高等教育出版社 .

Smart L E , Moore E A. 2005. Solid State Chemistry: An Introduction. 3rd ed. London: Taylor & Francis Group.

第4章
晶 体 缺 陷

完美的晶体中，组成它们的全部原子、离子、分子等都处在晶体结构中对应点阵点的正当位置上。但是，这只是一种理想的完美晶体，或许只在绝对零度 (0K) 下才存在。当温度高于 0K 时，晶体都是不完美的，即实际晶体均会存在一定的不完美性，即缺陷 (defect)。缺陷是一把双刃剑，对结构材料的性能存在极大的不利影响，但对某些功能性材料，恰恰是因为缺陷的存在，使其具有这样或那样有用的功能。一些研究固体材料的学者曾对材料中的缺陷做出这样的评价："材料的缺陷大大改善了材料本身的性能，就如同人类的智慧能促进人类的文明一样"。

事实上，无论是自然界中存在的天然晶体，还是在实验室 (或工厂中) 培养的人工晶体或是陶瓷和其他硅酸盐制品中的晶相，都总是或多或少存在某些缺陷。晶体在生长过程中，总是不可避免地受到外界环境中各种复杂因素不同程度的影响，不可能按理想发育，即质点排列不严格服从空间格子规律，可能存在空位、间隙离子、错位、镶嵌结构等缺陷，外形可能不规则。另外，晶体形成后还会受到外界各种因素作用，如温度、溶解、挤压、扭曲等。

缺陷的引入极大地推动了超导材料、催化材料、压电材料等的发展，但晶体缺陷对有些材料的光学性质、电学性质等也有负面影响。例如，在激光晶体中含有微量的颗粒不仅会降低激光输出的质量，甚至会使晶体炸裂。材料的各种理化性质与缺陷的类型、数量、分布状态、运动差异及其相互作用息息相关。因此，只有深入研究缺陷，掌握缺陷的形成、分布、相互作用及运动规律，才能更准确地理解影响材料性能的本质，从而改善材料的物理化学性能，创造更有应用价值的新型功能材料。

4.1　缺陷的分类

如图 4-1 所示，缺陷的类型根据分类方法而有多种说法，而且也很难有一种完全令人满意的分类方法。目前比较通用的是按照缺陷的几何形状进行分类，主要包括零维缺陷、一维缺陷、二维缺陷、三维缺陷等。点缺陷是发生在晶体中的一个或几个晶格常数范围内的一种缺陷，如晶体中空格点和外来的杂质原子都是点缺陷；线缺陷是发生在晶体中，由某点缺陷聚集形成的类似一维结构的线形缺陷，如位错也是晶体中线缺陷的一种称谓；面缺陷是发生在晶体中的二维缺陷，如界面就是面缺陷；体缺陷是发生在晶体中的三维缺陷，如晶体中的包裹体就是体缺陷。固体材料中产生的缺陷对其结构、组成及电荷等有较大的影响，故按缺陷对固体材料性能的影响情况也可将其分为结构性、化学性、电学性三种类型缺陷。在晶体中三类缺陷可能相互交错，应该根据缺陷的作用情况进行归类。例如，结构性缺陷是指偏离晶体点阵结构周期性的缺陷，主要影响的是固体材料强度，对原子扩散、催化、相变起促进作用；化学性缺陷主要来自对化学成分比的偏离及外来杂质，其与固体材料的导电性、光学性联系紧密，同样许多化学性缺陷也会造成偏离点阵结构；电学性缺陷表现为对晶体电中性破坏，影响固体材料的介电性能，如金属半导体自由电子、空穴、表面电荷及离子晶体中的色心等。在电学性缺陷中也同样包含结构性缺陷及化学性缺陷。

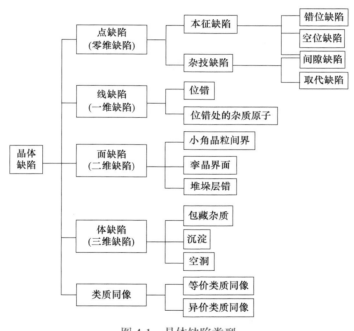

图 4-1　晶体缺陷类型

晶体中形形色色的缺陷，影响着晶体的力学、热学、电学、光学等方面的性质。因此，在实际工作中，人们一方面尽量减少晶体中有害的缺陷，另一方面却利用缺陷制造人们需要的固体功能材料。例如，在半导体中可控地掺入杂质就能制成 P-N 结、晶体管等。又如，红宝石是制造激光器的材料，它是由白宝石 (Al_2O_3) 的粉末在烧结过程中可控地掺入少量 Cr_2O_3 粉末，用铬离子替代了少数铝离子而制成的。对晶体中缺陷的研究是十分重要的。晶体的生长、性能及加工等无一不与缺陷紧密相关。因为正是这千分之一、万分之一的缺陷，对晶体的性能产生了不容小觑的作用。这种影响无论在微观或宏观上都相当重要。

4.1.1 零维缺陷

零维缺陷也称为点缺陷，仅涉及一个原子或晶格位置，如空位和填隙原子。零维缺陷尺寸处于原子大小的数量级上，即三维方向上缺陷的尺寸都很小，它是在结点上或邻近的微观区域内偏离晶体结构的正常排列的一种缺陷。

零维缺陷按照缺陷相对于理想晶格偏离的几何位置及成分可以分为：①填隙子 (interstitial)。原子或离子进入晶体中正常格点之间的间隙位置，成为填隙原子或者填隙离子，统称为填隙子。②空位 (vacancy)。正常格点没有被原子或离子占据，形成空格点，称为空位。③杂质原子 (impurity atom)。外来原子进入晶格，就成为晶体中的杂质。这种杂质原子可以取代原来的原子进入正常格点位置，生成取代型杂质原子；也可以进入本来就没有原子的间隙位置，生成间隙型杂质原子。图 4-2 中列举了一些常见催化材料中的点缺陷，利用高分辨电镜技术，可以明显看出点阵位置中缺少的相应元素，其中图 4-2(b) 是金属纳米粒子的表面台阶，即晶体表面在非平衡条件消除之后产生小面化，使原来光滑平坦的表面形成多台阶的表面。原子在台阶上的吸附和扩散行为与平坦表面上不同，容易形成更小的纳米结构，台阶与吸附原子之间通过弹性场相互作用，这种相互作用能影响吸附在表面上原子的活泼性，所以金属纳米粒子的表面台阶实为一种固体材料的表面二维缺陷。

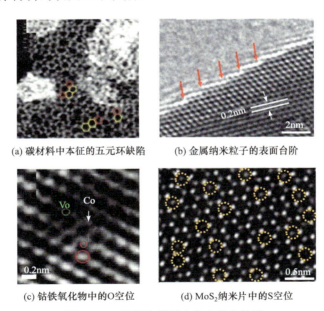

(a) 碳材料中本征的五元环缺陷　　　　(b) 金属纳米粒子的表面台阶

(c) 钴铁氧化物中的O空位　　　　(d) MoS$_2$纳米片中的S空位

图 4-2　一些催化材料中存在的点缺陷

还有一些特殊的缺陷，也归为零维缺陷，如因热、震动及辐射在晶体中引起的声子的产生，声子是一种能量量子，其依据的传播媒介是晶体，其在晶体中运动产生的能量传递类似水中的水波，声子还会和晶体中的电子产生作用，进行能量交换。晶体中所处能带中的电子，因接受热或光子的能量，被激发离开正常能带后，原能带中电子所在的位置类似带一个单位正电荷，称其为"空穴"。这种"空穴"和"电子"也归属于零维缺陷，而且这种缺陷在半导体晶体中是非常常见的，也有称其为"电子缺陷"或"带电缺陷"。

1. 热缺陷 (本征缺陷)

当晶体的温度高于 0K 时，晶格内原子吸收能量，在其平衡位置附近热振动。温度越高，热振动幅度越大，原子的平均动能随之增加。由于热振动的无规性和随机性，晶体中各原子的热振动状态和能量并不相同。在一定温度下，不同能量原子数量的分布遵循麦克斯韦 (Maxwell) 分布规律。热振动的原子在某一瞬间可能获得较大的能量，这些较高能量的原子可以挣脱周围质点的作用，离开平衡位置，出现"偏离"，进入晶格内的其他位置，在原来的平衡格点位置上留下空位。这种由于晶体内部质点热运动而形成的缺陷称为热缺陷。质点离开平衡位置的"偏离"必导致结合力降低，体系能量升高，但却使"S"(构型熵) 增大，而决定 G 降低是 H 和 S 的共同作用结果，依据 $\Delta G = \Delta H - T\Delta S$，当 $T > \dfrac{\Delta H}{\Delta S}$ 时，$\Delta G < 0$，为自发进行方向，晶体则趋向于无序。只要晶体中存在着这样的结构因素，它们能允许原子在无序中获得构型熵，但却不怎么削弱原子间的各种结合，则晶体就向无序发展。空位和间隙原子的产生可以使体系能量有所上升，但其在晶体中的无序分布可产生构型熵，此构型熵正是晶体中产生热缺陷的推动力。

按照原子进入晶格内的不同位置，可以把热缺陷分为弗仑克尔 (Frenkel) 缺陷和肖特基 (Schottky) 缺陷。

肖特基缺陷的形成可以视为晶体表层的原子受热激发，部分能量较大的原子迁移到晶体表面的正常格点位置上，在原来原子的晶格位置上产生空位，而晶体内部的原子可以迁移到表层的空位，在内部留下空位。总体来看，空位从晶体表面向晶体内部移动，而晶体内部的原子向表面移动，其结果是晶体表面增加了新的原子层，晶体内部只有空位缺陷。因此，肖特基缺陷的特点是晶体中仅有空位存在，晶体体积膨胀，密度下降。对于离子晶体，其整体上是电中性的，肖特基缺陷中正离子和负离子空位总是按照电荷守恒的方式而"成对"出现。图 4-3(a) 是一种完美离子晶体中原子结构的示意图，正负离子配比为 1 ∶ 1。图 4-3(b) 是肖特基缺陷示意图，为了保持电中性，

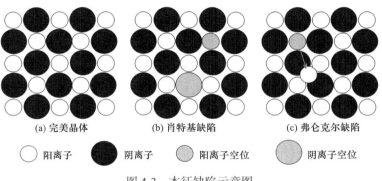

(a) 完美晶体　　　　(b) 肖特基缺陷　　　　(c) 弗仑克尔缺陷

⚪ 阳离子　　⚫ 阴离子　　 阳离子空位　　 阴离子空位

图 4-3　本征缺陷示意图

无论在晶体内部还是在晶体表面，存在的正、负离子空位数都相等。空位可以无序地分布在晶体中，也可以成对地存在，而当相反电荷的缺陷紧邻时，形成新的缺陷形式称为缔合缺陷，也即点缺陷的缔合体。室温下，对于一粒重 1mg 的 NaCl 晶粒（约有 10^{19} 个原子），大概包含 10^4 个肖特基缺陷。肖特基缺陷是 NaCl 晶体具有光学性质和电学性质的主要原因。如果只产生间隙原子或离子（一般是半径小的原子或离子），这类间隙缺陷也称为肖特基缺陷。

弗仑克尔缺陷是一个原子或离子离开它在晶体中的点阵位置而移到晶体中的间隙位置，同时产生一个空位，如图 4-3(c) 所示。弗仑克尔缺陷的特点是空位和间隙原子同时出现，晶体体积不发生变化，即晶体不会因为出现空位而产生密度变化。由于热运动，间隙原子和空位在晶体内处于不断的运动中，或者复合，或者运动到其他位置。弗仑克尔缺陷在 AgCl 晶体中较为常见，如图 4-4 所示，由 4 个 Cl^- 呈四面体状包围一个填隙 Ag^+，同样距离上还有另外 4 个 Ag^+ 在其四周，因此填隙 Ag^+ 实际上处于一个八面体配位的位置上。对于用于感光乳剂的 AgBr 来说，这种弗仑克尔缺陷的形成对摄影过程是非常重要的。负离子迁移到间隙位置而形成负离子弗仑克尔缺陷相对较少，因为负

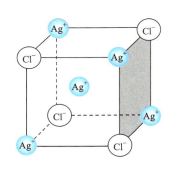

图 4-4　四面体配位 AgCl 晶体间隙位置
存在 Ag^+ 的示意图

离子的半径通常较大而难以进入拥挤的间隙位置。但是也有例外。例如，CaF_2 晶体中的弗仑克尔缺陷是占据间隙位置的 F^-，ZrO_2 晶体中的弗仑克尔缺陷是占据间隙位置的 O^{2-}。在离子晶体中还会产生正、负离子占错位子而产生的缺陷，这种缺陷也被人们称为"错位"，其属于点缺陷范畴，和后面讲的一维缺陷的位错是完全不同的概念。

与肖特基缺陷类似，在弗仑克尔缺陷中的空位和填隙原子带有相反的电荷并彼此吸引成对。无论是肖特基缺陷还是弗仑克尔缺陷，它们整体上还是处于电中性的，但是它们有偶极性，所以缺陷可以相互吸引而形成较大的聚集体或者缺陷簇 (defect cluster)。

2. 杂质缺陷

由于外来原子进入晶体而产生缺陷，其属于非本征缺陷。杂质原子进入晶体后，因与原有的原子性质不同，故它不仅破坏了原有晶体的规则排列，而且在杂质原子周围的周期势场（简单来说，其是指电子在理想晶体中的周期性势能场，属于固体物理内容，在此不展开讨论）会引起改变，因此形成一种缺陷。根据杂质原子在晶体中的位置可分为间隙杂质原子及置换（或称取代）杂质原子两种。杂质原子在晶体中的溶解度主要受杂质原子与被取代原子之间性质差别控制，当然也受温度的影响，但受温度的影响要比热缺陷小。若杂质原子的价数不同，则由于晶体电中性的要求，杂质的进入会同时产生补偿缺陷。这种补偿缺陷可能是带有效电荷的原子缺陷，也可能是电子缺陷。

例如，在 NaCl 晶体中掺杂 $CaCl_2$ 时，每个 Ca^{2+} 要取代两个 Na^+ 以保持电中性，因此会形成一个阳离子空位，这种形成的缺陷称为非本征缺陷，如图 4-5 所示。以 ZrO_2 晶体为例，它的晶体结构稳定性可由掺杂 CaO 而增强，Ca^{2+} 要取代晶格中 Zr^{4+} 的点阵位置，掺杂过程产生的电荷补偿是通过在氧化物晶格中形成阴离子空位而实现的，其形成过程可用缺陷方程表示为：

$$CaO \xrightarrow{ZrO_2} Ca''_{Zr} + O^{\times}_O + V^{\cdot\cdot}_O$$

Cl Na Cl Na Cl Na Cl Na　　　　Cl Na Cl Na Cl Na Cl Na
Na Cl Na Cl Na Cl Na Cl　　　　Na Cl Na Cl 　　Cl Na Cl
Cl Na Cl Na Cl Na Cl Na　　　　Cl Na Cl Na Cl Na Cl Na
Na Cl Na Cl Na Cl Na Cl　　　　Na Cl Na Cl Na 　　Na Cl
Cl Na Cl Na Cl Na Cl Na　　　　Cl Na Cl Na Cl Na Cl Na
Na Cl Na Cl Na Cl Na Cl　　　　Na Cl Na Cl Na Cl Na Cl

图 4-5　NaCl 晶体中掺杂 $CaCl_2$ 产生非本征缺陷示意图

3. 色心

理想离子晶体的能隙很大，如 NaCl 晶体的能隙高达 7eV，单纯的热激发 (0.1eV 量级) 可以获得的自由电子数量极少，而在光照条件下只有紫外波段才有本征吸收，整个可见光范围都没有吸收，因此纯的离子晶体通常是绝缘体，并且是无色透明的。实际晶体中由于杂质和各种点缺陷的存在，在禁带中会出现特征的杂质能级或缺陷能级。它们虽然影响晶体的吸收波谱，但是它们与价带和导带之间跃迁所需的能量仅稍小于本征吸收，因而与杂质或缺陷相关的吸收，只对紫外区的本征吸收有影响，故晶体仍是无色的。

早期德国科学家研究发现，碱金属卤化物暴露于 X 射线下会呈现不同的颜色，发出的颜色被认为是一种缺陷，称为 Farbenzentre，即色心 (color center)，现在简称 F- 色心。色心通常是指晶体中对可见光产生选择性吸收的缺陷部位。此后发现，紫外线、X 射线、中子等高能辐射都可以造成 F- 色心的形成。F- 色心产生的颜色和晶体的种类息息相关，如 NaCl 的 F- 色心呈现深黄色、KCl 的 F- 色心呈现紫色、KBr 的 F- 色心呈现蓝绿色。

后来发现，在碱金属的蒸气中加热晶体也可以产生 F- 色心，这让人们认识了这种缺陷的本质。过量的碱金属原子扩散到晶体中后占据了阳离子位置，同时产生了等量的阴离子空位。电子自旋共振光谱 (ESR) 证实了 F- 色心确实是束缚于阴离子点阵空位的未成对电子。以 NaCl 为例，F- 色心的本质是一个被束缚在阴离子 (Cl) 空位的电子，如图 4-6(a) 所示。如果用钾蒸气加热 NaCl，F- 色心的颜色会发生改变，因为它取决于电子占据哪种阴离子空位。被束缚的电子具有一系列的能级，而将它从某一能级激发到另一能级所需的能量正好处于电磁波谱的可见光区域，也就是人们看到的 F- 色心的颜色。自然界中的萤石结构氟化钙因为 F- 色心的存在而呈现漂亮的蓝紫色。

在其他碱金属卤化物晶体中还发现了其他种类的色心。例如，把 NaCl 晶体放在

Cl_2 中加热会形成 H- 色心。这种情况下，生成的 $[Cl_2]^-$ 会占据一个阴离子位置，如图 4-6(b) 所示。F- 色心和 H- 色心是完全互补的——当它们相遇时，就会互相湮灭，也就是说缺陷可以从晶体中消除。若 $[Cl_2]^-$ 占据两个阴离子位置，称其为 V- 色心。除此之外，一对最近邻的 F- 色心称为 M- 色心，在一个 (1 1 1) 晶面上的 3 个最近邻的 F- 色心称为 R- 色心，在此不做展开讨论。

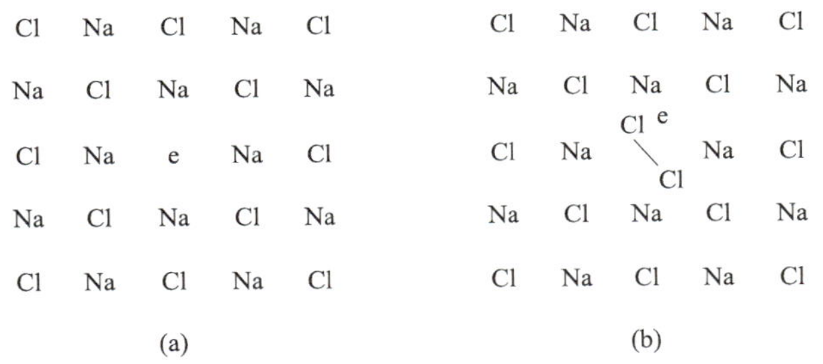

```
Cl  Na  Cl  Na  Cl          Cl  Na  Cl  Na  Cl

Na  Cl  Na  Cl  Na          Na  Cl  Na  Cl  Na
                                     Cl   e
Cl  Na   e  Na  Cl          Cl  Na    \       Na  Cl
                                       Cl
Na  Cl  Na  Cl  Na          Na  Cl  Na  Cl  Na

Cl  Na  Cl  Na  Cl          Cl  Na  Cl  Na  Cl

         (a)                         (b)
```

图 4-6　(a) F- 色心：束缚于阴离子空位的电子；(b) H- 色心

色心的应用越来越受到人们的重视。宝石改色研究，必须要研究其色心产生的机理；光敏材料的应用研究，必须要研究不同颜色色心的产生，才能有效地获取其信息记录、信息显示和信息擦除；激光晶体材料研究，必须要研究其形成的特定的色心，只有通过激发特定的色心电子到激发态才能发射出激光；对于常用的光学材料研究，往往需要研究的是如何避免色心的产生，以保证材料的色质不受影响。

4.1.2　一维缺陷

一维缺陷也称为线缺陷或位错 (dislocation)，是晶体内沿着某一方向附近的原子或离子的排列，偏离了理想晶体的点阵结构而形成的缺陷。实际晶体在结晶过程中，通常会受到温度、压力、浓度或杂质元素的影响，或由于晶体受到打击、切削、研磨、挤压、扭动等机械应力的作用后，其内部质点排列变形，原子行列之间相互滑移，形成线状的缺陷。晶体中的典型位错可以分为刃型位错、螺型位错和混合位错三种基本类型，而且三者常常共存。

理想晶体可以看成是由一层一层的原子、离子或分子等紧密堆积而成，若某一原子面在晶体内部中断，在原子面中断处就出现了一个位错，由于它处于该中断面的刃边处，故称为刃型位错。此时，晶体的一部分相对于另一部分出现一个多余的半原子面，这个多余的半原子面犹如切入晶体的刀片，刀片的刃口所处的线即为位错线。通常将晶体上半部多出原子面的位错称为正刃型位错，用符号"⊥"表示，反之为负刃型位错，用"⊤"表示，如图 4-7 所示。

一个晶体的某一部分相对于其余部分发生滑移，原子平面沿着一根轴线盘旋上升，每绕轴线一周，原子面上升一个晶面间距，此时在螺旋轴处出现的线缺陷称为螺型位错 (screw dislocation) 或螺旋位错。当晶体中存在螺型位错时，原来的一族平行晶面就变成以位错线为轴的螺型面。如果绕螺型位错环行，就会像走坡度很小无台阶的楼梯一样，从一层晶面走到另一层晶面，螺型位错的名称就是由此而来的。

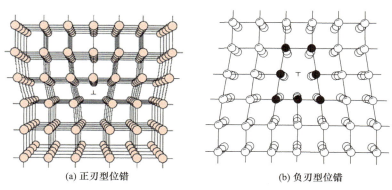

(a) 正刃型位错　　　　　(b) 负刃型位错

图 4-7　刃型位错示意图

螺型位错的特征如下：①螺型位错无多余半原子面，原子的错排是呈轴对称的。根据位错线附近呈螺旋形排列的原子旋转方向不同，螺型位错可分为右旋和左旋螺型位错。②螺型位错线与滑移矢量平行，因此一定是直线。③纯螺型位错的滑移面不是唯一的。凡是包含螺型位错线的平面都可以作为它的滑移面。但实际上，滑移通常是在那些原子密排面上进行的。④螺型位错线周围的点阵也发生了弹性畸变（当然刃型位错或点缺陷同样会发生不同程度的弹性畸变），但只有平行于位错线的切应变而无正应变，即不会引起体积膨胀和收缩，且在垂直于位错线的平面投影上，看不到原子的位移，看不到有缺陷。⑤螺型位错周围的点阵畸变随离位错线距离的增加而急剧减少，故它也是包含几个原子宽度的线缺陷。

螺型位错分为左旋和右旋，以大拇指代表螺旋面前进方向，其他四指代表螺旋面的旋转方向，符合右手法则的称为右旋螺型位错，符合左手法则的称为左旋螺型位错，如图 4-8 所示。

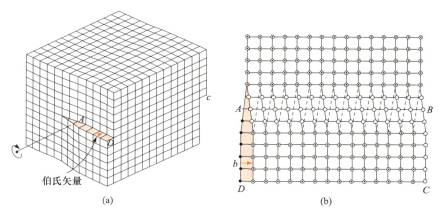

伯氏矢量

(a)　　　　　(b)

图 4-8　螺型位错示意图

原子间的吸引力是自由原子结合成晶体过程中的原动力。理想晶体生长时，原子一层一层地堆积生长，当一层完成后，再生长新的一层是需要一定能量的，对有的晶体甚至是较困难的。但螺型位错的存在却可以提高晶体的生长速度，因为它不存在生长完一层后才能生长新的一层的问题，这就是晶体生长中螺型位错的"触媒"作用，它能大大地加快晶体的生长速度。

如果晶体在受外力作用后，两部分之间发生相对滑移，其已滑移部分和未滑移部分的交线既不垂直也不平行于滑移方向，这样的位错称为混合位错。经矢量分解后，可分解为刃型位错和螺型位错分量，如图 4-9 所示。

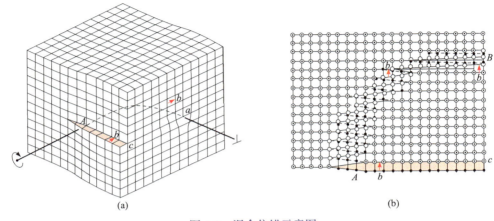

(a)　　　　　　　　　　　　　　(b)

图 4-9　混合位错示意图

图 4-8 中伯氏矢量是 1939 年由伯格斯 (Burgers) 提出的，指当晶体中有位错存在时，滑移面一侧质点相对于另一侧质点的相对位移或畸变。伯格斯矢量的大小表征了位错的单位滑移距离，其方向与滑移方向一致。伯氏矢量是位错理论中极其重要的一个物理量。伯氏矢量的大小决定了晶体中何处易出现位错以及在外力作用下位错运动的难易程度。伯氏矢量与位错的状态及弹性性质直接相关，如位错的应力场、应变能、受力状态、位错间的相互反应等均与其伯氏矢量有关。

伯氏矢量的确定方法如图 4-10 所示。先确定位错的方向（一般规定位错线垂直于纸面时，由纸面向外为正），按右手法则做伯氏回路，右手大拇指指位错正方向，回路方向按右手螺旋方向确定。从实际晶体中任一原子 M 出发，避开位错附近的严重畸变区作一闭合回路 $MNOPQ$，回路每一步连接相邻原子。为找出实际晶体中的位错大小及方向，可按同样方法在完美的晶体中做同样回路，步数、方向与上述回路一致，这时终点 Q 和起点 M 不重合，由终点 Q 到起点 M 会出现矢量 QM，将其定义为伯氏矢量 b。伯氏矢量与起点的选择无关，也与路径无关。通常将伯氏矢量称为位错强度，它也表示出晶体滑移时原子移动的大小和方向。需要指出的是，上述方法只是为了在实际晶体中找出伯氏矢量及其大小，而在完美晶体中不应存在伯氏矢量。

位错的运动有两种基本形式：滑移和攀移。在一定的切应力作用下，位错在滑移面上受到垂直于位错线的作用力，当此力足够大，足以克服位错运动受到的阻力时，位错便可以沿着滑移面移动，这种沿着滑移面移动的位错运动称为滑移，如图 4-11 所示。刃型位错的位错线还可以沿着垂直于滑移面的方向移动，刃型位错的这种运动称为攀移，见图4-12，攀移的实质是多余半原子面的伸长或缩短。

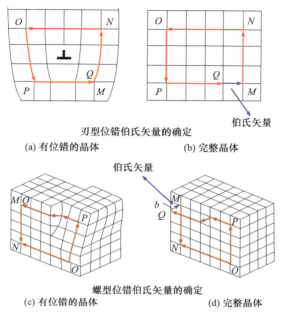

刃型位错伯氏矢量的确定

(a) 有位错的晶体　　　　　　　　(b) 完整晶体

螺型位错伯氏矢量的确定

(c) 有位错的晶体　　　　　　　　(d) 完整晶体

图 4-10　伯氏矢量的确定方法

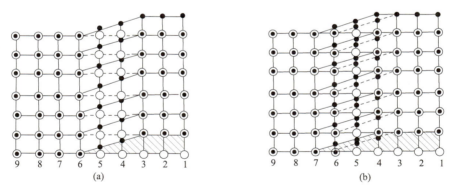

图 4-11　位错滑移示意图

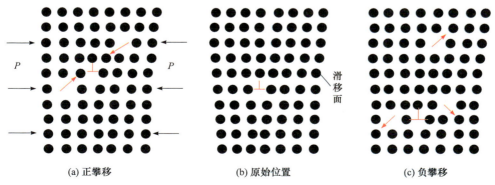

(a) 正攀移　　　　　　　　(b) 原始位置　　　　　　　　(c) 负攀移

图 4-12　位错攀移示意图

4.1.3 二维缺陷

二维缺陷也称为面缺陷，是晶体结构中某一晶面不按规定的方式堆积而产生的缺陷，主要有小角度晶粒间界（简称"小角度晶界"）、孪晶、堆垛层错、亚晶粒界和反相畴界等。

1. 小角度晶界

晶界结构与相邻两晶粒的位向差有关，当两晶粒的位向差 $\theta<10°$ 时，称为小角度晶界。小角度晶界又可分为两类：倾斜晶界和扭转晶界。倾斜晶界是指晶界两侧的晶体互相倾斜了一个小角度，根据晶界两侧晶体原子的排列情况又可分为对称倾斜晶界和非对称倾斜晶界，如图 4-13 所示。同一颗晶粒绕垂直晶粒界面的轴旋转微小角度，形成的是扭转小角度晶界。

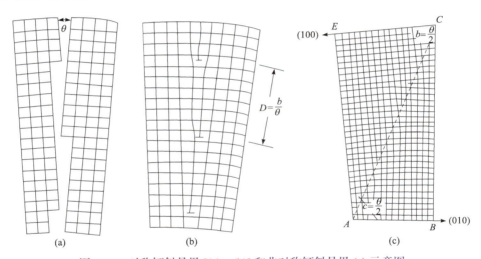

图 4-13　对称倾斜晶界 [(a)，(b)] 和非对称倾斜晶界 (c) 示意图

2. 孪晶

两个或两个以上的同种晶体，彼此之间的层错按一定的对称关系相互联系，形成确定的晶体学关系，这种复合晶体称为孪晶。孪晶个体点阵之间的对称规律可借助于一些假设的辅助几何图形（点、线、面）来进行分析和相应的对称操作，使孪晶的一个个体与另一个个体重合。这样的一些假设的几何图形称为孪晶要素，孪晶要素有三类：孪晶中心——能使两个倒反重合的点；孪晶轴——能使两个个体旋转重合的轴，一般只为二次轴；孪晶面——能使两个个体反映重合的对称面。它们都是孪生晶体的赝对称要素，不是单个晶体中所真正固有的。

孪晶要素具有下述的一些特性，牢记这些特性对于孪晶的分析是有益的。①孪晶面一般平行于晶体上实际的晶面或可能的晶面，或者垂直于实际的晶棱或可能的晶棱。

②孪晶面永远不会与构成孪晶的单晶体中的对称面平行,否则就会使连生的两个晶体处于平行位置而成为平行连生。③孪晶轴永远不会与单个晶体中的偶次对称轴平行,否则也会形成平行连生而非孪晶。④孪晶轴一般平行于晶体上实际的晶棱或可能出现的晶棱,或者垂直于实际晶面或可能出现的晶面。⑤如果组成孪晶的个体具有对称中心,则孪晶轴和孪晶面必定同时存在且相互垂直;反之若个体不具有对称中心,则孪晶一般将只有孪晶轴或只有孪晶面,即使两者同时出现,也一定互不垂直。⑥孪晶个体间相接触而连生的面称为接合面,即孪晶间界。它可以是简单的平面,也可以是非平面,但接合面不一定是孪晶面。⑦孪晶中心只在没有对称中心的晶体中才能出现。在绝大多数情况下,当单晶体本身具有偶次对称轴或对称面时,倒反孪晶就不再独立存在,而从属于旋转孪晶或反映孪晶。

根据对称关系,可将孪晶分为接触孪晶和穿插孪晶。两个孪晶个体之间以简单的平面相接触,且两部分的取向与它们的公共点阵平面呈反映关系,称为接触孪晶。接触孪晶按孪晶个体接触多少、方位取向可分为简单孪晶、多重孪晶和环状孪晶,如图4-14所示。图4-15是 Ag 孪晶的高分辨透射电镜图片。

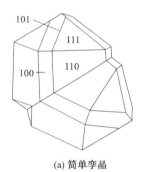　　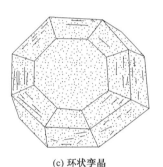

　　(a) 简单孪晶　　　　　　　(b) 钠长石多重孪晶　　　　　(c) 环状孪晶

图 4-14　典型接触孪晶示意图

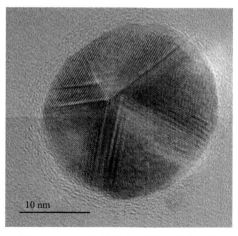

图 4-15　Ag 孪晶的高分辨透射电镜图

穿插孪晶是指相同晶体的个体相互穿插而形成的孪晶。图 4-16 是十字石的晶体和不同形式的穿插孪晶，在这些孪晶中，形成孪晶的部分沿着某个结晶学方向呈旋转关系。图 4-17 是形成穿插孪晶的 Cu_2O 晶体。

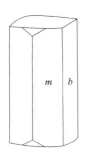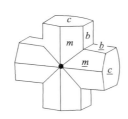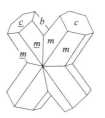

图 4-16   典型穿插孪晶示意图

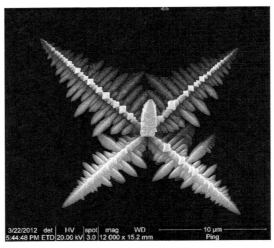

图 4-17   具有穿插孪晶结构的 Cu_2O 晶体

3. 堆垛层错

在正常堆积顺序中引入不正常顺序堆积的原子面而形成的面缺陷，称为堆垛层错。堆垛层错有两种基本类型，即抽出型堆垛层错和插入型堆垛层错。以面心立方结构为例，抽出型堆垛层错是在正常层序中抽去一个原子层，相应位置出现一个逆顺序堆垛层…ABCACABC…；插入型堆垛层错是在正常层序中插入一个原子层，相应的位置上出现两个逆顺序堆垛层…ABCACBCAB…，如图 4-18 所示。

堆垛层错可以通过多种物理过程形成。首先，在晶体生长中，以六方密堆积而生长晶体时，由于以正常和不正常顺序堆积时的能量相差很小，偶然因素很容易造成错误堆积而形成层错。其次，过饱和点缺陷在密排面上聚集，再通过弛豫过程形成层错。空位聚集成盘状，通过崩塌式弛豫形成抽出型层错；自填隙原子聚集成片，形成插入型层错。

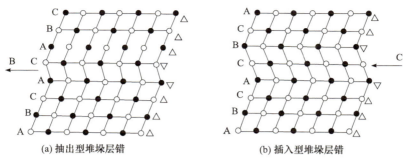

(a) 抽出型堆垛层错　　　　　　(b) 插入型堆垛层错

图 4-18　抽出型堆垛层错和插入型堆垛层错示意图

　　堆垛层错通常发生在有层状结构的固体中，尤其是那些同时显示多型性的材料。二维或平面缺陷都是堆垛层错的实例。金属中同时显示多型性和堆垛层错的是钴，它可以被制备成两种主要的型式 (多型体)，其中金属原子排列是立方密堆积 (…ABCABC…) 或六方密堆积 (…ABABAB…)。在这两种多型体中，结构在两个维度上即各层内是相同的，不同仅在于第三维上，即在各层的次序上。当正常的堆积次序由于存在"位错"层而在不规则的间隔处中断就发生堆积无序，可表示为…ABABAB BCABABA…。斜体字母表示完全错的层 (C) 或在任何一侧没有正常相邻层的那些层 (A 或 B)。石墨是呈现多型体 (通常是碳原子的六方密堆积但有时是立方密堆积) 或堆积无序 (六方密堆积和立方密堆积的混合) 的另一种单质。

　　4. 亚晶粒界和反相畴界

　　晶粒之间的界面称为亚晶粒界，是一种面缺陷，它涉及的是同一晶体的两个部分之间相对取向角的差异。反相畴界指的是同一晶体两个部分相对的横向位移，是一种低能量的面缺陷。大约 40 年以前人们就在金属中发现了反相畴界的存在。

　　有序晶体中的反相畴和反向界可以用二维晶体 AB 表示，如图 4-19 所示。越过反相界，有彼此相同的原子面，而…ABAB…次序 (在水平面内) 是相反的。这两个畴称为彼此有反相的关系。这个名称的提出是由于如果 A 和 B 原子被看作是一个波的正和负的部分，那么在间界处相位发生 π 的变化。

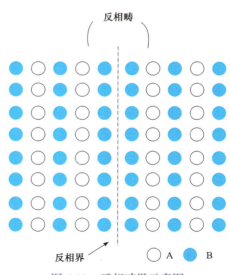

图 4-19　反相畴界示意图

4.1.4　体缺陷

　　体缺陷是一种三维缺陷，即在各个方向的尺寸都比较大的缺陷。通常所说的嵌镶结构、网络结构、生长层、孪晶、晶体中夹杂物或包裹体均属于体缺陷的范畴。其中，夹杂物或包裹体是常见的也是最严重的缺陷之一，在晶体制备过程中力求避免。本节简要介绍包裹体的种类及包裹体与母相的关系等。

1. 包裹体的分类

包裹体是晶体中某些与基质晶体不同的物相所占据的区域。常见的包裹体有以下几种形式：

(1) 泡状包裹体，指晶体中的大小不同的被蒸气或溶液充填的泡状孔穴。

(2) 幔纱，由微细包裹体组成的层状集合。

(3) 负晶体，晶体中具有晶面的孔洞。

(4) 幻影，具有一定方向的幔纱。

(5) 云雾，微细的气泡或空穴所组成的云雾状的聚集。

(6) 固体碎片。

此外，还常按包裹体出现的时间分类：

(1) 原生包裹体，在晶体生长过程中出现的。

(2) 次生包裹体，在晶体生长之后形成的。

2. 包裹体与母相的关系

包裹体可以是多种多样的，如果是气泡等在母相中形成了空洞，则母相就会出现自由表面。如果是以夹杂物的形式与母相紧密相连，则由于夹杂物与母相的晶格常数的大小差异，会出现如图 4-20 所示的几种类型：

(1) 夹杂相与母相完全非共格，图 4-20(a) 的情形，此时母相与包裹体内都没有应力。

(2) 夹杂相与母相部分共格，图 4-20 (b) 的情形，晶格之间有失配，因此母相与包裹体内都有应力。

(3) 夹杂相与母相完全共格，没有晶格失配，图 4-20 (c) 的情形，此时难以区别母相与包裹体，两者之间都无应力。

(4) 夹杂相与母相虽有失配，但共格，图 4-20 (d) 的情形，晶体局部有失配，因此母相与包裹体内都有失配应力。

(5) 夹杂相与母相晶体有失配，但两者因为弹性变形而完全共格，图 4-20 (e) 的情形，因此母相与包裹体内都有失配应力。

4.1.5　类质同象

晶体结构中某种质点(原子、离子或分子)被其他类似的质点所取代，仅使晶格常数发生不大的变化，而结构类型并不改变，这种现象称为类质同象 (isomorphism)。例如，三方晶系的菱镁矿 ($Mg[CO_3]$) 和菱铁矿 ($Fe[CO_3]$) 之间，由于镁和铁可以互相替代，可以形成各种镁、铁含量不同的类质同象混合物，从而可以构成一个镁、铁含量为各种比值的连续的类质同象系列，如 $Mg[CO_3]$-$(Mg, Fe) [CO_3]$- $(Fe, Mg) [CO_3]$-

Fe[CO₃](菱镁矿 - 含铁的菱镁矿 - 含镁的菱铁矿 - 菱铁矿)。在这个系列中矿物的晶体构型相同，只是晶格常数略有变化。

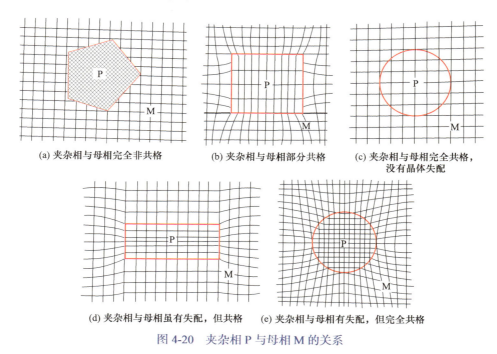

(a) 夹杂相与母相完全非共格　　(b) 夹杂相与母相部分共格　　(c) 夹杂相与母相完全共格，
没有晶体失配

(d) 夹杂相与母相虽有失配，但共格　　(e) 夹杂相与母相有失配，但完全共格

图 4-20　夹杂相 P 与母相 M 的关系

又如，闪锌矿 (ZnS) 中的锌，可部分地 (不超过 40%) 被铁所替代，在这种情况下，铁称为类质同象混入物，富铁的闪锌矿称为铁闪锌矿。铁代替锌可使闪锌矿的晶胞参数增大。

类质同象混合物也称为类质同象混晶，是一种固溶体。它可通过质点的代替而形成 "置换固溶体" (即类质同象混晶)；也可通过某种质点侵入其他种质点的晶格空隙而形成 "侵入固溶体"。由此可见，类质同象混晶并不是固溶体的全部，但通常把固溶体视为类质同象混晶的同义词。

在类质同象混晶中，若 A、B 两种质点可以任意比例相互取代，它们可以形成一个连续的类质同象系列，则称为完全类质同象系列，如上述菱镁矿 - 菱铁矿系列中镁、铁之间的代替。若 A、B 两种质点的相互代替局限在一个有限的范围内，它们不能形成连续的系列，则称为不完全类质同象系列，如上述闪锌矿 (Zn, Fe)S 中，铁取代锌局限在一定的范围之内。

根据相互取代的质点的电价相同或不同，分别称为等价类质同象和异价类质同象。前者如上述的 Mg^{2+} 和 Fe^{2+} 之间的代替；后者如在钠长石 (Na[AlSi₃O₆]) 与钙长石 (Ca[Al₂Si₂O₆]) 系列中，Na^+ 和 Ca^{2+} 之间的代替以及 Si^{4+} 和 Al^{3+} 之间的代替都是异价的，但由于这两种代替同时进行，代替前后总电价是平衡的。

类质同象是指质点的相互代替，它不能与两种晶体具有等同的结构型式 (等型结构) 相混淆，在后一种情况下，并不一定存在类质同象的代替关系。例如，白云石 (CaMg[CO₃]) 与方解石 (Ca[CO₃]) 结构型相同，但在白云石中，其 Ca、Mg 的原子数之比必须是 1：1，不能在一定的范围内连续变化，故白云石并不是由于 Mg^{2+} 替代方解石中半数的 Ca^{2+} 所形成的类质同象混晶，而是不同阳离子间有固定含量比的复盐。再如，锡石 (SnO_2) 与金红石 (TiO_2) 也是同型结构，但 Sn 与 Ti 之间也不存在类质同象代替关系。

在书写类质同象混晶的化学式时，凡相互间呈类质同象替代关系的一组元素均写在同一圆括号内，彼此间用逗号隔开，按所含原子比例由高至低的顺序排列。例如，橄榄石 $(Mg，Fe)_2[SO_4]$、铁闪锌矿 $(Zn，Fe)S$ 及普通辉石 $(Ca，Na)(Mg，Fe^{2+}，Fe^{3+}，Al，Ti)[(Si，Al)_2O_6]$ 等，而复盐类晶体物质不用按此要求书写，如白云石 $CaMg[CO_3]$。

4.2　缺陷的表示方法、浓度及化学方程式

4.2.1　Kröger-Vink 缺陷表示方法

缺陷有多种表示方法，为了更方便地理解和掌握缺陷的类型和性质，常用的一种表示方法称为克罗格 - 乌因克 (Kröger-Vink) 表示法，这也是缺陷化学工作者推荐使用的缺陷表示法。在四种缺陷中，只有点缺陷可以满足类似化学元素的方式进行处理，所以材料中的缺陷调控，主要就是指点缺陷的调控，本节的缺陷表示方法仅针对点缺陷。

在克罗格 - 乌因克表示法中，每一个缺陷可以用符号 A_a^b 来表示，其中 A 为缺陷所涉及的原子的元素符号，空位则用 V 来表示。上标 b 表示净电荷，"•"表示 1 个正电荷 +1；"′"表示 1 个负电荷 –1；"×"表示电中性。下标 a 表示该原子在理想晶体中的位置，i 表示间隙原子的位置，S 表示表面的位置。另外，h 表示空穴，e 表示电子。利用这些缺陷符号就能比较容易地表述缺陷的实质和带电情况。

先了解缺陷符号的意义。若 M^+X^- 为本征晶体，N^+Y^- 为外来组分，则下面符号的意义是：M_M 或 X_X，表示正常位置，即 M 或 X 处于原本就属于它们自己的位置。V_M 或 V_X，表示 M 或 X 位置上产生了空位。M_i 或 X_i，表示间隙原子，表示晶格的间隙位置被 M 或 X 占据。M_X 或 X_M，表示错位，即 M 占据了 X 的位置，或 X 占据了 M 的位置。N_M 或 Y_X，表示置换，即外来组分 N 占据 M 的位置，或 Y 占据了 X 的位置。

通常情况下，缺陷是带有电荷的 (用缺陷符号表示原子占据正常格点位置时不带电荷)。下面举例说明一下缺陷符号的意义。V'_{Na} 表示一个钠离子空位，净电荷为 –1。$V^{•}_{Cl}$ 表示一个氯离子空位，净电荷为 +1。$Na^{×}_{Na}$ 表示钠离子处于正常的晶格位置，不带净电荷。$Cd^{•}_{Na}$ 表示一个 Cd^{2+} 占据了 Na^+ 的位置，带有正电荷 +1。$Ag^{•}_i$ 表示晶格间隙位置上有 Ag^+，净电荷为 +1。F'_i 表示晶格间隙位置上有 F^-，净电荷为 –1。

另外，固体材料整体上都是电中性的，离子化合物的异价取代后会引入电荷补偿的问题，经过取代和形成缺陷后必须保持电中性。例如，在 ZrO_2 晶体中掺杂 CaO，该过程可以用下列缺陷反应方程式表示为

$$(1 - x)\, ZrO_2 + xCaO \longrightarrow Ca_xZr_{1-x}O_{2-x}$$

掺杂后的产物 $Ca_xZr_{1-x}O_{2-x}$ 用缺陷符号表示可以写成

$$[Ca''_{Zr}]_x[Zr^\times_{Zr}]_{1-x}[O^\times_O]_{2-x}[V''_O]_x$$

也就是说，Ca^{2+} 取代 Zr^{4+} 后由于电荷不平衡，需由 O 的空位来进行电荷补偿。因为 O 的空位带有 2 个正电荷，因此 ZrO_2 晶体中引入 x 个 Ca^{2+} 杂质离子后，必须同时产生 x 个 O 空位，从而使整个晶体处于电中性，保持 ZrO_2 晶体格位数的平衡。

4.2.2　热缺陷浓度的计算

在一定温度下，热缺陷是处在不断产生和消失的过程中，当单位时间产生和复合而消失的数目相等时，系统达到平衡，热缺陷的数目保持不变。因此，可以根据质量作用定律，通过化学平衡方法计算热缺陷的浓度。设构成完整晶体的总节点数为 N，在 TK 温度时形成 n 个孤立热缺陷，则用 n/N 表示热缺陷在总节点中所占分数，即热缺陷浓度。

1. 弗仑克尔缺陷浓度的计算

以 AgBr 晶体为例，弗仑克尔缺陷的反应方程式为

$$Ag_{Ag} \Longleftrightarrow Ag^{\cdot}_i + V'_{Ag}$$

由此方程式可以看出，间隙银离子浓度 $[Ag^{\cdot}_i]$ 与银离子空位浓度 $[V'_{Ag}]$ 相等，即 $[Ag^{\cdot}_i]$ $= [V'_{Ag}]$。反应达到平衡时，平衡常数 K_f 为

$$K_f = \frac{[Ag^{\cdot}_i]\,[V'_{Ag}]}{[Ag_{Ag}]} \tag{4-1}$$

式中，$[Ag_{Ag}]$ 为正常格点上银离子的活度，其值近似等于 1，即 $[Ag_{Ag}] \approx 1$。

由物理化学知识可知，上述弗仑克尔缺陷反应的自由焓变化 ΔG_f 与平衡常数 K_f 的关系为

$$\Delta G_f = -kT \ln K_f \tag{4-2}$$

把式 (4-1) 代入式 (4-2) 整理后可得

$$\frac{n}{N} = [Ag^{\cdot}_i] = [V'_{Ag}] = \exp\left(-\frac{\Delta G_f}{2kT}\right) \tag{4-3}$$

式中，k 为玻尔兹曼常量；ΔG_f 为形成一个弗仑克尔缺陷的自由焓变。

若缺陷浓度 n/N 中 N 取 1mol，则式 (4-3) 改写成：

$$\frac{n}{N} = [Ag^{\cdot}_i] = [V'_{Ag}] = \exp\left(-\frac{\Delta G_f}{2RT}\right) \tag{4-4}$$

式中，R 为摩尔气体常量；ΔG_f 为形成 1mol 弗仑克尔缺陷的自由焓变。

2. 肖特基缺陷浓度的计算

(1) 单质晶体的肖特基缺陷浓度。设 M 单质晶体形成肖特基缺陷，则反应方程

式为

$$O \rightleftharpoons V_M$$

当上述缺陷反应达到动态平衡时，其平衡常数 K_s 为

$$K_s = \frac{[V_M]}{[O]} \tag{4-5}$$

式中，$[V_M]$ 为 M 原子空位浓度；$[O]$ 为无缺陷状态的浓度，$[O]=1$。则以上肖特基缺陷反应的自由焓变化 ΔG_s 与平衡常数 K_s 的关系为

$$\Delta G_s = -kT\ln K_s \tag{4-6}$$

将式 (4-5) 和式 (4-6) 合并整理后，可得

$$\frac{n}{N} = [V_M] = \exp\left(-\frac{\Delta G_s}{kT}\right) \tag{4-7}$$

式中，ΔG_s 为形成一个肖特基缺陷的自由焓变。

(2) MX 型离子晶体的肖特基缺陷浓度。以 MgO 晶体为例，形成肖特基缺陷时，反应方程式为

$$O \rightleftharpoons V''_{Mg} + V^{\cdot\cdot}_O$$

由此方程式可知，Mg^{2+} 空位浓度与 O^{2-} 空位浓度相等，即 $[V''_{Mg}]=[V^{\cdot\cdot}_O]$，有

$$K_s = \frac{[V''_{Mg}][V^{\cdot\cdot}_O]}{[O]} \tag{4-8}$$

得

$$\frac{n}{N} = [V''_{Mg}] = [V^{\cdot\cdot}_O] = \exp\left(-\frac{\Delta G_s}{2kT}\right) \tag{4-9}$$

(3) MX_2 型离子晶体的肖特基缺陷浓度。以 CaF_2 晶体为例，形成肖特基缺陷时，反应方程式为

$$O \rightleftharpoons V''_{Ca} + 2V^{\cdot}_F$$

则，F^- 空位浓度为 Ca^{2+} 空位浓度的 2 倍，即 $[V^{\cdot}_F]=2[V''_{Ca}]$。由于

$$K_s = \frac{[V''_{Ca}][V^{\cdot}_F]^2}{[O]} = \frac{4[V''_{Ca}]^3}{[O]} = \exp\left(-\frac{\Delta G_s}{kT}\right) \tag{4-10}$$

所以

$$[V''_{Ca}] = \frac{[V^{\cdot}_F]}{2} = \frac{1}{\sqrt[3]{4}}\exp\left(-\frac{\Delta G_s}{3kT}\right) \tag{4-11}$$

式 (4-3)、式 (4-7) 以及式 (4-9)、式 (4-11) 表明，热缺陷浓度随温度升高而呈指数增加，随缺陷形成自由焓升高而下降。表 4-1 是根据式 (4-3) 计算的弗仑克尔缺陷浓度，当 ΔG_f 从 1eV 升到 8eV，温度由 2000℃降到 100℃时，缺陷浓度可以从百分之几降到 1×10^{-54}，但当缺陷生成焓不大而温度较高时，就有可能产生相当可观的缺陷浓度。

表 4-1　不同温度及 ΔG_f 下弗仑克尔缺陷浓度的 $\dfrac{n}{N}$ 变化

温度 /℃	ΔG_f /eV				
	1	2	4	6	8
100	2×10^{-7}	3×10^{-14}	1×10^{-27}	3×10^{-41}	1×10^{-54}
500	6×10^{-4}	3×10^{-7}	1×10^{-13}	3×10^{-20}	8×10^{-37}
800	4×10^{-3}	2×10^{-5}	4×10^{-10}	8×10^{-15}	2×10^{-19}
1000	1×10^{-2}	1×10^{-4}	1×10^{-8}	1×10^{-12}	1×10^{-16}
1500	4×10^{-2}	1×10^{-4}	2×10^{-6}	3×10^{-9}	4×10^{-12}
1800	6×10^{-2}	4×10^{-3}	1×10^{-5}	5×10^{-8}	2×10^{-10}
2000	8×10^{-2}	6×10^{-3}	4×10^{-5}	2×10^{-7}	1×10^{-9}

需要注意的是，在计算热缺陷浓度时，由形成缺陷而引发的周围原子振动状态的改变所产生的振动熵变，在多数情况下可以忽略不计，且形成缺陷时晶体的体积变化也可忽略，故热焓变化可近似地用内能来代替。所以，实际计算热缺陷浓度时一般都用形成能 ΔH 代替计算公式中的自由焓变 ΔG。

在同一晶体中生成弗仑克尔缺陷与肖特基缺陷的能量往往存在着很大的差别，这样就使得在特定的晶体中某一种热缺陷占优势。热缺陷形成能的大小与晶体结构、离子极化等有关。例如，对于具有氯化钠结构的碱金属卤化物，生成一个间隙离子加上一个空位的弗仑克尔缺陷形成能需 7 ~ 8eV，则在这类离子晶体中，即使温度高达 2000℃，间隙离子缺陷浓度也小到难以测量的程度。但在具有萤石结构的晶体中，有一个比较大的间隙位置，生成填隙离子所需要的能量比较低。例如，对于 CaF_2 晶体，F^- 生成弗仑克尔缺陷的形成能为 2.8eV，而生成肖特基缺陷的形成能为 5.5eV，因此在这类晶体中主要形成 F^- 的弗仑克尔缺陷。若干化合物中的热缺陷形成能如表 4-2 所示。

表 4-2　若干化合物中的热缺陷生成能

化合物	反应	热缺陷生成能 /eV	化合物	反应	热缺陷生成能 /eV
AgBr	$Ag_{Ag} \Longrightarrow Ag_i^{\cdot} + V_{Ag}'$	1.1	CaF$_2$	$F_F \Longrightarrow V_F^{\cdot} + F_i'$	2.3 ~ 2.8
BeO	$O \Longrightarrow V_{Be}'' + V_O^{\cdot\cdot}$	约 6		$Ca_{Ca} \Longrightarrow V_{Ca}'' + Ca_i^{\cdot\cdot}$	约 7
MgO	$O \Longrightarrow V_{Mg}'' + V_O^{\cdot\cdot}$	约 6		$O \Longrightarrow V_{Ca}'' + 2V_F^{\cdot}$	约 5.5
NaCl	$O \Longrightarrow V_{Na}' + V_{Cl}^{\cdot}$	2.2 ~ 2.4		$O_O \Longrightarrow V_O^{\cdot\cdot} + O_i''$	3.0
LiF	$O \Longrightarrow V_{Li}' + V_F^{\cdot}$	2.4 ~ 2.7	UO$_2$	$U_U \Longrightarrow V_U'''' + U_i^{\cdot\cdot\cdot\cdot}$	约 9.5
CaO	$O \Longrightarrow V_{Ca}'' + V_O^{\cdot\cdot}$	约 6		$O \Longrightarrow V_U'''' + 2V_O^{\cdot\cdot}$	约 6.4

4.2.3　热缺陷在外力作用下的运动

由于热缺陷的产生与复合始终处于动态平衡，即缺陷始终处在运动变化之中。缺陷的相互作用与运动是材料中动力学过程得以进行的物理基础。无外场作用时，缺陷的迁移运动完全无序。在外场作用下，缺陷可以定向迁移，从而实现材料中的各种传输过程。晶体的离子导电性就是热缺陷在外电场作用下的运动所引起的。下面讨论热缺陷在外力作用下的运动。

1. 间隙原子在外力作用下的运动

设某一间隙原子沿图 4-21(a) 中的虚线运动，无外力作用时，它在各个位置上的势能是对称的，如图 4-21(b) 所示。由于势能的对称性，间隙原子越过势垒 E_2 向右或向左运动的概率 P 是相同的，有

$$P = v_{02} \exp\left(-\frac{E_2}{kT}\right) \tag{4-12}$$

式中，v_{02} 为间隙原子在间隙处的热振动频率；k 为玻尔兹曼常量。即运动是无规则的布朗运动。

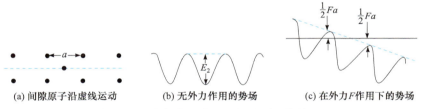

(a) 间隙原子沿虚线运动　　(b) 无外力作用的势场　　(c) 在外力 F 作用下的势场

图 4-21　在外力 F 作用下间隙原子的势场

但当它受到外力作用时，情况就完全不同。设有恒定外力 F(指向右) 作用，势能函数 $U(x) = -Fx$，因此在有恒定外力 F 存在时，势能曲线变为图 4-21(c) 所示的情况。此时，势垒不再是对称的，间隙原子左端的势垒增高了 $\frac{1}{2}Fa$，而右端势垒却降低了 $\frac{1}{2}Fa$。所以，在新的情况下间隙原子每秒向左和向右跳动的概率分别是

$$P_{\mathrm{L}} = v_{02} \exp\left(-\frac{E_2 + \frac{1}{2}Fa}{kT}\right) \tag{4-13}$$

$$P_{\mathrm{R}} = v_{02} \exp\left(-\frac{E_2 - \frac{1}{2}Fa}{kT}\right) \tag{4-14}$$

每秒向左或向右跳动的概率，实际上也可以认为是每秒向左或向右跳动的步数，

因此间隙原子每秒向右净跳动的步数 ΔP 为

$$\Delta P = P_R - P_L = v_{02}\exp\left(-\frac{E_2 - \frac{1}{2}Fa}{kT}\right) - v_{02}\exp\left(-\frac{E_2 + \frac{1}{2}Fa}{kT}\right)$$

$$= v_{02}\exp\left(-\frac{E_2}{kT}\right)2\sinh\left(\frac{Fa}{2kT}\right)$$

(4-15)

由于每跳动一步运动的距离是 a，所以间隙原子向右运动的速度为

$$V = a\Delta P = av_{02}\exp\left(-\frac{E_2}{kT}\right)2\sinh\left(\frac{Fa}{2kT}\right)$$

(4-16)

2. 空位在外力作用下的运动

对于空位可得出同样结果，如图 4-22 所示。此时需要注意的是，不是外力作用在空位上，而是作用在其周围的原子上，空位周围的原子在外力作用下沿外力方向运动，而空位向反方向运动。无外力作用时，空位左边和右边的原子跳到空位上的概率是相同的，如图 4-22(b) 所示，即空位每秒向左或向右跳动的概率是相同的，为

$$P = v_{01}\exp\left(-\frac{E_1}{kT}\right)$$

(4-17)

式中，v_{01} 为空位邻近原子的振动频率。

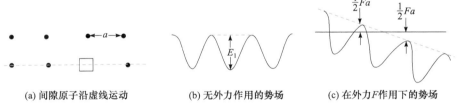

(a) 间隙原子沿虚线运动　　　(b) 无外力作用的势场　　　(c) 在外力 F 作用下的势场

图 4-22　在外力 F 作用下空位运动的势场

因此，空位做无规则布朗运动。当有恒定外力 F(指向右)作用时，势能曲线不再对称，见图 4-22(c)，空位左侧原子跳向空位的概率比右侧原子跳向空位的概率大，其势垒分别降低和增加 $\frac{1}{2}Fa$。于是，空位左侧原子跳向空位的概率，即空位每秒向左跳动的概率为

$$P_L = v_{01}\exp\left(-\frac{E_1 - \frac{1}{2}Fa}{kT}\right)$$

(4-18)

右侧原子跳向空位的概率，即空位每秒向右跳动的概率为

$$P_R = v_{01} \exp\left(-\frac{E_1 + \frac{1}{2}Fa}{kT}\right) \tag{4-19}$$

于是，空位每秒向右净跳动步数为

$$\Delta P = P_R - P_L = v_{01} \exp\left(-\frac{E_1 + \frac{1}{2}Fa}{kT}\right) - v_{01}\exp\left(-\frac{E_1 - \frac{1}{2}Fa}{kT}\right)$$

$$= v_{01}\exp\left(-\frac{E_1}{kT}\right)\left[\exp\left(-\frac{Fa}{2kT}\right) - \exp\left(\frac{Fa}{2kT}\right)\right] \tag{4-20}$$

$$= -v_{01}\exp\left(-\frac{E_1}{kT}\right)2\sinh\left(\frac{Fa}{2kT}\right)$$

因此，空位向右运动的速度 V 为

$$V = a\Delta P = -av_{01}\exp\left(-\frac{E_1}{kT}\right)2\sinh\left(\frac{Fa}{2kT}\right) \tag{4-21}$$

式中，负号表示空位的运动方向与外力方向相反。

综上所述，无外场作用时，热缺陷在晶体内部做无规则布朗运动；当存在外场（可以是力场、电场、浓度场等）时，热缺陷可以做定向运动。正因为如此，才使晶体中的各种传输过程（离子导电、传质等）及高温动力学过程（扩散、烧结等）能够进行。

4.2.4　缺陷的化学方程式

如果将电子、空穴、各种点缺陷及缺陷的缔合体看成是与原子、分子、离子一样的化学组元，那么它们之间的相互作用也可以看成是像化学反应一样，可以用化学方程式来描述晶体缺陷的平衡。把一个晶体看成是一个溶液体系，晶格点阵是体系中的溶剂，点缺陷是溶质，当点缺陷的数目和晶体的格位数目相比非常小，即点缺陷的浓度非常低时，质量作用定律就可以应用于缺陷的平衡。

晶体缺陷的化学反应方程式是研究晶体缺陷平衡的基础，书写时必须遵守以下基本原则。

(1) 位置关系。

在化合物 M_aX_b 中，M 位置的数量必须与 X 位置的数量构成一个正确的比例。例如，在 CaO 中，Ca ∶ O = 1 ∶ 1；在 Al_2O_3 中，Al ∶ O = 2 ∶ 3。只要保持比例不变，每一种类型的位置总数可以改变。在实际晶体中，若 M 与 X 的比例不符合位置的比例关系，就表示存在缺陷。在 TiO_2 晶体中，理论上 Ti 与 O 的位置之比应为 1 ∶ 2，而在实际晶体中往往是 O 不足，表示为 TiO_{2-x}，即在晶体中存在 O 空位。

(2) 位置增殖。

当缺陷发生变化时，有可能引入 M 空位 V_M，也有可能消除 V_M。引入或消除空位时，相当于增加或者减少 M 的点阵位置数量，但发生这种变化时要服从位置关系。能引起位置增殖的缺陷有 V_M、V_X、M_M、M_X、X_M、X_X 等。不引起位置增殖的有 e、h、Mi、Xi。举例来说，晶格中原子迁移到晶体表面而在晶体中留下空位时，增加了位置数目；表面原子迁移到晶体内部填补空位时，减少了位置的数目。

(3) 质量平衡。

和化学方程式一样，缺陷方程式的两边必须保持质量平衡。需要注意的是，缺陷符号的下标仅表示缺陷的位置，对质量平衡没有作用。

(4) 电中性。

晶体整体是电中性的，只有满足电中性的原子或分子才可以和晶体外的其他相进行交换。要求缺陷反应两边具有相同的总有效电荷数目，但不一定等于零。

(5) 表面位置。

表面位置不用特别表示，当一个 M 原子从晶体内部迁移到表面时，在晶体内部留下空位，M 位置数量增加。

下面以 $CaCl_2$ 在 KCl 中的溶解过程为例，说明如何描述缺陷的化学反应。当在 KCl 晶体中引入一个 $CaCl_2$ 时，将带来两个 Cl 和一个 Ca，两个 Cl 处于 Cl 位置上，而 Ca 处于 K 位置上。作为基体的 KCl 中，K ∶ Cl = 1 ∶ 1，根据位置关系，一个 K 位置被 Ca 取代，因此有

$$CaCl_2 \xrightarrow{KCl} Ca_K + V_K + 2Cl_{Cl}$$

实际上，$CaCl_2$ 和 KCl 都是离子型晶体，考虑到离子化，溶解过程可以表示为

$$CaCl_2 \xrightarrow{KCl} Ca_K^{\cdot} + V_K' + 2Cl_{Cl}$$

在离子晶体中，每种缺陷都可以当作化学物质来处理，因而固体的缺陷都是带电的缺陷，但总有效电荷必须是零，即保证电中性。

若 Ca 进入间隙位置，Cl 仍然处于 Cl 原来的位置，为了保持电中性和位置关系，将产生两个 K 空位：

$$CaCl_2 \xrightarrow{KCl} Ca_i^{\cdot\cdot} + 2V_K' + 2Cl_{Cl}$$

以上三个过程都符合缺陷反应方程的规则，究竟哪一个是实际上存在的，需要根据固溶体生成的条件和实际情况加以判断。

4.3　缺陷对材料性能的影响

4.3.1　线缺陷对材料性能的影响

前面讨论了许多点缺陷对晶态材料性能的影响，本节主要介绍的位错是一种极重

要的晶体缺陷，对金属的塑性变形、强度与断裂有很重要的作用。塑性变形究其原因就是位错的运动，而强化金属材料的基本途径之一就是阻碍位错的运动。另外，位错对金属的扩散、相变等过程也有重要影响。所以深入了解位错的基本性质与行为，对建立金属强化机制具有重要的理论和实际意义。金属材料的强度与位错在材料受到外力的情况下如何运动有很大的关系。如果位错运动受到的阻碍较小，则材料强度就会较高。实际材料在发生塑性变形时，位错的运动是比较复杂的，位错之间相互反应，位错受到阻碍不断塞积，材料中的溶质原子、第二相等都会阻碍位错运动，从而使材料出现加工硬化。因此，要想增加材料的强度就要通过如细化晶粒（晶粒越细小晶界就越多，晶界对位错的运动具有很强的阻碍作用）、有序化合金、第二相强化、固溶强化等手段使金属的强度增加。以上增加金属强度的根本原理就是想办法阻碍位错的运动。

位错密度取决于材料变性率的大小。在高形变率荷载下，位错密度持续增大，因为高应变率下材料的动态回复与位错攀移被限制，因而位错密度增大，材料强度增大，可以等同于降低材料温度。

对于金属材料来说，位错密度对材料的韧性、强度等有影响。对于晶体来说，位错密度越大，材料强度越大。对于非晶刚好相反，位错密度正比于自由体积，位错密度越大，强度越低，塑性可能会好。在外力的作用下，金属材料的变形量增大，晶粒破碎和位错密度增加，导致金属的塑性变形抗力迅速增加，对材料的力学性能影响包括硬度和强度显著升高，塑性和韧性下降，产生所谓的"加工硬化"现象。随着塑性变形程度的增加，晶体对滑移的阻力越来越大。从位错理论的角度看，其主要原因是位错运动越来越困难。滑移变形的过程就是位错运动的过程，如果位错不易运动，材料不易变形，也就是材料强度提高，即产生了硬化。加工硬化现象在生产工艺上有很现实的作用，如拉丝时已通过拉丝模的金属截面积变小，因而作用在这一较小截面积上的单位面积拉力比原来大，但是由于加工硬化这一段金属可以不继续变形，反而引导拉丝模后面的金属变形，从而才能进行拉拔。

加工硬化对金属材料的使用也是有利的。例如，构件在承受负荷时，尽管局部地区负荷超过了屈服强度，金属发生塑性变形，但通过加工硬化，这部分金属可以承受这一负荷而不发生破坏，并把部分负荷转嫁给周围受力较小的金属，从而保证构件的安全。

钢经形变处理后，形变奥氏体中的位错密度大为增加，可形变量越大，位错密度越高，金属的抗断强度也随之增加。随着形变程度增加，不但位错密度增加，而且位错排列方式也会发生变化，由于变形温度下原子有一定的可动性，位错运动也较容易进行，因此在形变过程中及形变后停留时将出现多边化亚结构及位错胞状结构。当亚晶之间的取向差达到几度时，就可像晶界一样起到阻碍裂纹扩展的作用，由霍尔-佩奇公式可知，晶粒越小则金属强度越大。

4.3.2　面缺陷对材料性能的影响

面缺陷对材料性能的影响主要体现在以下几个方面：

(1) 面缺陷的晶界处点阵畸变大，存在晶界能，晶粒长大与晶界平直化使晶界表面积减小，晶界总能量降低，晶粒长大与晶界平直化通过原子扩散进行，随温度升高与保温时间延长，会促进原子扩散的进行。

(2) 面缺陷的产生使原子排列不规则性加大，常温下晶界对位错运动起阻碍作用，塑性变形抗力提高，晶界有较高的强度和硬度。晶粒越细，材料的强度越高，这就是细晶强化作用，而高温下刚好相反。

(3) 面缺陷处原子偏离平衡位置，具有较高的动能，晶界处也有较多缺陷，故晶界处原子的扩散速率比晶内快。

(4) 固态相变中，晶界能量较高，且原子活动能力较大，新相易于在晶界处优先形核，原始晶粒越细，晶界越多，新相形核率越大。

(5) 由于成分偏析和内吸附现象，晶界富集杂质原子情况下，晶界熔点低，加热过程中，温度过高引起晶界熔化与氧化，导致过热现象。

(6) 晶界处能量较高，原子处于不稳定状态，以及晶界富集杂质原子的缘故，晶界腐蚀速度较快。

晶体缺陷对材料物理性能的影响很大，可以极大地影响材料的导热、电阻、光学和机械性能。晶体缺陷对于化学性能的影响主要集中在材料表面性质上，例如，杂质原子的缺陷会在大气环境下形成原电池模型，极大地加速材料的腐蚀，另外表面化学活性、化学能也会受到缺陷的影响。其实，正是有了缺陷，金属材料才能具有人们需要的良好使用性能，例如，人工在半导体材料中进行掺杂，形成空穴，可以极大地提高半导体材料的性能。总之，缺陷的存在及其运动规律与材料的机械强度、扩散、电学性质、化学反应性及物理化学性能均有着密切关系。只有理解掌握晶体结构缺陷，才能进一步阐明涉及的质点迁移速度过程，因而掌握晶体缺陷的知识是掌握无机材料科学的基础。

参 考 文 献

洪广言 . 2002. 无机固体化学 . 北京：科学出版社 .

潘功配 . 2009. 固体化学 . 南京：南京大学出版社 .

庞震 . 2008. 固体化学 . 北京：化学工业出版社 .

宋晓岚，黄学辉 . 2006. 无机材料科学基础 . 北京：化学工业出版社 .

王育华 . 2008. 固体化学 . 兰州：兰州大学出版社 .

张克立，张友祥，马晓玲 . 2012. 固体无机化学 . 2 版 . 武汉：武汉大学出版社 .

Chao X, Yan D F, Hao L, et al. 2020. Defect chemistry in heterogeneous catalysis: recognition, understanding, and utilization. ACS Catalysis, 10(19): 11082-11098.

Geckeler K E, Edward R. 2006. Functional Nanomaterials. Valencia: American Scientific Publishers.

Shi R, Zhao Y X, Waterhouse G I N, et al. 2019. Defect engineering in photocatalytic nitrogen fixation. ACS Catalysis, 9(11): 9739-9750.

Smart L E, Moore E A. 2005. Solid State Chemistry: An Introduction. 3rd ed. London: Taylor & Francis Group.

Zhou L, Xiao C, Zhu H, et al. 2016. Defect chemistry for thermoelectric materials. Journal of American Chemical Society, 138(45): 14810-14819.

第5章
固体反应及其制备技术

在人类几千年文明发展的历史中，材料一直是人类生活和生产活动的物质基础。国民经济和高技术领域的发展都不可避免地受到材料发展的制约或推动，新材料的发展水平已经成为衡量一个国家技术水平高低和综合国力强弱的重要标志。近年来，伴随着材料科学的飞速发展，人们对各类新材料的需求不断增加，同时各种新颖的制备技术也应运而生，从而使固体材料的合成方法成为固体化学这门学科的一个重要组成部分。本章将重点讨论固相反应的基本理论、特点和反应规律，并介绍一些无机固体材料的常见合成方法，以及在传统方法基础之上进行改良的新技术。

5.1 固相反应

固相反应是无机固体材料制备过程中最为常见的一种制备方法。广义上讲，固相反应是指有固相参与的化学反应，狭义上是指固体与固体间发生化学反应生成固体产物的过程。本节将主要从狭义的概念来讨论固相反应。虽然固相反应的应用由来已久，最早可追溯至上古时期的制陶工艺，但是人们对固相反应理论的认识却一直难有突破。直到20世纪80年代，人们依然认为固相反应在室温下很难进行，必须借助高温加热的条件（一般为$1000 \sim 1500℃$）才能使反应速率显著提高。这是因为固相反应需在三维晶格之间进行，参与反应的原子或离子首先要扩散到晶格内部才能进行反应，因此反应速率常受控于原子或离子在固体内、颗粒间的扩散速率。由于固态中的扩散比气、液相中的扩散慢几个数量级，要在合理的时间内完成反应就必须通过高温实现。

因此，固相反应是指固态物质参与直接化学反应并起化学变化，同时至少在固相内部或外部的一个过程起控制作用的反应（控制步骤可以是扩散，传热等，并不仅限于化学反应），反应物之一必须是固态物质的反应，才能称为固相反应。固相反应与固态合成是两个不同的概念，固态合成可以有固态物质参加，也可以没有固态物质参加，但只要反应的目的产物之一是固态就称之为固态合成。

随着研究的深入，人们发现对于有些固相反应，高温并非必要条件。例如，在有机溶剂乙醇中，$CoCl_2$ 与 4-甲基苯胺可发生如下反应：

$$CoCl_2 + CH_3 - \langle \text{苯环} \rangle - NH_2 \longrightarrow Co(C_7H_9N)_2Cl_2$$

如果把溶剂换成水，即使在加热甚至是煮沸的条件下，该反应都不能进行。但是，如果使 $CoCl_2 \cdot 6H_2O$ 固体与 4-甲基苯胺发生接触，表面即刻变色（蓝色，一种无水颜料），甚至在 0℃时反应也可瞬间完成。一系列新奇的现象和反应迫使人们不得不重新认识固相反应。南京大学的忻新泉教授就曾利用低热固相反应合成了 200 多个新原子簇化合物，开创了固相配位化学反应研究的新领域。

后金融危机时代，绿色发展理念已成为全球共识。传统的溶液反应需要消耗大量的溶剂，产物往往还需要进一步的分离提纯，这既不满足原子经济性的要求，也容易产生大量环境污染物。相比之下，固相反应如果控制得当，反应会相当迅速且彻底，既不需要溶剂作为反应媒介，也不需要提纯产物，是一种满足"绿色化学"要求的合成方法，具有良好的发展前景。

5.1.1　固相反应的分类

按物质的聚集状态，固相反应大致可分为三类：固-气相、固-液相和固-固相。固-固相反应也是固相反应研究的重点，其又可细分为单一固态物质的反应和多固态物质的反应。也有按化学反应性质分类的，如加成反应、置换反应及氧化还原反应等；还有按化学反应机理进行分类的，如化学反应速率控制过程、晶体长大控制过程及扩散控制过程等。本章仅对按物质的聚集状态的分类进行讨论。

1. 单一固态物质的反应

单一固态物质的反应包括缺陷反应、相变反应和热分解反应等。晶体中，缺陷的平衡往往是随温度和压力而变化的。一个原本处于热力学平衡状态的均相晶体，一旦其所处的温度和压力发生改变，其内部缺陷的浓度就会发生变化，以建立新的平衡。根据不同的缺陷类型，晶体可通过如下途径去建立新的平衡：①缺陷之间的反应；②缺陷和晶体内界面、外界面或位错处格点上原子之间的反应；③缺陷和晶体外界面上组分之间的反应。需要指出的是，晶体内部的缺陷反应都具有一定的活化能，因此需要选择合适的反应条件才有可能对该类型的反应进行合理调控，所以固相反应常存在诱导期。

相变反应是指晶体化学组成不变但晶格结点处原子排列方式发生变化的一类反应。很多固态物质具有多种晶体结构。例如，密排六方的钴金属在 450℃以上就会转变为面心立方结构。常压下 SiO_2 相变的变态和稳定性如图 5-1 所示，由图可见，1713℃为 SiO_2 的熔点，发生了 $SiO_2(l) \rightleftharpoons$ 方石英（四方晶系）的转化；在 1470℃时，方石英（四方晶系）$\rightleftharpoons$ 鳞石英（立方晶系）相变；在 870℃时，鳞石英（立方晶系）$\rightleftharpoons$ β-石英（六方晶系）出现慢速反应相变；而在 575℃时，β-石英 $\rightleftharpoons$ α-石英为急速反应相变。从热力学观点来看，相变可分为一级相变和二级相变。一级相变时化学势相等，即 $\Delta F = \Delta U - T\Delta S = 0$。发生一级相变时体积和潜热均发生变化，即 $\Delta V \neq 0$、$\Delta S \neq 0$。例如，晶体的熔化、升华，液体的凝固、气化，以及固态中的大多数多形性转变、脱溶反应、共晶反应、包晶反应等均属于一级相变。二级相变进行时无熵和体积的突变，即 $\Delta S = 0$，$\Delta V = 0$。例如，一般合金的有序 – 无序转变、铁磁性与顺磁性转变、超导体与超导态的转变等都属于二级相变。许多物质的相变特征既有一级的也有二级的。例如，$BaTiO_3$、KH_2PO_4 既有微小的潜热，也有 C_p 的突变。另外，α- 石英 $\longrightarrow$ β- 石英（570℃）相变反应中在相变点处发散（$C_p \to \infty$），C_p–T 曲线呈 λ 型，称为 λ 相变。一般来讲，一级相变可能有热滞现象，而二级相变（包括 λ 型相变）则不存在热滞，是相变奇点。因而石英的 $\alpha \to \beta$ 转变温度常被用作温度的标定。

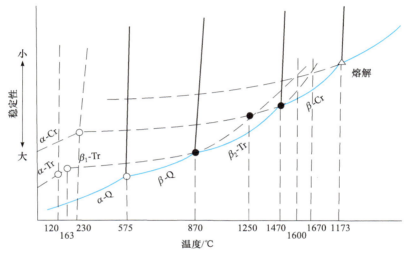

图 5-1　SiO_2 相变的变态和稳定性

○ 急速逆转变；● 慢速逆转变；△ 熔点

　　固体的热分解反应往往开始于晶体中的活性中心。活性中心就是晶体中容易成为初始反应成核的位置。活性中心通常位于晶体中缺少对称性的位置，如点缺陷、位错或者杂质点等应力集中位点。除此之外，晶体表面、晶界、晶棱等位置也容易成为分解反应的活性中心，这些都属于局部化学因素。利用外界条件的干扰或者是晶体发生机械形变，都可以增加局部化学因素，以达到促进分解反应的目的。初始反应成核的形成速率以及核的生长和扩展速度，决定了分解反应的动力学。由于核形成的活化能大于其生长的活化能，因此核一旦形成便能迅速生长和扩展。在一定温度下，测定反应容器中分解产物的蒸气压随时间的变化，即可得到一个固相分解反应的动力学曲线。这种动力学曲线通常呈 S 形，如图 5-2 所示。AB 段曲线相当于与分解反应无关的物理吸附气体的解吸过程，BC 段相当于反应的诱导期，这时发生着一种

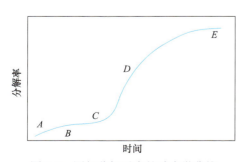

图 5-2　固相分解反应的动力学曲线

缓慢的、几乎是线性的气体生成反应。反应至 C 点开始加速，反应速率在 D 点达到最大值，然后速率逐渐减小，直到 E 点反应完成。BE 间的 S 形曲线对应于三个阶段，即 BC 对应于核的生成，CD 对应于核的迅速长大和扩展，DE 对应于许多核交联后反应局限于反应界面上。因此，分解反应受控于核的生成数目和反应界面的面积这两个因素。由于热分解反应的过程十分复杂，在不同的实验条件下甚至会有不同的反应机理和反应速率表达式，因此无法一一详解，分解反应还与晶面有关，不同晶面反应速率也不同。

2. 多固态物质的反应

多固态物质的反应种类有很多，其中较为常见的有加成反应、交换反应和烧结反应。加成反应是指固相 A 和固相 B 作用生成一个固相 C 的反应。A 和 B 可以是单质，也可以是化合物。A 和 B 之间被生成物 C 所隔开，在反应过程中，原子或离子穿过物相之间的界面，发生物质的输运。物质输运是指原来处于晶格结构中平衡位置上的原子或离子在一定条件下脱离原位置而做出的无规则的运动，形成移动的物质流。这种物质流的推动力是原子和空位的浓度差的梯度。物质输运过程受扩散定律的制约。典型的例子有尖晶石型铁氧体的生成反应：

$$MgO(s) + Al_2O_3(s) \Longrightarrow MgAl_2O_4 \tag{5-1}$$

多固态物质发生反应的第一要素是热力学反应条件。在常温下 MgO 和 Al_2O_3 反应速率极慢，只有温度超过 1200℃时才有明显的反应，在 1500℃下粉末状的 MgO 与 Al_2O_3 混合物加热数天反应才能完全。多固态物质间较慢的反应速率是由其反应特点决定的。若使反应能够顺利进行，初始阶段须在固相接触面上形成晶核，但这一过程进行起来相对困难。以 MgO 和 Al_2O_3 反应生成 $MgAl_2O_4$ 为例，三种物质在结构上存在明显差异，这些结构差异直接影响了它们的反应动力学特性。在 MgO 和 $MgAl_2O_4$ 结构中，氧离子均为立方密排堆积，而在 Al_2O_3 结构中，氧离子为畸变的六方密排堆积。另一方面，铝离子在 Al_2O_3 和 $MgAl_2O_4$ 结构中均占据八面体格位，而镁离子虽在 MgO 占据八面体格位，但在 $MgAl_2O_4$ 结构中却占据四面体格位。因此，在形成产物相 $MgAl_2O_4$ 晶核时会涉及大量结构重排，包括键的断裂与重新生成，以及镁离子和铝离子的脱出、扩散和进入缺位，其中离子的脱出和长距离扩散都需要很高的能量才能完成。相比成核过程，后续的生长过程则更为困难。由于反应进一步进行，MgO 和 Al_2O_3 界面处的产物层厚度不断增加，镁离子和铝离子必须通过已存在的 $MgAl_2O_4$ 产物层，同时还必须穿过 MgO 和 $MgAl_2O_4$ 之间以及 $MgAl_2O_4$ 和 Al_2O_3 之间的两个反应界面，才能发生相互扩散到达新的反应界面。该反应的决速步骤是晶格中镁离子和铝离子的扩散，而升高温度有利于它们的扩散，进而促进反应正向进行。随着产物层厚度的不断增加，反应速率必然会随之减小。需要指出的是，晶体材料中的一些缺陷结构也会对离子的扩散有明显影响，进而影响反应速率。除了结构上的差异，多固态物质反应过程接触面积的大小也是一个关键因素。如果反应物都是晶体，此时反应熵很小，反应界面也小，反应就会很慢。如果把晶体制成粉末，接触面积大，会促使反应速率明显增加。

固相交换反应的表达通式为：$AX + BY \Longleftrightarrow BX + AY$，具体反应如 $ZnS + CuO$ $\Longleftrightarrow CuS + ZnO$ 和 $PbCl_2 + 2AgI \Longleftrightarrow PbI_2 + 2AgCl$。根据反应体系的热力学、各种离子在各物相中的迁移度及各反应物交互溶解度，约斯特 (Jost) 和瓦格纳 (Wagner) 规定了交换反应的两个条件：参加应的各组分之间的交互溶解度很小；阳离子的迁移速度远远大于阴离子的迁移速度。他们提出的反应模型如图 5-3 所示。

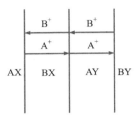
  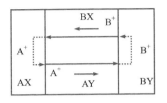

(a) 约斯特提出的双层模型　　　(b) 瓦格纳提出的镶嵌式模型

图 5-3　固态交换反应模型

约斯特认为反应物 AX 和 BY 是被产物 BX 和 AY 所隔开，如图 5-3(a) 所示。由于阳离子扩散得比较快，因此 BX 形成的致密层紧贴在 AX 上，AY 形成的致密层紧贴在 BY 上。只有当 A 能在 BX 层中溶解并在 BX 层中迁移，B 能在 AY 层中溶解并迁移时，反应才能继续进行。但是，要想定量地讨论这个机理是比较困难的，需要确定多个独立变量才能推导出扩散流的方程，并评价其动力学变化。

瓦格纳提出了另一种镶嵌式模型，即交换反应所生成的两个产物构成两个镶嵌块，如图 5-3(b) 所示。瓦格纳指出：在 AY 中一个杂原子 B 的溶解度和迁移率均很小，同样，在 BX 中杂原子 A 的溶解度和迁移率也很小，因此约斯特模型的反应速率是很低的。而镶嵌式模型规定阳离子只在它自己所组成的晶体中运动，所以扩散速率很快。下列反应过程：$Cu + AgCl \Longleftrightarrow Ag + CuCl$ 和 $Co + Cu_2O \Longleftrightarrow 2Cu + CoO$ 是可以用瓦格纳模型解释的。

烧结反应是将粉末或细粒的混合材料，先用适当的方法压铸成型，然后在低于熔点的温度下焙烧，在部分组分转变为液态的情况下，使粉末或细粒混合材料烧制成具有一定强度的多孔陶瓷体的过程。烧结是一个复杂的物理变化过程。烧结机制经过长期的研究，可归纳为黏性流动、蒸发与凝聚、体扩散、表面扩散、晶界塑性流动等。实践表明，用任何一种机制去解释某一具体烧结过程都是困难的，烧结是一个复杂的过程，是多种机制作用的结果。烧结反应是我国古代最早利用的化学工艺技术之一，如陶瓷器皿和工具的生产。以硅酸盐为基质材料的陶瓷生产，是将天然陶土粉掺水和成团，然后塑制成各种器皿或用具的形状，放入窑内，在适当的温度下加热烧结。这时混合物中的一部分组分 (如黏土成分) 转变为黏滞状态的液体，浸润在其余的晶态颗粒表面，通过物相之间的物质扩散把颗粒状的成分黏结起来。冷却时，黏滞状态的液相转变为玻璃体。最后形成的陶瓷体的显微结构中包含玻璃体、细粒晶体和空隙。为了保证烧成的陶瓷器件有足够的强度和致密度，并保持最初塑制时的形状，需要适当控制陶土的配料组成、粒度及烧结温度和时间等。

在烧结过程中，物质在微晶粒表面上和晶粒内发生扩散。烧结反应的驱动力是体系自由能的降低。例如，两个互相接触的微粒，各自具有较大的表面能，当加热到它们熔点以下的温度时，颗粒内物质发生移动，表面能减少，当两个微粒互相熔合时，它们的总表面积逐渐减小，表面能也随之逐步降低，趋向于表面积达到极小、表面能也达到了极低的状态。但是在烧结温度而不是熔融温度的条件下，这种总表面积最小的极限状态是难以达到的。实际上经过烧结反应所得到的是一种亚稳状态的烧结体，它是一种包含大量晶态微粒和气孔的集合体，其中还存在许多的晶粒间界。

3. 固 – 气相反应

固 – 气相反应主要有金属的锈蚀和氧化，此外，一些固体表面的催化反应也可划分至此范畴。金属的锈蚀是指气体作用于固体 (金属) 表面，生成一种固相产物，在反应物之间形成一种薄膜相的过程。在锈蚀反应的初始阶段，由于气体分子可以和金属表面充分接触，所以反应速率很快。但锈蚀产物 (多为氧化物) 的物相层一旦形成就会成为一种阻挡金属离子和氧离子互相扩散的势垒，反应速率也因此取决于薄膜相的致密程度。如果薄膜相是疏松的，不妨碍气相反应物穿过并到达金属表面，反应速率与薄膜相的厚度无关；如果它是致密的，则反应将受到阻碍，受到包括薄膜层在内的物质输运速度的限制。锈蚀反应过程包括气体分子的扩散、金属离子的扩散、缺陷的扩散和电离、电子和空穴的迁移，以及反应物分子之间的化学反应等。影响锈蚀反应速率的因素通常有金属的种类、反应的时间阶段、金属锈蚀产物的致密程度、温度和气相分压等。尽管目前已有一些关于锈蚀反应速率的变化规律研究，但这些关系通常只针对一些极限，而实际反应的过程较之更为复杂，很难找到通用的表达规律。

4. 固 – 液相反应

固 – 液相反应比固 – 气相反应要复杂得多。当某固体与某液体反应时，产物可能在固体表面上形成薄层或溶进液相。在产物形成薄层覆盖全部表面的情况下，反应类似于固 – 气相反应。如果反应产物部分地或全部地溶进液相中，液相则会有机会接触到固体反应物，因此决定动力学的重要因素是界面上的化学反应。最简单的固 – 液相反应是固体在液体中的溶解。固体在液体中溶解的速率依赖于所暴露的特殊晶面。晶面对溶解的影响，从溶解球形单晶时获得多面体形状的观察中可以看得很清楚。例如，氧化锌在酸的溶解中，含氧的 $(000\bar{1})$ 面比含锌原子的 (0001) 面更迅速地受到酸的侵蚀。与热分解反应一样，固体的溶解也会明显地受位错的影响。例如，蚀刻点会在晶体表面位错出现的位置上形成。因此，蚀刻是有用的位错显现技术，甚至可用来测定位错的密度，通过位错的分析判断晶体的对称性。

5.1.2　固相反应的特点

基于早期的研究结果，塔曼 (Tammann) 认为固态物质间的反应是直接进行的，气相或液相没有或不起重要作用，并且固相反应开始温度远低于反应物的熔点或系统的低共熔温度，通常相当于一种反应物开始呈现显著扩散作用的温度，此温度称为塔曼温度或烧结温度。当反应物之一存在多晶转变时，则转变温度通常也是反应开始明显进行的温度，这一规律也称为海德华定律。

塔曼的观点长期以来一直为学术界普遍接受，但随着生产和科学实验的进展，还是发现存在诸多问题。因此，金斯特林格 (Ginsterlinger) 等提出，在固相反应中，反应物是可以转变为气相或液相的，然后通过颗粒外部扩散到另一固相的非接触表面上进行反应。这一说法表明气相或液相也可能在固相反应过程中起到重要作用，同时金斯特林格也指出固相反应具有如下两个共同的特点：①固相反应首先在相界面上发生反应，形成产物层，产物层扩散；②固相反应通常需在高温下进行，而且由于反应发生在非均相系统，因而传热和传质过程都对反应速率有重要影响。

目前学术界普遍认为，固相反应是指固体参与直接化学反应并发生化学变化，同时至少在固体内部或外部的一个过程中起控制作用的反应。这时，控制速度不仅限于化学反应，也包括扩散等物质迁移和传热等过程。结合塔曼和金斯特林格等在纯固相及多元复杂固相体系研究中的结论，可得出固相反应一般具有如下几方面的基本特征。

(1) 由于固体质点 (原子、离子或分子) 间具有很强的作用力，因此在低温时固态物质的反应活性通常较低，反应速率也较慢，这使得固相反应一般需要在高温下才能进行。而且由于反应发生在非均相系统，于是传热和传质过程都对反应速率有重要影响；伴随反应的进行，反应物和产物的物理化学性质将会发生变化，并导致固体内部温度和反应物浓度分布及其物性的变化，这都可能对传热、传质和化学反应过程产生影响。

(2) 固相反应进行时，不仅需要固体化学键的断裂和重建，还需要固态物质彼此的扩散与渗透。并且只有足够大量的离子以正确的排列集聚到一起超过临界半径形成稳定的晶核，反应才能进行。温度越高，扩散越快，产物成核越快，反应的潜伏期越短，反之，潜伏期就越长。因此，固体反应物间的扩散及产物成核过程构成了固相反应特有的潜伏期。

(3) 在气相、液相等均相反应体系中，由于存在混合自由能，体系不断地向自由能降低的方向进行，直到达到平衡点，此时体系的自由能最低，反应处于平衡状态，此时的正、逆速率相等，反应进行不完全。

$$dG = -SdT + Vdp + \mu_i dn_i \tag{5-2}$$

对于纯的固 – 固相的化学反应，其活度 $\alpha_{\text{标准态}} = 1$，$\mu_i = \mu_i^{\ominus}$，不存在混合自由能，系统的吉布斯自由能在始态与终态之间没有最低点，因此固相反应一旦发生即可进行完全，不存在化学平衡，具有先天的绿色环保优势。但如果有气相或液相参加，生成物既有固相也有气相或液相的化学反应，由于气相和液相物质参与化学反应，则会使反应不能进行到底。最常见的就是高炉炼铁中，一氧化碳还原氧化铁的反应：

$$Fe_2O_3(s) + 3CO(g) \longrightarrow 2Fe(s) + 3CO_2(g)$$

在炉底，吹入的空气与炭反应生成一氧化碳的同时放出大量的热将已还原的铁熔融。在高炉口加入铁的氧化物后，铁的氧化物与一氧化碳在 570℃ 发生固 – 气相的还原反应，无论如何改变反应条件，都会在高炉废气中检测到相当含量的一氧化碳。

5.1.3　固相反应动力学

固相反应动力学旨在通过反应机理的研究，提供有关反应体系、反应随时间变化的规律性信息。固相反应的种类和机理是多样的，不同的反应乃至同一反应的不同阶段，其动力学关系往往不同，所以固相反应动力学难以用普适性的公式定量表述，通常须在设定条件前提下进行研究。

1. 固相反应动力学表达式

对于反应：$aA + bB \Longrightarrow eE + fF$，反应速率可以表示为：$r = -dc/dt = kc_A^a c_B^b$，其中 $(a+b)$ 为反应级数，对于只包括一个基元反应的简单反应而言，反应级数和反应分子数相等。在固相反应中，反应多由几个基本的单元步骤连续进行，所以反应级数和反应分子数往往是不同的。

与一般化学反应相同，固相反应也存在活化能，而且通常比较大，并满足阿伦尼乌斯 (Arrhenius) 公式，反应速率常数 k 与温度的关系可以表示为

$$k = A\exp(-E_a/RT) \tag{5-3}$$

固相反应从反应物到产物可以有多种途径，而每一种途径又可以由几个不同的单元步骤构成。其中反应速率最慢的步骤将决定整个过程的总速率。因此，按反应速率划分固相反应可以分成两大类：扩散控制的反应和界面反应控制的反应，大多数固相反应属于第一种类型。显然描述这两种类型的动力学必须采用不同的动力学方程式。此外，还有由升华、晶核生成速率控制的动力学方程。

现以金属氧化过程为例，建立整体反应速率与各阶段反应速率间的定量关系，设反应是按图 5-4 模式进行，其反应方程式为

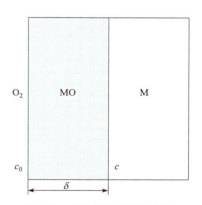

图 5-4　金属氧化反应示意图

$$M(s) + \frac{1}{2}O_2 \longrightarrow MO(s)$$

假设扩散是稳定的，首先在界面上形成一层 MO 氧化膜，经 t 时间后 MO 氧化膜厚度为 δ，O_2 通过 MO 层扩散到 M-MO 界面并继续进行氧化反应。整个固相反应过程由金属氧化反应和 O_2 通过 MO 界面的扩散两个过程所组成。根据化学动力学的质量作用定律 (化学反应速率与反应物浓度的乘积成正比) 和菲克 (Fick) 第一定律有 (为推导的方便，假定其为一级反应)，表面反应速率方程 (5-4) 及气体扩散速率方程 (5-5) 如

下：

$$v_R = \frac{dc_R}{dt} = kc \tag{5-4}$$

$$v_D = \frac{dc_D}{dt} = D\left(\frac{dc}{dx}\right)\bigg|_{x=\delta} = D\frac{(c_0 - c)}{\delta} \tag{5-5}$$

式中，$\frac{dc_R}{dt}$ 为单位时间内反应的氧气量；$\frac{dc_D}{dt}$ 为单位时间内扩散到 M-MO 界面上的氧气浓度；c_0 和 c 分别为金属介质和 M-MO 界面上的氧气浓度；k 为化学反应速率常数；D 为氧气在产物层中的扩散系数。

当整个反应过程达到平衡，即反应量等于扩散量时，有如下关系：

$$v = v_R = v_D \tag{5-6}$$

由 $kc = \frac{D(c_0 - c)}{\delta}$ 得

$$c = \frac{c_0}{1 + \frac{k\delta}{D}}$$

又因为

$$v = kc = \frac{kc_0}{1 + \frac{k\delta}{D}}$$

所以

$$\frac{1}{v} = \frac{1}{kc_0} + \frac{1}{\frac{Dc_0}{\delta}} \tag{5-7}$$

整体反应速率由各个反应速率决定，反应阻力等于各分阻力之和。

(1) 当扩散速率远大于化学反应速率时，即 $k \ll \frac{D}{\delta}$，则 $v = kc_{0R} = v_{Rmax}$，此时整个固相反应速率由界面上的化学反应速率控制，称为由表面化学反应控制的动力学范围。

(2) 当扩散速率远小于化学反应速率时，即 $k \gg \frac{D}{\delta}$，则 $c = 0$，$v = D\frac{(c_0 - c)}{\delta} = D\frac{c}{\delta} = v_{Dmax}$，整个固相反应速率由通过产物层的扩散速率控制，称为由扩散速率控制的动力学范围。

(3) 当扩散速率和化学反应速率可比拟时，则过程速率 $v = kc = \dfrac{1}{\dfrac{1}{kc_0} + \dfrac{\delta}{Dc_0}}$，称为过渡范围，反应阻力同时考虑两方面：

$$v = \frac{1}{\frac{1}{kc_0} + \frac{\delta}{Dc_0}} = \frac{1}{\frac{1}{v_{Rmax}} + \frac{1}{v_{Dmax}}} \tag{5-8}$$

因此，对于由许多物理或化学步骤综合而成的固相反应过程的一般动力学关系可写成：

$$v = \cfrac{1}{\cfrac{1}{v_{1\max}} + \cfrac{1}{v_{2\max}} + \cfrac{1}{v_{3\max}} + \cdots + \cfrac{1}{v_{n\max}}} \tag{5-9}$$

式中，$v_{1\max}$、$v_{2\max}$、$v_{3\max}$、$\cdots$分别相应于扩散、化学反应、结晶、融化、升华等步骤的最大可能速率，此时的动力学反应机理是非常复杂，影响因素多，研究难度大。

若将反应速率的倒数理解成反应的阻力，则式 (5-9) 将具有大家所熟悉的串联电路欧姆定律相似的形式：反应的总阻力等于各环节分阻力之和。

2. 化学反应控制动力学

若某一固相反应中，扩散、升华、蒸发等过程的速率很快，而界面上的化学反应速率很慢，则整个固相反应速率主要由接触界面上的化学反应速率所决定，该系统属于化学反应控制动力学范畴。以下将针对化学反应控制动力学体系建立反应的简化模型，并推导相应的反应速率通式。化学动力学过程的特点是反应物通过产物层的扩散速率远大于接触面上的化学反应速率，过程总的速率由化学反应速率所控制。

对于一个均相二元系统，若化学反应依式 $m\text{A} + n\text{B} \longrightarrow p\text{C}$ 进行，则化学反应速率一般可表达为

$$v_{\text{R}} = \frac{\mathrm{d}c}{\mathrm{d}t} = k c_{\text{A}}^{m} c_{\text{B}}^{n} \tag{5-10}$$

式中，c_{A}、c_{B} 分别为反应物 A 和 B 的初始浓度。

对于反应过程中只有一个反应物的浓度是可变的，则式 (5-10) 可简化为

$$v = kc^{n} \quad (n \neq 1, \ n > 0) \tag{5-11}$$

对于一个非均相的固相反应体系，均相反应公式不能直接用于描述其化学反应动力学关系，因为大多数固相反应浓度的概念相对反应整体来说已经失去了意义，因此引入转化率 α 的概念。转化率一般定义为参与反应的一种反应物在反应过程中被反应了的物质的量分数，即

$$转化率 = \frac{转化的反应物量(或消耗掉的反应物量)}{原始反应物量} \tag{5-12}$$

此外，多数固相反应都是在界面上进行的，并以固相反应物间存在机械接触为基本条件，因此固相反应颗粒之间的接触面积在描述反应速率时也应考虑进去。仿照式 (5-10) 并引入转化率 α 的概念，同时考虑反应过程中反应物间接触面积，固相化学反应中动力学一般方程式可写成：

$$\frac{\mathrm{d}\alpha}{\mathrm{d}t} = kF(1-\alpha)^{n} \tag{5-13}$$

式中，n 为反应级数；k 为反应速率常数；F 为反应截面。假设反应物为球形颗粒，半径为 R_0，经 t 时间后，反应掉的厚度为 x，则

$$\alpha = \frac{v_0 - v_t}{v_0} = \frac{R_0^3 - (R_0 - x)^3}{R_0^3} \tag{5-14}$$

$$x = R_0[1-(1-\alpha)^{1/3}] \tag{5-15}$$

相应于每个颗粒的反应表面积 F' 与转化程度 α 的关系

$$F' = 4\pi(R_0-x)^2 = 4\pi R_0^2(1-\alpha)^{2/3} \tag{5-16}$$

假设反应物颗粒总数为 N，则总面积为

$$F = NF' = 4\pi N R_0^2(1-\alpha)^{2/3} \tag{5-17}$$

此时，式 (5-13) 可写为

$$\frac{\mathrm{d}\alpha}{\mathrm{d}t} = kF(1-\alpha)^n = k \cdot 4\pi N R_0^2(1-\alpha) \tag{5-18}$$

3. 扩散控制的动力学

固相反应一般都伴随着物质的迁移。由于在固相结构内部扩散速率通常较为缓慢，因而在多数情况下，扩散速率控制着整个反应的总速率。由于反应截面变化的复杂性，扩散控制的反应动力学方程也将不同。

菲克第一、第二定律是描述扩散动力学的基础，由于在固相反应中固体材料的缺陷扩散速率较快，因此固体材料中的扩散通常是通过缺陷进行的，所以凡是能够影响晶体缺陷状态的因素，如晶体中的本征缺陷状态、界面特性、物料分散度、颗粒形状等因素都对扩散速率有本质上的影响。从材料科学的角度，对由扩散速率控制的固相反应动力学问题已有较多研究。理论上，往往先建立不同的扩散结构模型，并根据不同的前提假设推导出多种扩散动力学方程，其中基于平板模型和球体模型所导出的杨德尔 (Jander) 方程和金斯特林格方程具有一定的代表性。

(1) 杨德尔方程。

如图 5-5(a) 所示，设反应物 A 和 B 以平板模型相互接触反应和扩散，并形成厚度为 x 的产物 AB 层，随后 A 质点通过 AB 层扩散到 B-AB 界面继续反应。若界面化学反应速率远大于扩散速率，则反应过程由扩散控制。经 $\mathrm{d}t$ 时间通过 AB 层单位截面反应物 A 的物质的量为 $\mathrm{d}m$，显然在反应过程中的任一时刻，反应界面处 A 物质浓度为 0，而界面 A-AB 处 A 物质的浓度为 c_0。由扩散第一定律得

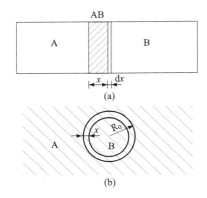

图 5-5　杨德尔方程的扩散模型

$$\frac{\mathrm{d}m}{\mathrm{d}t} = D\frac{\mathrm{d}c}{\mathrm{d}x} \tag{5-19}$$

设反应产物 AB 的密度为 ρ，分子量为 μ，则 $\mathrm{d}m = \rho\mathrm{d}x/\mu$；又考虑到扩散为稳定扩散，因此有

$$\frac{\mathrm{d}c}{\mathrm{d}x} = \frac{c_0}{x} \tag{5-20}$$

并且

$$\frac{\mathrm{d}x}{\mathrm{d}t} = \frac{\mu D c_0}{\rho x} \tag{5-21}$$

对式 (5-21) 进行积分，并考虑边界条件 $t = 0$，$x = 0$，可得

$$x^2 = 2\mu D c_0 t/\rho = kt \tag{5-22}$$

该式说明，反应物以平板模式接触时，反应产物层厚度与时间的平方根成正比。由于式 (5-21) 存在二次方关系，故常称其为抛物线速率方程式。

在实际情况中，固相反应通常以粉状物料为原料，为此杨德尔假设：①反应物是半径为 R_0 的等径球形颗粒；② 反应物 A 是扩散相，即 A 成分总是包围着 B 的颗粒，而且 A、B 与产物完全接触，反应自球面向中心进行，如图 5.5(b) 所示。

将式 (5-15) 代入式 (5-22) 中，可得杨德尔方程积分式：

$$x^2 = R_0^2 [1-(1-\alpha)^{1/3}]^2 \tag{5-23}$$

或

$$F_J(\alpha)= [1-(1-\alpha)^{1/3}]^2 = kt/R_0^2 = k_J t \tag{5-24}$$

对上式求导，可得杨德尔方程微分式：

$$\frac{\mathrm{d}\alpha}{\mathrm{d}t} = \frac{k_J (1 - \alpha)^{2/3}}{1 - (1 - \alpha)^{1/3}} \tag{5-25}$$

杨德尔方程在较长时间以来一直作为一个经典的固相反应动力学方程而被广泛接受。但仔细分析杨德尔方程推导过程可以发现，将圆球模型转化率公式代入平板模型的抛物线速率方程的积分式使杨德尔方程只适用于反应初期。随着反应的深度进行，杨德尔方程的偏差将会越来越大。目前研究已证明，杨德尔方程只适用于 $\alpha < 0.3$ 的固相反应。

(2) 金斯特林格方程。

金斯特林格认为杨德尔方程之所以不能适用于转化率较大的情况，在于实际上反应开始后生成产物层是一个球面而不是一个平面，其次反应物与反应产物的密度是不同的，因此反应前后体积不相等。金斯特林格提出了如图 5-6 所示的反应扩散模型。假设反应 A 是扩散相，B 是平均半径为 R_0 的球形颗粒，反应沿 B 整个球表面同时进行。首先，A 和 B 形成产物 AB，厚度为 x，x 随反应进行而增厚，A 扩散到 A-AB 界面的阻力远小于通过 AB 层的扩散阻力，则 A-AB 界面上 A 的浓度视为不变，为 c_0，因反应由扩散控制，则 A 在 B-AB 界面上的浓度为零。根据体积 $\mathrm{d}x \cdot S(S$ 为界面面积) 中 A 的原子数目应该等于时间 $\mathrm{d}t$ 中扩散经过面积为 S 的界面的原子数，则有

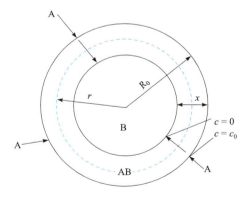

图 5-6　金斯特林格反应模型

$$\mathrm{d}x \cdot S \cdot \varepsilon = J \cdot S \cdot \mathrm{d}t \tag{5-26}$$

即

$$\frac{\mathrm{d}x}{\mathrm{d}t} = \frac{J}{\varepsilon} = \frac{D}{\varepsilon} \left(\frac{\partial c}{\partial r} \right)_{r=R_0-x} \tag{5-27}$$

式中，比例常数 $\varepsilon = \dfrac{\rho n}{\mu}$，其中 ρ 和 μ 分别是产物 AB 的密度和分子量，n 是反应的化学计量常数，即和一个分子 B 化合所需的 A 的分子数；D 为反应物 A 在产物 AB 中的扩散系数。

由于反应物颗粒为球形，产物两侧界面 A 的浓度不变，随着产物层厚度增加，A 在产物层内的浓度分布是半径 r 和时间 t 的函数，即反应过程是一个不稳定扩散问题，可以用球面坐标情况下的菲克第二定律来描述：

$$\frac{\partial(r,t)}{\partial t} = D\left[\frac{\partial^2 c}{\partial r^2} + \frac{2}{r}\left(\frac{\partial c}{\partial r}\right)\right] \tag{5-28}$$

根据初始和边界条件：

$$r = R_0, \quad t > 0, \quad c_{(R_0, \, t)} = c_0$$

$$r = R_0 - x, \quad t > 0, \quad c_{(R_0-x, \, t)} = 0$$

$$\frac{\mathrm{d}x}{\mathrm{d}t} = \frac{D}{\varepsilon}\left(\frac{\partial c}{\partial r}\right)_{r = R_0-x}, \quad t = 0, \quad x = 0$$

为了简化求解，可以近似把不稳定扩散问题的解归结为一个等效扩散问题的解。在等效稳定扩散条件下，球表面处 A 的浓度为 c_0。在产物 AB 层厚度为任意 x 时，单位时间通过产物层 A 的质量不随时间变化，而仅与 x 有关，则

$$D\frac{\partial c}{\partial r}4\pi r^2 = M(x) = 常数 \tag{5-29}$$

即

$$\frac{\partial c}{\partial r} = \frac{M(x)}{4\pi r^2 D} \tag{5-30}$$

将式 (5-30) 在 $r = R_0 - x$ 和 $r = R_0$ 范围内积分，得

$$c_0 = -\left.\frac{M(x)}{4\pi D}\frac{1}{r}\right|_{R_0-x}^{R_0} = \frac{M(x)}{4\pi D}\frac{x}{R_0(R_0-x)} \tag{5-31}$$

由此可求得

$$M(x) = \frac{c_0 R_0(R_0-x)\cdot 4\pi D}{x} \tag{5-32}$$

整理得

$$\frac{\partial c}{\partial r} = \frac{c_0 R_0(R_0-x)\cdot 4\pi D}{xr^2} = \frac{c_0 R_0(R_0-x)}{x(R_0-x)^2} = \frac{c_0 R_0}{x(R_0-x)} \tag{5-33}$$

当反应物颗粒 B 为球形时，产物层增厚速度为

$$\frac{\mathrm{d}x}{\mathrm{d}t} = k_k'\frac{R_0}{x(R_0-x)} \tag{5-34}$$

式中，$k_k' = \dfrac{D}{\varepsilon}c_0$。对式 (5-34) 积分得

$$x^2\left(1-\frac{2}{3}\frac{x}{R_0}\right)=k_k t \tag{5-35}$$

式中，k_k 为金氏方程反应速率常数，$k_k=2k'_k$。而产物层厚度 x 与转化率 α 之间存在：$x=R_0[1-(1-\alpha)^{1/3}]$，则

$$\frac{d\alpha}{dt}=k_k\frac{(1-\alpha)^{1/3}}{1-(1-\alpha)^{1/3}} \tag{5-36}$$

$$F_k(\alpha)=1-\frac{2}{3}\alpha-(1-\alpha)^{2/3}=k_k t \tag{5-37}$$

许多实验研究证明，金斯特林格方程比杨德尔方程能适应更大的反应程度。例如，碳酸钠与二氧化硅在 820℃下的固相反应，测定不同反应时间的二氧化硅转化率 α 得表 5-1 所示数据。根据金斯特林格方程拟合实验结果，在转化率从 0.2458 变到 0.6156 区间内，$F_k(\alpha)$ 关于 t 有相当好的线性关系，其速率常数 k_k 恒等于 1.83。但若以杨德尔方程处理实验结果，$F_J(\alpha)$ 与 t 的线性关系较差，速率常数 k_J 值从 1.81 偏离到 2.25。

表 5-1　二氧化硅 – 碳酸钠反应动力学数据 (R_0=0.036 mm，$T=820℃$)

时间 /min	SiO$_2$ 转化率	$k_k\times10^4$	$k_J\times10^4$	时间 /min	SiO$_2$ 转化率	$k_k\times10^4$	$k_J\times10^4$
41.5	0.2458	1.83	1.81	222.0	0.5196	1.83	2.14
49.0	0.2666	1.83	1.96	263.5	0.5600	1.83	2.18
77.0	0.3280	1.83	2.00	296.0	0.5876	1.83	2.20
99.5	0.3686	1.83	2.02	312.0	0.6010	1.83	2.24
168.0	0.4640	1.83	2.10	332.0	0.6156	1.83	2.25
193.0	0.4920	1.83	2.12				

此外，金斯特林格方程比杨德尔方程具有更好的普适性，从其方程本身可以得到进一步说明。在此引入参数 $i=\dfrac{x}{R}$，即产物层厚度在整个反应物颗粒粒径中所占的比例，该值在一定程度上反映了固相反应的转化率。将 $i=\dfrac{x}{R}$ 代入式 (5-34) 得

$$\frac{dx}{dt}=k'_k\frac{R_0}{x(R_0-x)}=\frac{k'_k}{R_0}\frac{1}{i(1-i)}=\frac{k}{i(1-i)} \tag{5-38}$$

以 $i-\dfrac{1}{k}\dfrac{dx}{dt}$ 作图 (图 5-7)，产物层增厚速率 $\dfrac{dx}{dt}$ 随 $\dfrac{x}{R_0}$ 而变化，并于 $i\approx0.5$ 处出现极小值。当 i 很小时，转化程度很小，$\dfrac{dx}{dt}\approx\dfrac{k'_k}{x}$，方程可转化为抛物线速度方程。当 $i=0$ 或 $i=1$ 时，$\dfrac{dx}{dt}\rightarrow\infty$，这说明反应不受扩散控制而转入化学反应动力学范围。

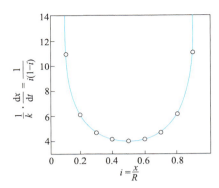

图 5-7　反应产物层增厚速率与 i 的关系图

5.1.4　固相反应的影响因素

由于固相反应过程涉及固相界面的化学反应和固相内部或外部的物质输送等若干环节，因此除反应物的化学组成、特性和结构状态以及温度、压力等因素外，凡是能活化晶格、促进物质的内外传输作用的因素均会影响反应的进行。目前已认知的影响固相反应的因素主要有反应物化学组成与结构、反应物颗粒尺寸及分布、反应温度和压力与气氛、矿化剂等。

(1) 反应物化学组成与结构的影响。

反应物化学组成与结构是影响固相反应的内因，是决定反应方向和速率的重要因素。从热力学的角度看，在一定温度、压力条件下，反应向吉布斯自由能减小（$\Delta G < 0$）的方向进行，而且吉布斯自由能减小得越多，反应的热力学驱动力越大，沿该方向反应的趋势也越大。实验表明，同组成反应物的结晶状态、晶型由于热处理的历程不同会有很大差别，进而导致反应活性的不同。典型的例子有氧化铝和氧化钴反应生成钴铝尖晶石，$Al_2O_3 + CoO \longrightarrow CoAl_2O_4$。对于 Al_2O_3 来说，若分别采用 $\gamma\text{-}Al_2O_3$ 和 $\alpha\text{-}Al_2O_3$ 为原料，前者的反应速率是后者的十倍左右。这是因为在 1100℃ 左右的温度区域内，$\gamma\text{-}Al_2O_3$ 会向 $\alpha\text{-}Al_2O_3$ 转变，使 Al_2O_3 晶格松懈、结构内部缺陷增多，大大提高了 Al_2O_3 的反应活性。对于 CoO 来说，如分别采用 Co_3O_4 和 CoO 作为原料，发现前者的反应活性大于后者。因为高温条件下 Co_3O_4 会发生分解反应，新生成的 CoO 具有很高的反应活性。另外，在同一反应系统中，固相反应速率还与各反应物间的比例有关，如颗粒尺寸相同的 A 和 B 反应形成 AB 产物，若改变 A 与 B 的比例就会影响反应物表面积和反应截面积的大小，从而改变产物层的厚度和影响反应速率。例如，增加反应混合物中"遮盖物"的含量，则反应物接触面积和反应截面积就会增加，产物层变薄，相应的反应速率就会增加。

除了这种宏观的组成与结构影响，固态物质内各质点间的键合方式也会对固相反应速率产生影响。由晶体的点阵结构可知，固体中的粒子，如原子、分子或离子的排列方式是有限的。根据固体中连续的化学键作用的分布范围，固体可分为分子固体和延伸固体两类。分子固体是物质的分子靠分子间作用力相结合的。由于化学键在局部范围内（分子范围内）是连续的，因此分子固体又称为零维固体。延伸固体是指化学键作用无间断地贯穿整个晶体的固体，按连续的化学键作用范围可分为一维、二维和三维固体。下面以碳单质为例对几种固体的反应活性进行解释。

富勒烯 (C_{60}) 是一种典型的零维固体，由 12 个正五边形和 20 个正六边形组成的三十二面体空心球，碳原子杂化轨道理论的计算值为 $sp^{2.28}$，每个碳原子的三个 σ 键不是共平面的，键角约为 108° 或 120°，因此整个分子为球状。每个碳原子用剩下的一个 p 轨道互相重叠形成一个含 60 个 π 电子的闭壳层电子结构，因此在近似球形的笼内和笼外都围绕着 π 电子云。其分子具有可移动性强、硬度低、熔点低的特点，因而反应活性很强，很多固相反应可在较低温度 (低于 100 ℃) 下完成。

石墨是一种典型的二维固体，石墨晶体含有互锁的六角形层，每隔一层以 ABAB 原子形式堆砌，同一层上的碳原子以 sp^2 杂化形成共价键，六个碳原子在同一个平面上形成了正六边形的环，伸展成片层结构。虽然石墨中同一片层内的键合结构十分稳定，但是其层间距大，晶体易变形，故其反应活性也比较高。例如，石墨与 $FeCl_3$ 反应形成嵌入化合物这一过程在 400℃ 左右即可完成。相比于 C_{60} 和石墨，三维键合延伸结构的金刚石，其结构致密、晶格难以发生移动和变形，因此反应性极弱，也是自然界中化学性质最稳定的物质之一。但这并不意味着三维结构的固体就不能发生化学反应，如果将反应温度升高至 1000℃ 以上，金刚石还可以和许多固态物质发生相互作用。从以上分析可以看出，固相反应温度分为以下三个阶段：对于分子固体，其化学反应一般在低温 (100℃ 左右) 条件下进行；对于低维固体，如链状或层状化学键延续的固体，其化学反应一般在中温 (600℃ 左右) 条件下进行；对于三维固体，类似金刚石，是由三维延伸的化学键组成，其化学反应明显的温度通常在高温区域 (1000℃ 以上)，但并不是说三维固体因其结构致密就不能发生化学反应。所以，固体化学反应研究的对象主要为零维和低维固体。

(2) 反应物颗粒尺寸及分布的影响。

反应物颗粒尺寸对反应速率的影响，首先在杨德尔、金斯特林格动力学方程式中明显地得到体现。反应速率常数与颗粒半径平方成反比，因此在其他条件不变的情况下反应速率受到颗粒尺寸大小的强烈影响。颗粒尺寸大小对反应速率影响的一方面是通过改变反应界面和扩散截面以及改变颗粒表面结构等效应来完成的，颗粒尺寸越小，反应体系比表面积越大，反应界面和扩散截面也相应增加，因此反应速率增大。同时按照威尔表面学说，颗粒尺寸减小，键强分布曲率变平，弱键比例增加，故而反应和扩散能力增强。值得指出的是，同一反应物系由于物料尺寸不同，反应速率可能会属于不同动力学范围控制。例如，$CaCO_3$ 与 MoO_3 反应，当取等分子比成分并在较高温度 (600℃) 下反应时，若 $CaCO_3$ 颗粒大于 MoO_3，反应由扩散控制，反应速率主要随 $CaCO_3$ 颗粒减小而加速。倘若 $CaCO_3$ 与 MoO_3 比值较大，$CaCO_3$ 颗粒度小于 MoO_3 时，由于产物层厚度减薄，扩散阻力很小，则反应将由 MoO_3 升华过程所控制，并随 MoO_3 粒径减小而加剧。

但是，在实际生产中往往不可能控制均等的物料粒径，这时反应物粒径的分布对反应速率的影响同样重要。理论分析表明，由于物料颗粒大小以平方关系影响着反应速率，颗粒尺寸分布越集中，对反应速率越有利。因此，缩小颗粒尺寸分布范围，以避免少量较大尺寸的颗粒存在而显著延缓反应进程，是生产工艺在减小颗粒尺寸的同时应注意的问题之一。

(3) 反应温度和压力与气氛的影响。

温度是影响固相反应的重要外部条件之一。一般认为，温度升高均有利于反应进行。这是由于温度升高，固体结构中质点热振动的动能增大、反应能力和扩散能力均得到增强所致。从热力学性质来讲，某些固相反应完全可以进行。然而实际上，在常温下反应几乎不能进行，即使在高温下反应也需要相当长的时间才能完成。这是因为反应的第一阶段是在晶粒界面上或界面邻近的反应物晶格中生成晶核，完成这一步相当困难，因为生成的晶核与反应物的结构不同。因此，成核反应需要通过反应物界面结构的重新排列，其中包括结构中的阴、阳离子键的断裂和重新组合，反应物晶格中阳离子的脱出、扩散和进入缺位等。高温下有利于这些过程的进行和晶核的形成。同样，进一步实现在晶核上的晶体生长也是相当的困难。因为对反应物中的阳离子来讲，需要经过两个界面的扩散才有可能在核上发生晶体生长反应，并使反应物界面的产物层加厚。由此可以看出，决定这类反应的控制步骤是晶格中阳离子的扩散，而升高温度有利于晶格中离子的扩散，明显有利于促进反应的进行。对于化学反应来说，虽然速率常数和扩散系数都是温度的正相关变量，但由于扩散活化能通常远小于反应活化能，故温度的变化对化学反应影响远大于扩散的影响。

实际上，固相反应的开始温度往往低于反应物的熔点或体系的低共熔点。若用 T_M 代表物质的熔点（热力学温度），当温度为 $0.3T_M$ 时，则为表面扩散的开始，即在表面上开始反应。在烧结反应中，也就是表面扩散机理起作用的温度。当温度达到 $0.5T_M$ 时，固相反应可强烈地进行，这个温度相当于固体扩散开始明显进行时的温度，也就是烧结开始的温度。这一现象是塔曼发现的，故称为塔曼温度。不同的物质有不同的塔曼温度，金属为 $0.3 \sim 0.5T_M$；硅酸盐类为 $0.8 \sim 0.9T_M$。如果要使用固体物质发生有效的固相反应必须在塔曼温度以上才有可能。

压力是影响固相反应的另一外部因素。对于纯固相反应，压力的提高可显著地改善粉料颗粒之间的接触状态，如缩短颗粒之间的距离、减小空隙度、扩大接触面积，从而提高反应速率，特别是对于体积减小的反应有正面的影响。但是对于有液相、气相参与的固相反应，扩散过程不是通过固相粒子直接接触进行的，因此提高压力有时并不表现出积极作用，甚至会适得其反。例如，黏土矿物脱水和伴有气相产物热分解反应以及某些由升华控制的固相反应等，增加压力会使反应速率下降。表 5-2 列出了不同水蒸气压力下高岭土的脱水活化能。由表中数据可见，随着水蒸气压的升高，高岭土的脱水温度和活化能明显提高，脱水速度降低。

表 5-2　不同水蒸气压力下高岭土的脱水活化能

水蒸气压 p_{H_2O} / Pa	温度 T /℃	活化能 $\triangle G_R$ /(kJ/mol)
< 0.10	390 ～ 450	214
613	435 ～ 475	352
1867	450 ～ 480	377
6265	470 ～ 495	469

此外，气氛对固相反应也有重要影响。它可以通过改变固体吸附特性而影响表面反应活性。对于一系列能形成非化学计量的化合物如 ZnO、CuO 等，气氛可直接影响晶体表面缺陷的浓度和扩散速率。气氛对固相反应的影响比较复杂，不能一概而论。首先对于纯固相反应来讲，若反应物都为非变价元素组成，且反应也不涉及氧化或还原，则气氛对此类反应基本不产生影响；若反应物中有变价元素组分，且希望反应涉及氧化或还原，则必须在氧化或还原气氛下反应。对于有气相参加的固相反应来讲，如分解反应，如果不希望分解产物（固相和气相）进一步发生氧化或还原，则必须在惰性气氛下反应。如果希望分解产物（固相和气相）进一步发生氧化或还原，则必须在氧化或还原气氛下反应。由此看来，气氛对于得到什么样的产物至关重要。

(4) 矿化剂及其他影响因素。

在固相反应体系中，加入少量既不与反应物也不与产物发生化学作用的物质，或由于某些可能存在于原料中的杂质，则常会对反应产生特殊的作用（这些物质常称为矿化剂，它们在反应过程中不与反应物或反应产物发生化学反应，但它们以不同的方式和程度影响反应的某些环节），其作用有些类似液相反应中加入的惰性盐，虽不参与反应，但可以改变各物质的活度，只不过矿化剂的作用机制更为繁杂。实验表明矿化剂可以产生如下作用：影响晶核的生长速率、结晶速率及晶格结构，降低体系的共熔点。

当矿化剂与反应物生成少量液相时，往往可加速反应。例如，在耐火材料硅砖中，若不加矿化剂，其主要成分为 α- 石英等，当掺入 1% ～ 3% 的 $[Fe_2O_3 + Ca(OH)_2]$ 作为矿化剂，则可使大部分 α- 石英转化为鳞石英，从而提高硅砖的抗热冲击性能。反应中有少量的液相生成，α- 石英在液体中溶解度大，而鳞石英的溶解度小，使 α- 石英不断溶解，鳞石英不断析出，促使 α- 石英向鳞石英转变。如果不加矿化剂，即使在 870 ～ 1470℃下长时间加热，也很难使 α- 石英向鳞石英转变。又如，在 Na_2CO_3 和 Fe_2O_3 反应体系中加入 NaCl，可使反应转化效率提高 0.5 ～ 0.6 倍，当颗粒尺寸越大，这种矿化效果越明显。表 5-3 列出了少量 NaCl 可使不同颗粒尺寸 Na_2CO_3 与 Fe_2O_3 反应的加速作用。关于矿化剂的矿化机理，一般是复杂多样的，可因反应体系的不同而完全不同，但可以认为矿化剂总是以某种方式参与到固相反应过程中。熔盐法和玻璃熔融法都是基于矿化剂作用开发出的一种改进的固相反应，它们分别借助于低熔点的盐类（如 NaCl、KCl）或玻璃态物质（如 SiO_2、B_2O_3）作为反应媒介，在高温下形成液相，加快原子或离子的扩散速率，从而显著降低固相反应温度。此外，这两个方法还具备合成粉体化学成分均匀、晶体形貌好、物相纯度高的优点，但是反应后需对产物进行反复洗涤，才能将其中的盐类或玻璃态物质彻底除去。

表 5-3　NaCl 对 Na_2CO_3 与 Fe_2O_3 反应的作用

NaCl 添加量 /% （相对于 Na_2CO_3）	不同颗粒尺寸的 Na_2CO_3 转化率 /%		
	0.06 ～ 0.088mm	0.27 ～ 0.35mm	0.6 ～ 2mm
0	53.2	18.9	9.2
0.8	88.6	36.8	22.9
2.2	38.6	73.8	60.1

以上从物理化学角度对影响固相反应速率的各种因素进行了分析讨论，但需要指出的是，在实际生产、科研中遇到的影响因素可能会更多、更复杂。对于工业性的固相反应，除了物理化学因素外，还有工程方面的因素。例如，水泥工业中碳酸钙的分解速率，一方面受到物理化学基本规律的影响，另一方面与工程上的换热传质效率有关。在相同温度下，普通旋窑中的分解率低于窑外分解炉中的分解率。这是因为分解炉中处于悬浮状态的碳酸钙颗粒在传质换热条件上比普通旋窑中的输运好很多。因此，从反应工程的角度考虑传质换热效率对固相反应的影响具有同样的重要性。尤其是对硅酸盐材料的生产，通常都要求高温条件，此时传热速率对反应进行的影响极为显著。例如，把石英砂压成直径为 50mm 的球，约以 8℃/min 的速率进行加热实现 β 相到 α 相的转变约需 75min 完成，而在同样加热条件下，用直径相同的石英单晶球做实验，相变所需时间仅为 13min。产生这种差异的原因除两者的传热系数不同，还由于石英单晶球是透辐射的，不同于石英砂的连续传热机制而可以直接进行透射传热。因此，相变反应不是在依序向球心推进的界面上进行，而是在具有一定厚度范围以至于整个体积内同时进行，从而大大加快了相变反应的速率。

5.2 其他固相合成方法

5.2.1 溶胶 - 凝胶法

溶胶 - 凝胶法是一种条件温和的湿化学制备方法，主要是以无机物或金属的醇盐作为前驱体，在液相中将这些原料均匀混合，并进行水解、缩合等化学反应，在溶液中形成稳定的透明溶胶体系，溶胶经过陈化，胶粒间缓慢聚合，形成三维空间网络结构的凝胶，凝胶网络间充满了失去流动性的溶剂，形成凝胶。凝胶经过干燥、烧结固化可以制备出各种无机固体材料。近年来，溶胶 - 凝胶法在玻璃、氧化物涂层和功能陶瓷材料，特别是传统方法难以制备的复合氧化物材料、高临界温度 (T_c) 氧化物超导材料的合成中均得到成功的应用。

溶胶 - 凝胶法与其他方法相比具有许多独特的优点：

(1) 由于溶胶 - 凝胶法中所用的原料首先被分散到溶剂中而形成低黏度的溶液，因此就可以在很长的时间内获得分子水平的均匀性，在形成凝胶时，反应物之间很可能是在分子水平上被均匀地混合。

(2) 由于经过溶液反应步骤，容易均匀定量地掺入一些微量元素，实现分子水平上的均匀掺杂。

(3) 与固相反应相比，化学反应容易进行，而且仅需要较低的合成温度。一般认为溶胶 - 凝胶体系中组分的扩散在纳米范围内，而固相反应时组分的扩散是在微米范围内，因此反应容易进行，温度较低。

(4) 选择合适的条件可以制备各种新型材料。从同一原料出发，改变工艺过程即可获得不同结构的制品，如纤维、粉体或薄膜等。

但是，溶胶 - 凝胶法也不可避免地存在一些问题：

(1) 所用原料大多数是有机物，成本较高，且对人体有害。

(2) 整个溶胶 - 凝胶过程所需时间较长，常需要几天或几周，且干燥过程中会产生大量的气体和有机物。

(3) 处理条件相对严格，控制不当，体系中容易析出沉淀。

(4) 制品容易开裂，存在残留的孔洞，这是由凝胶中液体量大，干燥收缩引起的。

(5) 若灼烧不完全，会有杂质碳残留，使制品呈黑色。

目前，有些问题已经得到解决。例如，在干燥介质临界温度和临界压力的条件下进行干燥，避免物料在干燥过程中的收缩和碎裂，保持物料原有的结构与状态，防止初级纳米粒子的团聚和凝聚；将前驱体由金属的醇盐改为金属无机盐，有效地降低了原料的成本；柠檬酸 - 硝酸盐法中利用自燃烧的方法可以减少反应时间和残留的碳含量等。下面将介绍几种溶胶 - 凝胶法在制备块体材料、多孔材料、纤维材料、复合材料、粉体材料、薄膜及涂层材料方面的成功范例。

将计量的乙烯基三甲氧基硅烷和乙烯基甲基二乙氧基硅烷溶解于含有乙酸、尿素和十六烷基三甲基氯化铵 (CTAC) 的溶液中搅拌 60min，然后将容器密封置于 80℃ 条件下陈化 9h，然后用甲醇反复浸渍、挤压除去未反应的物质，即可得到大孔的硅树脂块体材料 (MG1)。该块体材料具有超疏水的性质和良好的柔韧性。若将制得的 MG1 继续浸泡在含有全氟十硫醇的异丙醇溶液中，并加入少量的偶氮二异丁腈作为引发剂，则可以得到超疏水和超疏油性质的硅树脂块体材料 (MG2)。

通常，纯硅基的材料在溶胶 - 凝胶体系中较容易形成块体结构，但是对于多组分的物质则需要采用特殊的辅助技术。例如，生物玻璃的主要成分为 45% Na_2O、25% CaO 与 25% SiO_2 和大约 5% 的 P_2O_5，将其植入人体骨骼缺损部位，能与骨组织直接结合，起到修复骨组织、恢复其功能的作用。但是在应用过程中，需要将粉体材料成型，很难直接得到块体的生物玻璃。而利用溶胶 - 凝胶法结合冷冻干燥技术成功制备了块状的生物玻璃，可任意调控块体材料的大小和形貌，同时块体结构中含有丰富的大孔结构，更利于骨组织的生长，如图 5-8 所示。

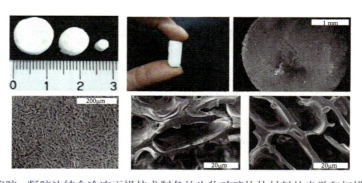

图 5-8　溶胶 - 凝胶法结合冷冻干燥技术制备的生物玻璃块体材料的光学和扫描电镜图片

利用溶胶 - 凝胶法制备材料时，由于有机溶剂占有大量体积，因此利于形成多孔结构，特别是对于一些无定形的材料。而对于一些晶体材料，往往需要高温结晶过程，这时若想保持多孔结构就需要在溶胶 - 凝胶体系中加入适当的表面活性剂，抑制粒子间的团聚。例如，将计量的 $LiNO_3$、$Mn(NO_3)_2$ 和柠檬酸溶于乙醇溶液，并向体系内引入三嵌段共聚物 P123，在 60℃条件下不断搅拌至溶剂挥发，得到黄色凝胶，将凝胶在 700℃灼烧 12h 后得到 $LiMn_2O_4$ 材料。对比研究发现，其中的三嵌段共聚物 P123 起到了良好的模板作用，有效地抑制了纳米粒子之间的团聚，从而形成了丰富的空隙结构。这些空隙结构的存在，明显提升了 $LiMn_2O_4$ 材料的电化学性能，在放电速率为 0.5C 时，其比容量可以达到 131mA·h/g，室温条件循环 1000 次后仍可保持 73.3% 的容量。由于溶胶 – 凝胶体系具有良好的化学均匀性，溶胶 - 凝胶法成为制备复合材料的常用方法，而且得到的材料通常会显示出优异的理化性质。例如，以乙醇和乙酰乙酸乙酯混合溶液为反应媒介，将 $TiCl_4$ 和环氧丙烷溶于其中，然后加入不同剂量的间苯二酚和糠醛，再经过溶胶 – 凝胶过程和超临界干燥，最后将干燥后的凝胶在 800℃条件下、氮气氛围中碳化制得 TiO_2-C 复合材料。研究发现，经该方法制备的复合材料化学组分均匀，TiO_2 纳米粒子尺寸较小 (8 ~ 9nm)，更为重要的是复合材料具备氧空穴含量较高 (7% ~ 18%)、电子 – 空穴复合率低、带隙较窄、反应物扩散快等诸多优点，使材料具有极强的光催化活性。在降解亚甲基蓝的光催化反应中，TiO_2-C 复合材料的催化活性甚至达到了商业产品 P25 的 4.23 倍。

另外，溶胶 - 凝胶法也经常被用来制备涂层和薄膜材料。相比于其他涂层和薄膜材料的制备方法，溶胶 - 凝胶法有其自身的明显优势。首先，其工艺设备简单，无需真空条件或昂贵的真空设备；其次，工艺过程温度低，对于一些高温下易产生相分离的多元体系尤为重要；再次，其可以大面积在各种形状不同材料的基底上制备薄膜，甚至可以在粉末材料的颗粒表面制得包覆膜；最后，比较容易得到均匀多组分涂层，并易于定量掺杂，可有效地控制薄膜成分及微观结构。涂层材料的目的主要是防腐蚀和表面功能化，按其组分大致可分为：无机涂层、有机涂层和无机 - 有机杂化涂层。将计量的 3- 环氧丙氧基丙基三甲氧基硅烷、双酚 A、HCl 和 $Ce(NO_3)_3·6H_2O$ 在室温下搅拌，随后加入 1- 甲基咪唑，得到溶胶溶液。将清洁后的 304L 不锈钢合金浸入上述溶胶溶液，在 25 ~ 130℃条件下凝胶陈化 24h，可以形成具有良好防腐性能的涂层。在制备薄膜材料时，主要有两种方法：浸涂法 (dip coating) 和旋涂法 (spin coating)。其中，浸涂法主要是将基片浸入预制的溶胶溶液中，取出基片后，在特定条件下使表面的溶胶溶液转化成凝胶，制得薄膜材料。该方法因操作简单而被广泛应用，缺点是薄膜材料的可控性较差。而旋涂法则需要借助旋涂仪，将溶胶溶液均匀涂覆在基片表面，虽然操作较为复杂，但是在薄膜的平整度、致密度，以及厚度的精确控制方面具有优势。另外，在制备无机薄膜材料时，凝胶过程中由于溶剂的挥发和颗粒的晶化，经常出现薄膜破裂的现象，这时需要添加一些无机或有机黏结剂，以确保薄膜的完整。

5.2.2 水热合成法

水热合成法是指在密闭体系中，以水为溶剂，在一定温度下，在水的自生压力下，配制的混合物在水热反应釜中进行反应的一种方法。所用的设备通常为聚四氟乙烯衬底的不锈钢反应釜。在水热法中，水处于亚临界或超临界状态，物质在其中的物性和化学反应性均有很大改变，化学反应异于常态。一系列中高温高压水热反应的开拓及在其基础上开发出来的水热合成，已成为目前包括微孔与多孔物质等多数无机功能材料、特种组成与结构的无机物，以及特种凝聚态材料，如纳米态和超微粒、溶胶与凝胶、非晶态、无机膜、单晶等越来越重要的化学合成途径。水热合成化学侧重于水热条件下特定化合物与材料的制备、合成和组装。重要的是，通过水热合成反应可以制得固相反应无法制得的物相或物种，制得结构更精细，性能更完美的物种及功能材料，或者使反应在相对温和的条件下进行。水热合成学的特点可总结如下：

(1) 由于在水热条件下反应物反应性能的改变、活性的提高以及对产物生成的影响，水热合成法在一定程度上有可能代替固相反应，进行难于在一般合成条件下完成的化学合成，也可能根据反应的特点开拓出一系列新的合成方法。

(2) 由于在水热条件下某些特殊的氧化还原中间态、介稳相及某些特殊物相易于生成，因此能合成与开发一系列特种价态、特种介稳结构、特种聚集态的新物相与物种。

(3) 能够使低熔点、高蒸气压且不能在熔体中生成的物质以及高温分解相，在水热低温条件下晶化生成。

(4) 水热的低温、等压与液相反应等条件，有利于生长缺陷少、控制取向与完美的晶体，且相对易于控制产物晶体的粒度与形貌。

(5) 由于易于调节水热条件下的环境气氛与相关物料的氧化还原电位，因此有利于某些特定低价态、中间价态与特殊价态化合物的生成，并能进行均匀地掺杂。

水热合成法可追溯到 19 世纪中期，最早是模仿天然沸石的地质生成条件，使用高温和高压 (大于 200℃和高于 10MPa)，但结果并不理想。真正成功的合成在大约 70 年前，美国联合碳化物公司 (UCC) 的 Milton R M 和 Breck D W 等发展了沸石合成方法：在温和的水热条件 (大约 100℃和自生压力) 下进行，成功地合成出自然界不存在的沸石——A 型沸石和 X 型沸石以及后来的 Y 型沸石。1961 年，Barrer R M 和 Denny P J 首次将有机季铵盐阳离子引入合成体系，有机阳离子的引入允许合成高硅铝比沸石，甚至全硅分子筛，此后在有机物合成体系中得到了许多新沸石和新型微孔晶体。Wilson S T 和 Flanigen E D 等在 1982 年成功合成了磷酸铝系列分子筛 (包括 AlPO-n、SAPO-n、MeAPO-n 和 MeAPSO-n)，进一步拓展了水热合成的应用领域。1992 年，美国的美孚公司在碱性条件下，以长链的有机季铵盐阳离子 [十六烷基三甲基溴化铵 (CTAB)] 为模板，利用水热合成法成功得到了高度有序的介孔分子筛，将水热合成和分子筛研究推向了新的高度。

除了传统的氧化硅基材料以外，水热合成法也被广泛用于复杂金属氧化物和氟化物的制备，如 $M_2Sn_2O_7$ (M = La、Bi、Y、Gd)、ABF_3 (A = Li、K，B = Ba、Mg)、$Ba_5Nb_4O_{15}$、Bi_2MO_6 (M = Mo、W) 等，其合成温度均在 140 ~ 250℃，远远低于它们的固相合成温度 (1000℃以上)。而且由于避免了高温灼烧的过程，所得产物的粒子尺寸也大幅度减小，通常在纳米尺度范围内。Yaghi 等将计量的 $Cu(NO_3)_2 \cdot 2.5H_2O$、4, 4′-

联吡啶、1,3,5- 三嗪溶于去离子水中，在 140℃条件下水热处理 24h，成功得到了具有矩形孔道的金属有机配合物 $Cu(4, 4'-bpy)_{1.5} \cdot NO_3(H_2O)_{1.25}$，将水热合成的范围进一步拓展至金属有机框架材料领域。水热合成体系高温高压的特点，能够加速晶体的溶解与再结晶过程，因此有利于得到完美的单晶材料。

随着纳米科技的不断发展，对纳米材料的需求越来越严格，人们发现通过水热合成法制备的纳米材料无论是在颗粒尺寸还是在分散性上都有很大的提升空间，而且水热体系中无法选择一些容易水解或与水反应的物质作为原料。因此，在水热合成的基础上，逐渐开发了溶剂热合成的方法，其原理与水热合成相同，只不过是利用一些有机溶剂或非水溶媒（如有机胺、醇、四氯化碳或苯等）代替水作为反应介质。与水热体系相比，溶剂热方法具有如下优势：

(1) 能够抑制产物的氧化过程或水中氧的污染。

(2) 可以扩大原料的范围，选择一些有机金属盐作为反应原料。

(3) 有机溶剂沸点较低，利于产物结晶，同时降低反应温度。

(4) 部分有机溶剂（如乙二醇等）能够提供一定的还原特性，完成水热体系中不能进行的反应。

(5) 溶剂热体系中更容易控制物相及产物的分散性，而且得到的材料具有良好的分级结构。例如，将计量的 $Cu(Ac)_2 \cdot H_2O$ 或 $AgNO_3$、十六胺、$InCl_3 \cdot 4H_2O$ 和 CS_2 溶于苯甲醚中，然后将混合溶液转移至反应釜中，在 200℃反应一定时间后，可制得单分散的 $CuInS_2$ 和 $AgInS_2$ 纳米粒子，如图 5-9 所示。更为有趣的是，得到的 $CuInS_2$ 和 $AgInS_2$ 纳米粒子经真空干燥后，并未发生团聚，可重新分散于一些有机溶剂中，这样独特的性质是在水热体系中很难实现的。

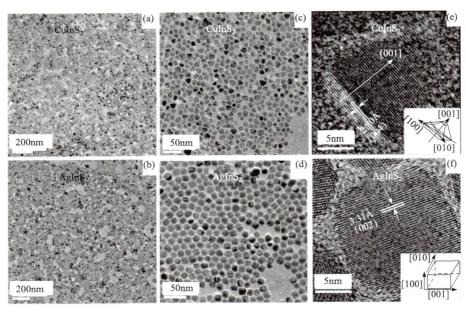

图 5-9   溶剂热方法制备的 $CuInS_2$ 和 $AgInS_2$ 纳米粒子的 TEM 图片

在溶剂热法发展的过程中还发现，溶剂热体系特别适合纳米粒子的自组装，实现分级结构材料的可控制备。最为典型的例子就是 Fe_3O_4 微球的制备，将 $FeCl_3 \cdot 6H_2O$ 溶于乙二醇中，然后加入一定量的 NaAc，待溶液混合均匀后，将混合液移至反应釜内，200℃反应 8 ～ 12h 就可以得到均匀的 Fe_3O_4 微球（约 300nm），而每个 Fe_3O_4 微球又都是由 Fe_3O_4 纳米粒子组装而成。另外，在利用溶剂热方法制备固体材料时，有几种生长机制可以导出特殊结构的微纳米材料，如奥斯特瓦尔德熟化 (Ostwald ripening)、定向附着生长 (oriented attachment) 和柯肯德尔效应 (Kirkendall effect)。奥斯特瓦尔德熟化是指溶液中产生的较小的晶体微粒因曲率较大、能量较高，所以会逐渐溶解到周围的介质中，然后在较大的晶体微粒的表面重新析出，这使得较大的晶体微粒进一步增大。奥斯特瓦尔德熟化是一种经典的形貌演变过程，目前这一过程已经被广泛应用于微纳米材料的制备中。图 5-10 清晰地记录了利用溶剂热方法制备 Bi_2MoO_6 时，Bi_2MoO_6 微球的生长过程。当反应时间为 20min 时，只有一些 30nm 左右的粒子生成；当反应时间延长至 40min 时，一些 1μm 左右的微球开始出现；随着反应继续进行，纳米粒子开始减少，微球含量增多，反应时间达到 4h 时，只剩下一些表面光滑的微球；当反应时间达到 10h 后，可以发现光滑的 Bi_2MoO_6 微球消失了，取而代之的是表面由片状颗粒构成的微球，这是一个典型的奥斯特瓦尔德熟化过程。

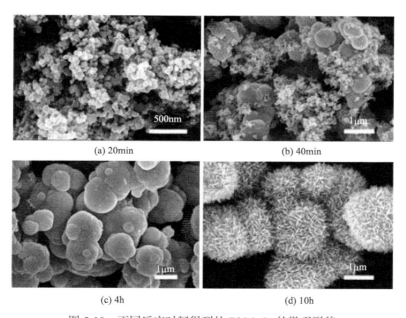

(a) 20min

(b) 40min

(c) 4h

(d) 10h

图 5-10　不同反应时间得到的 Bi_2MoO_6 的微观形貌

定向附着生长是一种新的晶体生长机制，也能形成单晶结构，主要是指多个取向不一致的单晶纳米粒子，通过粒子的旋转使得晶格取向一致，然后通过定向附着生长使这些小单晶长成一个大单晶。这种生长机制形成的单晶特点同奥斯特瓦尔德熟化不同，奥斯特瓦尔德熟化形成的单晶大多是规则的，与材料本身的晶体结构有关，而定向附着生长形成的单晶在形貌上没有限制，任何形状和结构的单晶材料都能通过此反应机理形成。例如，以乙二醇为溶剂，$FeCl_3 \cdot 6H_2O$、NaAc、$Na_2WO_4 \cdot 2H_2O$ 为原料，利用溶剂热方法可以得到片状结构的 $FeWO_4$。随着反应时间的延长，$FeWO_4$ 的微观形貌没有发生明显的改变，只是片的厚度和大小在缓慢增加。分析认为，反应初期乙二醇的还原作用及其对 $FeWO_4$ (100) 晶面的稳定作用，会促使片状的 $FeWO_4$ 纳米粒子迅速形成；然后这些片状纳米粒子会沿着 (100) 晶面堆积生长，自组装形成薄片状的 $FeWO_4$ 微晶；随着时间延长，这种堆积生长的方式继续进行，直至得到片状结构的 $FeWO_4$ 颗粒。需要指出的是，这种定向附着生长机制下得到的 $FeWO_4$ 颗粒始终保持了单晶材料的性质。

柯肯德尔效应原来是指两种扩散速率不同的金属在扩散过程中会形成缺陷，现已成为中空纳米材料的一种制备方法，可以作为固态物质中一种扩散现象的描述。例如，在制备 $MnFe_2O_4$ 的过程中，如果以 Mn_3O_4 纳米片和硬脂酸铁为原料、正辛醇为溶剂，将混合物移至反应釜内，并于 240℃条件下处理 12h，就可以得到具有空心结构的 $MnFe_2O_4$ 纳米片。这主要是溶剂热过程中引入的硬脂酸铁沉积在 Mn_3O_4 纳米片的表面，因此内部的 Mn 元素将不断向外扩散，以形成更为稳定的 $MnFe_2O_4$，故而导致了空心结构的形成。需要说明的是，柯肯德尔效应与之前的奥斯特瓦尔德熟化和定向附着生长两种机制不同，奥斯特瓦尔德熟化和定向附着生长通常发生在水热或溶剂热体系中，而柯肯德尔效应虽然在水热或溶剂热体系中常有报道，但更多是发生在固相反应中。

另外，很多科研工作者在利用水热/溶剂热方法制备材料时，会结合其他的技术方法，较为典型的就是利用微波技术加热。该方法是美国宾州大学 Roy 等于 1992 年提出的，是将传统的水热合成法与微波场结合起来，充分发挥微波和水热的优势。与传统的水热法相比，该方法具有加热速度快、反应灵敏、受热体系均匀等特点，利于快速制备出粒径分布窄、形态均一的纳米粒子，目前该方法已被各国学者广泛使用。

5.2.3　共沉淀法

共沉淀法是指在溶液中含有两种或多种金属阳离子，它们以均相存在于溶液中，通过加入沉淀剂引发沉淀反应后得到各种成分均一的沉淀，它是制备含有两种或两种以上金属元素复合氧化物超细粉体的重要方法。共沉淀法的优点在于：

(1) 通过溶液中的各种化学反应直接得到化学成分均一的粉体材料。

(2) 得到的粉体材料尺度较小，且分布均匀。

共沉淀法的关键在于沉淀剂的选择，常见的沉淀剂有氢氧化物、碳酸盐和草酸盐，如果溶液中的金属阳离子具有相近的沉淀 pH，那么只需要一种沉淀剂就可以得到化学成分均匀的沉淀物质；如果溶液中的金属阳离子沉淀的 pH 相差较大，则需要多种沉淀剂复合使用，使所有金属阳离子能够同时沉淀析出。以 $CoFe_2O_4$ 和 $NiFe_2O_4$ 的制备为例，分别选取了计量的 Co^{2+} 和 Fe^{2+} 或 Ni^{2+} 和 Fe^{2+} 为原料，以草酸钠为沉淀剂，因为 Co^{2+}、Ni^{2+} 和 Fe^{2+} 都极易与草酸根 $(C_2O_4^{2-})$ 生成沉淀，所以得到的沉淀化学成分非常均匀，经高温灼烧后即得 $CoFe_2O_4$ 和 $NiFe_2O_4$ 材料。此时，若用等摩尔量的 Fe^{3+} 代替 Fe^{2+}，则只能得到 CoO 和 NiO，因为 Fe^{3+} 会与草酸根结合形成配合物，无法析出沉淀。

利用共沉淀法制备 $BaFe_{12}O_{19}$ 时，Ba^{2+} 和 Fe^{3+} 形成沉淀的条件迥异，若只用氢氧化物作为沉淀剂，则 Fe^{3+} 在 pH ≈ 4 时就已经完全沉淀，而此时 Ba^{2+} 尚未开始沉淀，导致的结果就是沉淀物严重分相，即便高温煅烧也不能得到晶体结构的 $BaFe_{12}O_{19}$。因此，在制备 $BaFe_{12}O_{19}$ 时，最常用的方法就是采用双沉淀剂，即将氢氧化物与碳酸盐均匀混合后，加入 Ba^{2+} 和 Fe^{3+} 的混合溶液中，使其分别以 $BaCO_3$ 和 $Fe(OH)_3$ 的形式析出，得到均匀的混合物，再经高温灼烧即可得到晶体结构的 $BaFe_{12}O_{19}$。另外，需要指出的是，共沉淀法是层状双金属氢氧化物 (layered double hydroxide，LDH)，也称为水滑石的主要合成方法。此类化合物属于阴离子型层状化合物，层间离子具有交换性，利用层状化合物主体在强极性分子作用下所具有的可插层性和层间离子的可交换性，将一些功能性客体物质引入层间空隙并将层板距离撑开从而形成层柱化合物，并赋予其不同的性质，从而得到一类具有不同功能的新材料，如催化材料。

5.2.4　微乳液法

微乳液是指两种或两种以上互不相溶的液体经混合乳化后所形成的液体，其中分散液滴的直径为 5 ～ 100nm。通常，微乳液是由油相、水相、表面活性剂、助表面活性剂和电解质等组成的透明或半透明的液状体系，其在热力学上相对稳定，并且在宏观上也可认为是均匀体系。根据结构的不同可以把微乳液分成三种类型：O/W(水包油) 型微乳液、W/O(油包水) 型微乳液和双连续型微乳液。在制备固体材料时，由于一些无机盐类物质更易溶解在水相中，因此 W/O 型微乳液是被广泛采用的合成体系。其中的水核被表面活性剂和助表面活性剂所组成的单分子界面层所包围，均匀地分散在油相中，每一个水核都可以被认为是一个微纳米反应器，反应物可在其中均匀混合、充分反应，因此制备的材料常具有尺度较小、分布均匀及大小可控等优点。利用 W/O 型微乳液制备纳米材料时，通常需要配制两个分别溶有反应物 A 和 B 的微乳液，其中一个是含有目标产物的前驱物 (多为金属阳离子)，另一个是含有能与前驱物反应的沉淀剂。两个微乳液混合时，由于胶团颗粒间的碰撞、融合、分离、重组等过程，发生了水核内物质的相互交换或物质传递，引起核内的化学反应 (包括沉淀反应、氧化还原反应、水解反应等)，且产物在水核内成核、生长。当核内的粒子长到一定尺寸时，表面活性剂就会附着在粒子的表面，使粒子稳定并防止其进一步长大。由于水核半径是固定的，不同水核内的晶核或粒子间的物质交换不能实现，所以水核内粒子尺寸得到了控制。另外，决定纳米粒子结构形态的关键因素是微乳液的微观结构，反应的进程及纳米粒子的成核长大都取决于微乳液的水核结构。决定微乳液微观结构的主要因素有油相的种类、水相与油相的比例、表面活性剂的种类与含量、助表面活性剂的种类与含量、反应物浓度等。

微乳液不仅可以用来制备单一材料的纳米颗粒，对于复合材料的合成同样行之有效，而且由于微乳液自身分散不连续的特点，可以较为容易地得到核壳型的复合材料。例如，将预制好的 Au 纳米粒子分散在环己烷溶液中，然后溶液中加入壬基酚聚醚 5(Igepal CO-520) 作为表面活性剂，并依次加入计量的氨水和正硅酸乙酯 (TEOS)，得到稳定的微乳液。反应 5h，可以得到单分散的 Au@SiO$_2$ 核壳型复合材料，而且通过延长反应时间和增加 TEOS 用量，还可以进一步控制 SiO$_2$ 的壳层厚度。同样，微乳液中水核的高度分散性，以及其中化学组分的高度均匀性，使得微乳液法在合金材料和掺杂材料的制备上也显示出了特有的优势。微乳液体系中，还有一种特殊的乳液——皮克林乳液 (Pickering emulsion)，它是由吸附到两相界面的固体微粒稳定的乳浊液。当油水混合时，小油滴形成并分散于水中，最终会发生聚并以降低能量，如果固体粒子被加入混合物，它们将被结合到界面的表面来防止小油滴聚并，从而使乳浊液稳定。目前，这一体系经常被用来合成 Janus 形式的复合材料。例如，利用 Stober 方法先行制备 SiO$_2$ 小球，然后将 SiO$_2$ 小球分散于苯乙烯、1- 乙烯基咪唑和水的混合溶液中，经过超声振荡，在 SiO$_2$ 小球的稳定下得到了皮克林乳液。向乳液中加入计量的甲基丙烯酸 -3- 三甲氧基硅丙酯，在 60℃反应 5h 后，再加入过硫酸钾在 70℃条件下引发聚合，反应 8h 后可以得到 Janus 形式的聚苯乙烯 /SiO$_2$ 复合材料。

5.2.5　电化学方法

电化学方法制备固体材料，是指在外加电流或电位下，溶液中的电活性组分在电极表面发生氧化还原过程，从而实现电沉积或者电聚合，在电极表面得到固体材料。近年来，电化学方法被广泛用来制备微纳米材料，与传统的化学方法相比，其优点在于：

(1) 通过调节电位可以为电极附近的反应分子提供足够的能量，因而能够得到许多化学合成法不能制备的物质，特别是一些具有强氧化性或还原性的材料。

(2) 产物以薄膜或涂层的形式沉积在电极上，沉积层具有独特的高密度和低空隙率，结晶组织取决于电沉积参数，因此所得的材料具有很高的密度和极低的空隙率。

(3) 电位和电流的驱动力可以精确控制，从最强的氧化剂到最强的还原剂，可以连续调节氧化还原强度和反应速率，可以选择反应路径，避免副反应。

(4) 电化学方法无需繁杂的后续处理过程，可以直接获得大量的目标产物，且制备成本相对较低而产率很高。

(5) 设备简单、操作方便、易于控制、反应条件温和、产物污染少，很容易由实验室转向工业化生产。

一般来说，电化学方法可分为阳极氧化法、阴极沉积法和无电沉积法。阳极氧化法是在金属 (如 Al、Ta、Nb、Ti 和 Zr 等) 表面制备氧化物薄膜的一种电解方法。将这些金属作为阳极，浸入液体电解质，加入盐溶液或酸溶液，阳离子被吸引到阳极形成薄层，随着电场强度的增加，更多的阳离子经过氧化物层扩散到金属表面，使氧化物层逐渐增厚。TiO$_2$ 纳米管阵列是阳极氧化法的经典制备物质，目前已被广泛应用于传感器、光催化、光助电解水、染料敏化太阳能电池和固态异质结太阳能电池等诸多领域。通过调变溶剂、电解质、添加物、盐或酸、电位等关键因素，可以有效调节 TiO$_2$ 纳米管阵列的长度、孔径、壁厚等结构参数，第一代 TiO$_2$ 纳米管阵列的长度只有 0.5μm，而目前甚至可以制备出 1000μm 以上的 TiO$_2$ 纳米管阵列，结构上的突破也使得

TiO₂ 纳米管阵列在不同领域的应用性能得到加强。

　　阳极氧化法的另一个重要应用是制备 Al₂O₃ 薄膜，得到的薄膜通常具有较为规整的微观结构，以其为模板可以设计合成各种功能材料，包括光谱材料、磁性材料、半导体材料、铁电材料、电容材料、太阳能电池、碳纳米管阵列、纳米生物酶等。一系列的研究表明，通过阳极氧化法制备的 Al₂O₃ 薄膜具有结构可调变性，其微观结构受电解方法、电解质、电压、铝箔材质等诸多因素的影响。需要指出的是，阳极氧化法不仅可以用来制备无机氧化物薄膜，其对于一些有机组分同样适用。例如，在三电极的电解池中加入 0.1mol/L 的吡咯单体、0.1mol/L 的对甲基苯磺酸和 0.3mol/L 的对甲基苯磺酸钠，选择钽片作为工作电极，利用脉冲直流电和直流电进行吡咯的聚合实验。结果表明，在没有氧化剂的情况下，正极可提供足够的氧化性诱发聚合反应，但是脉冲直流电条件下得到的聚吡咯薄膜表面更为光滑，且具有更好的电化学性能。

　　阴极沉积法是一般电镀的标准方法，将目标产物的金属离子溶于电解液中，用外加电源连接电极，在适合的电位条件下，金属离子将从溶液中析出沉积在阴极。该方法主要用来制备纳米金属材料。例如，将不同比例的 FeSO₄ 和 CoSO₄ 溶于稀硫酸溶液，然后以铜线作为阴极，电流密度为 30A/cm²，反应 20s 之后，可在阴极表面得到黑色疏松的固体，分析表明，黑色固体为 Co-Fe 合金材料，随着 Co 含量的变化，晶体生长的各向异性不断被改变，可得到不同结构的合金材料，如图 5-11 所示。

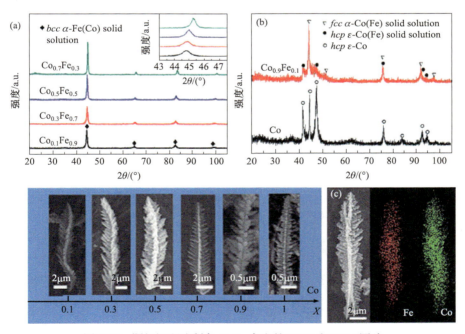

图 5-11　阴极沉积法制备 CoFe 合金的 XRD 和 SEM 图片

　　除了常规的电化学方法，还有一种制备固态材料的方法——无电沉积或化学镀，它是在无外加电流的情况下借助合适的还原剂，使镀液中金属离子还原成金属，并沉积到基体表面的一种方法。与电镀相比，化学镀技术具有镀层均匀、针孔小、不需直流电源设备、能在非导体表面沉积等优点，并且由于化学镀技术废液排放少，对环境污染小及成本较低，在许多领域已逐步取代了电镀。但利用化学镀方法在基体表面进行修饰时，需要事先将基体表面活化。除了传统的表面处理，化学镀方法目前已被广泛应用于微纳米复合材料的制备。

5.2.6   化学气相沉积法

化学气相沉积是反应物质在气态条件下发生的化学反应，通过把一种或几种元素的化合物、单质气体通入放置有基材的反应室，借助空间气相化学反应，使生成固态物质沉积在加热的固态基材表面，进而制得固体材料的工艺技术。它本质上属于原子范畴的气态传质过程。现代科学和技术需要使用大量功能各异的无机新材料，这些功能材料必须是高纯的，或者是在高纯固体材料中掺入某种杂质形成的掺杂材料。但是，许多传统的制备方法如高温熔炼、水溶液中沉淀和结晶等往往难以满足这些要求，也难以保证得到高纯度的产品。化学气相沉积是近几十年发展起来的制备无机材料的新技术，已经广泛用于提纯物质、研制新晶体、沉积各种单晶、多晶或玻璃态无机薄膜材料。这些材料可以是氧化物、硫化物、氮化物、碳化物，也可以是 III - V、II - IV、IV - VI 族中的二元或多元的元素间化合物，而且材料的功能性可以通过气相掺杂的沉积过程精确控制。利用化学气相沉积法制备固体材料时主要具备以下特点：

(1) 沉积反应如在气固界面上发生，则沉积物将按照原有固态基底 (又称衬底) 的形状包覆一层薄膜。

(2) 采用化学气相沉积法也可以制备单一的无机化学材料。

(3) 如果采用某种基底材料，在沉积物达到一定厚度以后又容易与基底分离，可以得到各种形状的游离沉积物。

(4) 在化学气相沉积过程中，如果使沉积反应发生在气相中，而不是在基底的表面上，则可以制备很细的粉末材料，甚至是纳米尺度的颗粒。

最简单的沉积反应是化合物的热分解。热解法一般在真空或惰性气氛下加热衬底至所需温度后，导入反应剂气体使之发生热分解，最后在衬底上沉积出固体材料层。这类反应体系的关键在于源物质和热分解温度的选择。选择源物质时，既要考虑其蒸气压与温度的关系，又要特别注意在不同的热解温度下的分解产物，以确保固相物质仅为所需的沉积物而没有其他杂质。例如，将 NiO 纳米粒子分散在陶瓷片上，并将其置于石英管中，在 375℃ 条件下通入 H_2 将 NiO 还原至金属 Ni，进而将温度升高至 425℃ 并通入乙炔气体，反应 0.5h 后可以得到螺旋状的碳纳米纤维。此类反应多适用于单质材料的制备，其源物质可以为一些低周期元素的氢化物，如 C_2H_4、CH_4、SiH_4、PH_3、AsH_4、B_2H_6 等，也可以为一些键能较小的金属有机物，如三丁基铝 $[Al(C_4H_9)_3]$ 和三异丙基苯铬 $\{Cr[C_6H_4CH(CH_3)_2]_3\}$ 热解可以分别得到金属铝膜和铬膜。另外，部分羰基化物，如 $Pt(CO)_2Cl_2$、$Ni(CO)_4$ 等可用来制备金属单质；部分单氨配合物，如 $GaCl_3 \cdot NH_3$ 和 $AlCl_3 \cdot NH_3$ 等，通过热分解可以用来制备金属氮化物，如 GaN 和 AlN 等。

绝大多数的化学气相沉积都涉及两种或多种气态反应物的相互反应。一个很典型的例子是电子工业中应用四氯化硅氢还原法生长硅外延片，其化学反应方程式如下：

$$SiCl_4 + 2H_2 \xrightarrow{1150\sim1200\,^\circ\mathrm{C}} Si + 4HCl$$

该反应与硅烷热分解不同，在反应温度下其平衡常数接近于 1，在腐蚀过的新鲜单晶表面上外延生长，可以得到缺陷少、纯度高的外延层。另外，如果在混合气体中加入 PCl_3 或 BBr_3 这样的卤化物，也能被氢气所还原，磷或硼可分别作为 N 型和 P 型杂质进入硅外延层，实现所谓的掺杂。与热解法相比，这种含有化学合成的反应具有更为广泛的应用前景，因为可用于热解沉积的化合物并不多，而任意一种无机材料原则上都可以通过合适的反应合成出来。除了制备各种单晶薄膜以外，化学合成反应还可以用来制备多晶态和玻璃态的沉积层，下面是一些代表性的反应体系：

$$SiH_4 + 2O_2 \xrightarrow{325\sim475\,^\circ\mathrm{C}} SiO_2 + 2H_2O$$

$$SiH_4 + B_2H_6 + 5O_2 \xrightarrow{300\sim500\,^\circ\mathrm{C}} B_2O_3 \cdot SiO_2 + 5H_2O$$

$$Al_2(CH_3)_6 + 12O_2 \xrightarrow{450\,^\circ\mathrm{C}} Al_2O_3 + 9H_2O + 6CO_2$$

$$3SiH_4 + 4NH_3 \xrightarrow{750\,^\circ\mathrm{C}} Si_3N_4 + 12H_2$$

$$3SiCl_4 + 4NH_3 \xrightarrow{850\sim900\,^\circ\mathrm{C}} Si_3N_4 + 12HCl$$

$$3SiH_4 + 2N_2H_4 \xrightarrow{700\sim780\,^\circ\mathrm{C}} Si_3N_4 + 10H_2$$

$$2TiCl_4 + N_2 + 4H_2 \xrightarrow{1200\sim1250\,^\circ\mathrm{C}} 2TiN + 8HCl$$

还有一种化学气相沉积反应称为化学输运反应，即把所需物质当成源物质，借助于适当的气体介质与之反应形成一种气态化合物，并把这种气态化合物经化学迁移或物理载带，输运到与源区温度不同的沉积区，发生逆向反应，使源物质重新沉积出来。例如：

$$ZnS(s) + I_2(g) \underset{T_2}{\overset{T_1}{\rightleftharpoons}} ZnI_2(g) + S(g)$$

$$2HgS(s) \underset{T_2}{\overset{T_1}{\rightleftharpoons}} 2Hg(g) + S_2(g)$$

化学输运反应可以有效提高源物质的纯度，并改变源物质的微观结构，但反应前需对源物质的化学热力学性质有充分了解，从而合理设计反应条件。

另外，近年来新兴了一种高精度的化学气相沉积技术——原子层沉积 (atomic layer deposition)，其主要是通过气相前驱体脉冲交替地通入反应器并在沉积基体上化学吸附并反应，形成沉积膜的一种方法。在前驱体脉冲之间需要用稀有气体对原子层沉积反应器进行清洗。相比于普通的化学气相沉积，原子层沉积的优点在于：可以通过控制反应周期数，简单精确地控制薄膜的厚度；前驱体是饱和化学吸附，能够生成大面积均匀性薄膜，无需控制反应物流量的均一性；可以沉积多组分纳米薄层和混合氧化物；薄膜生长可在低温 (室温到 400℃) 下进行；可广泛适用于各种形状的衬底。利用原子层沉积法，在螺旋状碳纳米纤维表面沉积 Al_2O_3/Fe_3O_4 复合层，具体操作如下：先将螺旋状碳纳米纤维 (CNCs) 置于乙醇中超声活化，然后将其滴加在石英片表面，在 200℃条件下，以三甲基铝和水分别作为铝源和氧源，经过 100 次沉积循环，在表面形成

Al_2O_3 涂层，有效提高了螺旋状碳纳米纤维的抗氧化能力；进一步以二茂铁为铁源，以 O_3 为氧源，在 250℃ 条件下，循环沉积 2400 次，得到 Al_2O_3/Fe_2O_3 涂层；最后在 450℃ 混合气氛 (H_2/N_2) 条件下得到 $Al_2O_3/Fe_3O_4/CNCs$ 复合材料。

随着对化学气相沉积技术研究的不断深入，一些内在的缺点逐渐显现，如易引起基体形变和物理性质变化等。为了弥补一些缺点，很多新型的技术手段不断被引入，形成了许多新型的化学气相沉积技术。等离子化学气相沉积 (PCVD) 主要是借助气体辉光放电产生的低温等离子体来增强反应物质的化学活性，促进气体间的化学反应，从而在较低温度下沉积出优质涂层的过程。等离子化学气相沉积按等离子体能量源划分，可分为直流辉光放电 (DC-PCVD)、射频放电 (RF-PCVD) 和微波等离子体放电 (MW-PCVD)。随着频率的增加，等离子在化学气相沉积过程的作用越明显，形成化合物的温度越低。

激光化学气相沉积 (LCVD) 是一种在化学气相沉积过程中利用激光束的光子能量激发和促进化学反应的薄膜沉积方法。激光作为一种强度高、单色性和方向性好的光源，在化学气相沉积中发挥着热作用和光作用。前者利用激光能量对衬底加热，可以促进衬底表面的化学反应，从而达到化学气相沉积的目的；后者利用高能量光子可以直接促进反应物气体分子的分解。利用激光的上述效应可以实现在衬底表面的选择性沉积，即只在需要沉积的地方才用激光光束照射，并获得所需的沉积图形。另外，利用激光辅助化学气相沉积技术，可以获得快速非平衡的薄膜，膜层成分灵活，并能有效地降低化学气相沉积过程的衬底温度。

低压化学气相沉积 (LPCVD) 的压力范围一般为 $1 \times 10^4 \sim 4 \times 10^4 Pa$。由于低压下分子平均自由程增加，气态反应剂与副产品的质量传输速度加快，从而使形成沉积薄膜材料的反应速率加快。同时，气体分子分布的不均匀在很短的时间内可以消除，所以能生长出厚度均匀的薄膜。而且在气体分子运输过程中，参加化学反应的反应物分子在一定的温度下吸收了一定的能量，使这些分子得以活化而处于激活状态，这就使参加化学反应的反应物气体分子间易于发生化学反应，也就是说低压化学气相沉积的沉积速率较高。现利用这种方法可以沉积多晶硅、氮化硅、二氧化硅等。另外，高真空的沉积条件是化学气相沉积的另一个发展方向，目前已出现了超真空化学气相沉积 (UHVCVD)，其生长温度低 (425 ~ 600℃)，但要求真空度小于 $1.33 \times 10^{-6} Pa$，系统的设计制造比分子束外延容易，其优点是能够实现多片生长，反应系统的设计制造也不困难。与传统的外延完全不同，这种技术采用低压和低温生长，特别适合沉积 Sn:Si、Sn:Ge、Si:C、$Ge_x:Si_{1-x}$ 等半导体材料。

5.2.7 一些特殊合成方法

界面合成法是将两种或两种以上的反应物分别溶解在不相混溶的两种溶液中，使反应物在两相界面上发生化学反应。该方法最早出现在 20 世纪 50 年代，主要是用来制备有机聚合物材料，如聚酯、聚苯胺、尼龙、生物蛋白微胶囊等。界面合成法由于操作容易、条件温和、设备简单等优点已引起人们越来越多的重视。特别是近年来，界面合成法已逐步拓展至有机无机杂化材料，甚至是无机物薄膜材料。例如，将苯胺单体溶于 CCl_4 中，随后加入去离子水形成界面，再向水相中加入计量的 $HAuCl_4$，由于苯胺单体的还原电势低于 Au^{3+}，因此随着 $HAuCl_4$ 的加入，引发了苯胺单体的聚合反应，同时 Au^{3+} 被还原成 Au 纳米粒子，如图 5-12 所示。研究过程中还发现，随着反应时间的不同，可以控制聚苯胺表面 Au 纳米粒子的大小，进而影响杂化材料的催化活性。

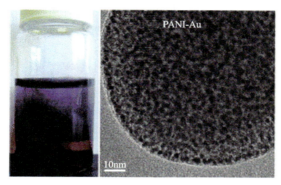

图 5-12　界面合成法制备 Au/PANI 杂化材料过程的光学图片和产物的 TEM 图片

高压合成法就是利用外加高压，使物质产生多晶相转变或发生不同物质间的化合，而得到新相、新化合物或新材料。但是，由于施加在物质上的高压卸掉以后，大多数物质的结构和行为产生可逆的变化，失去高压状态的结构和性质。因此，通常的高压合成都伴随着高温条件，目的是寻求经降温降压以后的高温高压合成产物能够在常温常压下保持其高温高压状态的特殊结构和性能的新材料。自从 1955 年利用高压合成法成功得到人造金刚石以来，高压合成法已得到长足发展，特别是近二十年来，已有数千种新的物相被制备出来。一般来说，以下几种情况会考虑采用高压合成法：

(1) 在大气压条件下不能长出满意的晶体。

(2) 要求有特殊的晶型结构。

(3) 晶体生长需要有高的蒸气压。

(4) 生长或合成的物质在大气压下或熔点以下会发生分解。

(5) 在常压条件下不能发生化学反应而只有在高压条件下才能发生化学反应。

(6) 要求有某些高压条件下才能出现的高价态 (或低价态) 及其他特殊的电子态。

(7) 只有在高压状态下才能出现的特殊性能。

电弧放电法是最早用于制备碳纳米材料的方法，在真空反应室内充入稀有气体氦，采用较粗的石墨棒作为阴极，而较细的石墨棒作为阳极，同时也是所需的碳源。在燃弧过程中 3000 ～ 4000K 的高温下，阳极石墨棒不断被烧蚀气化而消耗，蒸发出的碳粒子在此条件下进行结构重排，部分转化为碳纳米材料。产物主要是阴极表面上的沉积物和反应室内壁的灰尘状产物，其中含有碳纳米管、石墨烯、富勒烯类产物，但产量和纯度均不高，需经过分离提纯才能获得不同的碳纳米材料。这种方法需要复杂的设备和真空系统，导致成本过高，同时制备出的碳纳米材料纯度较低，也是限制其大规模生产和应用的一个重要原因。并且，很难控制产物中碳纳米材料的特性，如直径、长度、手性、层数及一致性等，以及各种结构的含量，所以电弧放电法也在不断改进，包括不同的反应气体和反应媒介，以期在成本较低的情况下得到产量高、纯度高的碳纳米材料，甚至是阳极的构成也不再局限为碳材料，若将阳极更换为一些金属锭，则可以得到一系列的碳基复合材料。

激光直写法利用强度可变的激光束对基片表面的抗蚀材料实施变剂量曝光，显影后在抗蚀层表面形成所要求的浮雕轮廓。激光直写系统的基本工作原理是由计算机控制高精度激光束扫描，在光刻胶上直接曝光写出所设计的任意图形，从而把设计图形直接转移到掩膜上，掩膜是光刻工艺不可缺少的部件，其承载有设计图形，光线透过它，把设计图形透射在光刻胶上，基本工作流程是：用计算机产生设计的微光学元件或待制作的掩膜结构数据；将数据转换成直写系统控制数据，由计算机控制高精度激光束在光刻胶上直接扫描曝光；经显影和刻蚀将设计图形传递到基片上。激光直写法越来越多地被应用到纳米材料的合成领域，特别是薄膜材料上三维结构的构建和人工智能仿生材料的制备。

新颖的制备方法随着科技需求而不断发展，很多新材料的出现并不都是因为发现新的化学反应，新的合成工艺同样有举足轻重的作用，制备方法的更新往往还会促进固体材料理化性能的提升。本章仅列举了一些常见的固体材料（主要是无机固体材料）的制备方法和成功范例，希望能给初级研究者提供一定的理论帮助与参考。

参 考 文 献

胡志强. 2011. 无机材料科学基础教程. 2 版. 北京：化学工业出版社.

马爱琼，任耘，段峰. 2010. 无机非金属材料科学基础. 北京：冶金工业出版社.

杨秋红，陆神洲，张浩佳，等. 2013. 无机材料物理化学. 上海：同济大学出版社.

张克立，张友祥，马晓玲. 2012. 固体无机化学. 2 版. 武汉：武汉大学出版社.

张其士. 2007. 无机材料科学基础. 上海：华东理工大学出版社.

Du W M, Qian X F, Yin J, et al. 2007. Shape- and phase-controlled synthesis of monodisperse, single-crystalline ternary chalcogenide colloids through a convenient solution synthesis strategy. Chemistry: A European Journal, 13(31): 8840-8846.

Han Y, Jiang J, Lee S S, et al. 2008. Reverse microemulsion-mediated synthesis of silica-coated gold and silver nanoparticles. Langmuir, 24(11): 5842-5848.

Kresge C T, Leonowicz M E, Roth W J, et al. 1992. Ordered mesoporous molecular sieves synthesized by a liquid-crystal template mechanism. Nature, 359: 710-712.

Liao M Y, Huang C C, Chang M C, et al. 2011. Synthesis of magnetic hollow nanotubes based on the Kirkendall effect for MR contrast agent and colorimetric hydrogen peroxide sensor. Journal of Materials Chemistry, 21: 7974-7981.

Liu X B, Jia X P, Zhang Z F, et al. 2011. Synthesis and characterization of new "BCN" diamond under high pressure and high temperature conditions. Crystal Growth & Design, 11(4): 1006-1014.

Liu X C, Zhang H W, Lu K. 2013. Strain-induced ultrahard and ultrastable nanolaminated structure in nickel. Science, 342(6156): 337-340.

Liu X G, Li B, Geng D Y, et al. 2009. (Fe, Ni)/C nanocapsules for electromagnetic-wave-absorber in the whole Ku-band. Carbon, 47(2): 470-474.

Minaberry Y, Jobbagy M. 2011. Macroporous bioglass scaffolds prepared by coupling sol-gel with freeze drying. Chemistry Materials, 23(9): 2327-2332.

Rani S, Roy S C, Paulose M, et al. 2010. Synthesis and applications of electrochemically self-assembled titaniananotube arrays. Physical Chemistry Chemical Physics , 12: 2780-2800.

Tang N J, Zhong W, Au C T, et al. 2008. Synthesis, microwave electromagnetic, and microwave absorption properties of twin carbon nanocoils. The Journal of Physical Chemistry C, 112: 19316-19323.

Tian G H, Chen Y J, Zhou W, et al. 2011. Facile solvothermal synthesis of hierarchical flower-like Bi_2MoO_6 hollow spheres as high performance visible-light driven photocatalysts. Journal of Materials Chemistry, 21: 887-892.

Tian N, Zhou Z Y, Sun S G, et al. 2007. Synthesis of tetrahexahedral platinum nanocrystals with high-index facets and high electro-oxidation activity. Science, 316: 732-735.

Wang G Z, Gao Z, Tang S W, et al. 2012. Microwave absorption properties of carbon nanocoils coated with highly controlled magnetic materials by atomic layer deposition . ACS Nano, 6(12): 11009-11017.

Wang J P, Xu Y L, Wang J, et al. 2010. High charge/discharge rate polypyrrole films prepared by pulse current polymerization. Synthetic Metals, 160(17-18): 1826-1831.

Yaghi O M, Li H L. 1995. Hydrothermal synthesis of a metal-organic framework containing large rectangular channels. Journal of American Chemical Society, 117(41): 10401-10402.

Yang Z, Jiang Y, Xu H H, et al. 2013. High-performance porous nanoscaled $LiMn_2O_4$ prepared by polymer-assisted sol-gel method. Electrochimica Acta, 106: 63-68.

Zand R Z, Verbeken K, Adriaens A. 2012. Corrosion resistance performance of cerium doped silica sol-gel coatings on 304L stainless steel. Progress In Organic Coatings, 75(4)：463-473.

Zhang B, Zhao B T, Huang S H, et al. 2012. One-pot interfacial synthesis of Au nanoparticles and Au-polyaniline nanocomposites for catalytic applications. CrystEngComm, 14: 1542-1544.

Zhang Y L, Chen Q D, Xia H, et al. 2010. Designable 3D nanofabrication by femtosecond laser direct writing. Nano Today, 5(5): 435-448.

Zhou Y X, Yao H B, Zhang Q, et al. 2009. Hierarchical $FeWO_4$ microcrystals: Solvothermal synthesis and their photocatalytic and magnetic properties. Inorganic Chemistry, 48(3): 1082-1090.

第6章
功能性固体材料

　　固体材料的种类繁多，来源广泛，与人类的生活和社会经济发展等息息相关，既可以从天然物质直接加工，也可以通过人工合成；包括无机固体材料、有机固体材料及无机－有机二元或多元复合杂化材料等类型。不同类别的固体材料虽然性能迥异，但其功能性主要是由化学组成和结构决定，其性质与用途之间有着密切的联系。伴随科技发展进程，新兴的特殊固体材料，如石墨炔材料、负膨胀材料、纳秒内即可实现多晶态与玻璃态转变的锗锑碲合金相变材料、固体量子旋转液体等层出不穷，难以对其进行细致的一一介绍。本章主要介绍固体材料中表现比较活跃的石墨炔、超导体、压电陶瓷、沸石分子筛及磁性固体材料，使读者对固体材料的组成、结构及性能之间的关系有一个相对全新的认知。

6.1　石　墨　炔

　　碳是地球上最丰富的元素之一，几乎所有生物都是由碳骨架组成的，碳材料在人类社会中得到了广泛的应用。碳是人类最早接触的元素之一，自从人类学会了使用火，碳材料的使用就一直伴随着人类的发展。自从 16 世纪和 17 世纪发现的石墨被用于书写和绘画以来，碳材料就与人类活动结下了不解之缘。碳原子的价层电子排布使其具有许多独特的特性。碳材料在机械性能、电性能、热导率和光学性能等方面表现出与其他材料不同的独特性能。由于碳的特殊电子结构和成键轨道的杂化方式，使之具有许多同素异形体结构。在碳的同素异形体中，不仅存在自然界中最坚硬的材料，而且还有最软的材料，以及绝缘体、半导体和导体良好的热导体、完全吸光的材料和几乎透明的材料等。除了人们非常熟悉的石墨、金刚石和无定形碳之外，碳炔 (或称为卡宾碳、线形碳)、富勒烯、碳纳米管和石墨烯也是碳同素异形体，是碳元素的不同存在方式。

　　自 1885 年，德国有机化学家阿道夫·冯·贝耶尔 (Adolf Von Baeyer，1835—1917)提出碳炔的概念以来，陆续发现了富勒烯、碳纳米管，以及 21 世纪初石墨烯的发现，碳材料几乎一直是人们关注的焦点。近十几年来，科学家致力于石墨烯的研究，有关石墨烯的理化特性和应用研究的论文不断发表。发现石墨烯的两位英国学者也因"关于二维材料石墨烯的开创性实验"，获得 2010 年诺贝尔物理学奖。石墨烯的发现不仅使石墨烯及其衍生物成为研究热点，也引起了二维结构材料研究人员的广泛关注。

随着对石墨烯研究的深入，具有二维拓扑结构的层状材料也越来越受到人们的重视。由于碳元素的独特价电子结构，一直吸引研究人员探索新的碳同素异形体，石墨烯的发现为探索新的碳同素异形体打开了方便之门，填补了碳材料二维结构的空白，使碳材料成为具有零维、一维、二维和三维结构的固体材料。碳原子的价层轨道有三种不同的杂化方式，通过这种杂化将碳原子结合在一起，从理论上分析，是可以设计出各种新颖的全碳网络结构，调控出结构不同的碳同素异形体。目前碳材料的研究主要有石墨烯、碳纳米管等，即 sp^2-sp^3 杂化区域，而 sp-sp^2 杂化碳材料的研究相对较少。

石墨炔是 sp-sp^2 杂化碳同素异形体的代表，是第一个含有 C—C 键、C=C 键和 C≡C 键的碳同素异形体，也是一种最有可能通过人工合成得到的非天然碳同素异形体。sp 杂化形成的 C≡C 键构成的碳链均为线形结构，具有共轭高、无顺反异构体的优点。因此，人们一直渴望得到新的含有 sp 杂化的碳同分异构体，19 世纪末发现的碳炔就是其中的一个重要代表。在合成新型碳材料的过程中，有机化学家对含有碳原子 sp-sp^2 杂化的碳分子网络结构的研究做出了很大贡献，但有机化学家更关注的是单体、二聚体、低聚体结构单元等聚合前体的设计及合成理论的研究。

新的全碳网状结构化合物的设计应遵循：①所设计的网状结构应具有较小的张力，不易转化为稳定的碳同素异形体——石墨或金刚石；②新化合物应具有优良的功能性，可通过表征推断网状化合物的结构和性能。而石墨炔结构的空间位阻小，室温下结构稳定，具有优异的电学和光学性能。理论上可以通过末端乙炔偶联聚合，合成二维扩展石墨炔结构，并通过其结构单元、单体和低聚物的制备和表征推断其可能的最终结构。这表明石墨炔能够满足碳网状化合物的设计原则。2010 年中国科学院李玉良院士首次合成了石墨炔，距今已有十余年，但制备仍然是制约石墨炔发展的重要因素。采用不同的实验方法，有机化学家也合成了许多石墨炔的结构单元、前体及低聚物，但石墨炔的合成方法在结晶度和大面积可控合成方面仍存在许多不足。下面对石墨炔的概念、性质及对已有实验结果做概括性的介绍。

6.1.1　石墨炔的结构

1987 年提出了石墨炔的概念，其名称来源于乙炔键及其结构中的类石墨二维单元。石墨炔也可以看作是一部分结构被碳乙炔单元取代的石墨烯，根据乙炔键的长度，可形成一炔、二炔、三炔等，如图 6-1 所示。石墨烯是全碳结构，其苯环结构二维延伸，分子中同时存在 C—C 键和 C=C 键，而石墨炔分子中除了 C—C 键和 C=C 键外，还存在 C≡C 键。

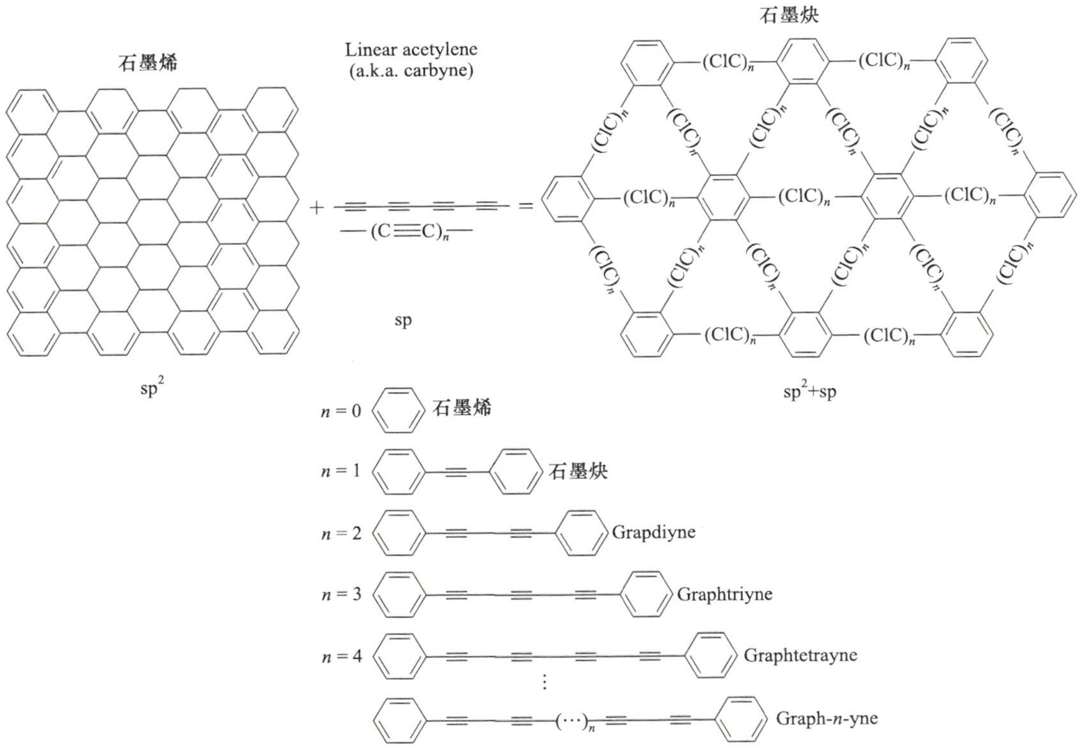

图 6-1   石墨烯到石墨炔的示意图

通过线形乙炔连接芳族基团并进行扩展的正 n- 炔烃分类

石墨炔可看成是由石墨烯的部分 C═C 键变换为 sp 杂化的 C≡C 键组成的。可以简单地认为是用任意数量的 n- 炔，取代石墨烯的多个 C═C 键，引入 n- 炔碳链后的碳分子网络结构中同时含有 sp、sp^2 杂化碳原子。石墨炔中 n- 炔碳链的长度是可变的，从而产生了一系列的石墨 -n- 炔，包括简单石墨炔 (n=1)、石墨二炔 (n=2)，以及石墨三炔、石墨四炔等。即使是石墨烯 (没有炔键的连接) 也可以认为是石墨炔的同素异形体 (n=0)，图 6-1 中右侧图所示的结构，代表了左侧图连续六边形结构的单体部分。

6.1.2   石墨炔的性能

尽管无缺陷石墨炔的合成还有很长的路要走，但理论物理学家和化学家已经对其特性进行了广泛的研究和理论预测，大量关于石墨炔理论研究的论文对后续实验研究有很大的推动作用。在石墨烯基体中引入 sp 杂化的 C≡C 键，合成的石墨炔结构的物质呈现出一些特殊的理化性质：

(1) C≡C 键的引入使得石墨炔具有比石墨烯更大的二维面内空隙率，并且可以通过炔键的数量调整二维结构碳材料空隙的大小，使石墨炔具有选择性的分子吸附或分离的潜在功能。

(2) 因 C≡C 键的引入，石墨炔材料的二维面内空隙率增加，单位面积碳原子数量减少，导致其密度低于石墨烯，而炔键越多，质量就越轻，说明石墨炔是比石墨烯轻的碳材料。

(3) 由于 C≡C 键的长度小于 C—C 键和 C=C 键，且 C≡C 键的键能大，含 C≡C 键的石墨炔材料力学性能会有向好的变化。

(4) C≡C 键的引入增加了碳体系中 π 键的数量，使石墨炔的电子结构、电子性能及热性能等与石墨烯材料有较大不同。

因石墨炔特殊的化学键结构，其力学性能也有较大的变化。虽然石墨炔的密度只有石墨烯的一半，但其层间黏附力和面外弯曲刚度基本与石墨烯处于同一尺度。由于石墨炔材料乙炔基团的内应力作用，其还表现出与石墨烯不同的非线性应力 - 应变行为，热电性能也有较大变化。

(1) 电学性能。根据理论模拟，石墨炔材料的带隙一般为 0.44 ～ 2.23eV。石墨炔沿 "之" 字形方向表现出半导体行为，而沿 "扶手椅" 方向表现出金属行为，这与石墨烯明显不同。在石墨炔中，电导率随乙炔键长度的增加而明显降低，故理论预测石墨炔薄膜可能是一种带隙为 0.46eV 的半导体。石墨炔纳米带在室温下的电子迁移率可达 $10^4 cm^2$ /(V·s) 数量级，远远大于其空穴迁移率。随着宽度的增大，电荷迁移率增大，石墨炔椅形边缘的电荷迁移率比锯齿形边缘的电荷迁移率大。

(2) 热电性能。石墨炔在热电材料领域具有潜在应用前景。与相应的石墨烯纳米带 (GNRs) 相比，石墨炔纳米带 (GYNRs) 具有优越的热电性能 (热电性能值为 GNRs 的 3 ～ 13 倍)。GYNRs 的热电效率随纳米带宽度的增大而减小，随温度的升高而单调增大。在石墨炔结构中，由于非六次对称结构，其导热系数的方向各向异性尤为突出。由于石墨炔中较低的原子密度及较弱的 C—C 键，石墨炔材料导热系数显著降低。石墨炔的导热系数对炔烃键数目不敏感，但与苯环数呈正相关。此外，石墨炔的导热系数也会受到外界应变和温度的影响，石墨炔结构的高可控性优点，成为比石墨烯更有前途的热电材料。外部应变和升温对石墨炔和石墨烯的导热性都有不利的影响，由于石墨炔比石墨烯具有更低的硬度和更高的韧性，所以石墨炔比石墨烯对温度变化更加敏感。石墨炔很容易受到外界应变的影响，特别是在高应变时，可通过应变工程实现石墨炔热电性能因子的调控。

石墨炔还有特殊的磁性能，所有扶手椅形石墨炔纳米带都是非磁性半导体，锯齿形石墨炔纳米带的边缘为磁性半导体基态，具有铁磁阶，两侧的自旋方向相反。石墨炔被过渡金属吸附是制备自旋电子的优良材料。过渡金属原子 (V、Cr、Mn、Fe、Co、Ni) 在石墨炔上的吸附不仅有效地调控了石墨炔体系的电子结构，而且引入了优良的磁性能，可用于自旋极化半导体的研制。纯石墨炔是无磁性的，但石墨炔中的单原子空穴可诱发磁矩。另外，储氢也是石墨炔目前最受关注的性能之一。

6.2　超　导　体

超导体 (superconductor) 也称超导材料，指某一温度下电阻为零的导体。1911 年，荷兰物理学家海克·卡末林·昂内斯 (Heike Kamerlingh Onnes, 1853—1926) 等研究汞在低温下的电阻时，意外发现汞的电阻在 4.2K 附近时突然跳跃式的下降到了一个在当时条件无法测出的极小值，并且电流在撤销外电场后还可以持续流动。后来又陆续发现 Nb、Tc、Pb、La、V、Ta 等十多种金属都存在这种现象。这种在超低温度下失去电阻的性质称为超导电性，相应的这类物质后称为超导体。若用超导金属制成闭合环，通过电磁感应在环中激起电流，那么该电流将在封闭环中维持长达数年之久。虽然 20 世纪 30 年代就建立了超导理论，相继出现了超导微观理论，为超导体的应用研究提供了理论基础，但是实际应用上的突破却在 60 年代后。首次实际应用是将 Nb_3Sn 做成螺线管 (磁场 8.80T，电流密度 $10^5 A/cm^2$)，接着出现了 Nb-Zr、Nb_3Si、$Nb_3(Al_{0.75}Ge_{0.25})$、V_3Si、V_3Ga 和 $PbMoS_8$ 等一系列超导合金和化合物，并逐步形成了一个新的技术领域——超导技术。迄今为止，已发现的超导体种类达上千种，而且元素周期表中的许多金属元素都表现出了超导电性，如图 6-2 所示。超导体在军事、商业等领域已经开展了一系列的实验性应用，作为光子晶体的缺陷材料在通信领域同样有可观的应用前景。本章将着重介绍超导体的基本特征与分类，对比较重要的超导技术应用做简要介绍。

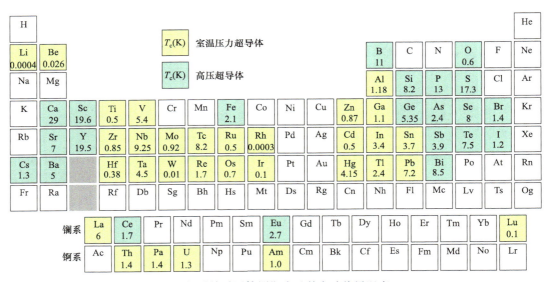

图 6-2　超导单质固体周期表及其实验临界温度 (T_c)

6.2.1　超导体的基本特征

(1) 零电阻效应。

对于超导体，在转变温度以下其电阻突然变为零，这种低温下电阻完全消失的现象称为超导体的零电阻效应。通常把电阻变为零时的二级相变温度称为超导转变温度或者临界温度，用 T_c 表示。金属产生电阻的原因有两方面：一是原子的热运动和声子对电子的衍射，这种电阻随温度的下降而减小；二是晶体缺陷和杂质原子对电子的衍射，它与温度无关。高温时以声子贡献为主，低温时不纯金属以杂质贡献为主，称为剩余电阻。很纯的金属才能看到声子电阻，因此要验证低温下金属电阻与温度的关系，对金属的纯度要求较高。研究表明，超导体发生从常态到超导态相变时，电阻 (R) 消失是在一定温度间隔中完成的，在此温度段中，有三个标志性的转变温度标识，即在电阻随温度变化 (R-T 曲线) 的温段中有：起始转变温度 T_s 为 R-T 曲线开始偏离线性的转折点；中点温度 T_m 为电阻下降到正常态电阻 R_n 的一半时所对应的温度；零电阻温度 $T(R = 0)$ 为电阻降到零时的温度。自海克·卡末林·昂内斯团队发现汞在温度降到 4.2K 附近时进入了零电阻的超导状态，后经物理学家进一步的研究，确定零电阻是超导体的基本特征之一。

(2) 迈斯纳效应。

1933 年，瓦尔特·迈斯纳 (Walter Meissner，1882—1974) 等发现超导体一旦进入超导态，体内的磁通量将会被全部排出体外，磁感应强度 (B) 恒等于零，这种现象称为迈斯纳效应或完全抗磁性。在超导材料的研究初期，人们一直把超导体单纯看成理想导体，即除电阻为零之外，其他一切性质都和普通金属相同。迈斯纳效应展示了超导体与理想导体完全不同的磁性质，使超导研究者对超导体有了全新的认识。

迈斯纳实验表明，无论是先降温后加磁场，还是先加磁场后降温，只要进入超导态，超导体就把全部磁通量排出体外，与初始条件无关，也与过程无关，即超导体内部磁感应强度不仅恒定不变，而且恒定为零，实验研究充分证明了超导体的电学性质 $R = 0$ 和磁学性质 $B = 0$ 是超导体两个最基本的特性，这两个性质既彼此独立又紧密相关。

(3) 临界磁场和临界电流。

当金属已经处于超导态时，若施加足够强的磁场便可使其从超导态转变成为正常态，这种破坏超导电性能所需的最小磁场称为临界磁场，记为 H_c。一般地，临界磁场和温度有如下关系：

$$H_c = H_0 (1-T^2/T_c^2) \qquad T \leqslant T_c \tag{6-1}$$

式中，H_0 为 $T = 0$K 时超导体的临界磁场大小。由式 (6-1) 可知，当 $T = T_c$ 时，$H_c = 0$，随着温度的降低，H_c 逐渐增大，当 $T = 0$K 时达到最大值。

超导体无阻载流的能力也是有限的，当通过超导体中的电流达到某一特定值时，超导体也会重新出现电阻，发生超导态到正常态的转变，电流的这一特定值称为临界电流 I_c。

6.2.2　超导体的分类

按照不同的分类标准，超导体的分类有所不同。通常的分类方法包括以下几种：依据材料对于磁场的响应差异可以把它们分为第一类超导体和第二类超导体；依据解释理论的不同可以把它们分为传统超导体和非传统超导体；依据材料达到超导的临界温度不同，又可以把它们分为低温超导体和高温超导体；还有依据材质不同将它们分为金属超导体、合金超导体、氧化物超导体及有机超导体。本节将主要介绍按照材料对于磁场响应不同而区分的第一类超导体和第二类超导体。

(1) 第一类超导体。

第一类超导体指在常压下具有良好导电性，除铌、钒、钽元素外的纯金属，其意义仅局限于固体物理和超导理论等科研领域。该类超导体除了由过渡到超导态的转变温度 (T_c) 来表征外，尚有以下临界参数和性质：①第一类超导体的临界磁场值不太大，约为 $10^{-2}T$ 的数量级。②在第一类超导体中，电流是在它的表层 (δ 约为 10^{-5}cm) 内流动的，当电流值达到临界值时，超导性也将遭受破坏。事实上，在表面流动的电流会产生一个磁场，相应于临界电流 I_c 的磁场，其值即为临界磁场 (H_c)。所以，临界电流不仅是温度的函数，而且与磁场有密切的关系。③第一类超导体在磁场中过渡到超导态时有潜热发生，属于一级相变。若外磁场为零，物质在临界温度 (T_c) 下转入超导态时没有转变潜热，为二级相变。物质在转变前后两个相的比热容 (C) 有时会有较大的不同，其会在超导转变时

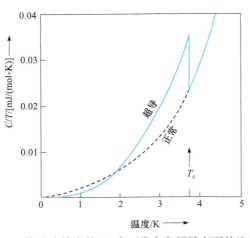

图 6-3　热重法给出的 Sn 在正常态和超导态下的比热容

发生突变，如图 6-3 所示，Sn 在正常态和超导态下的比热容变化。超导态的这种现象，说明两相的晶体结构产生了明显的变化，体现在比热容的不同，即没有相变化时，单位质量均相物质温度每升高 1K 所需热量的区别。

(2) 第二类超导体。

第二类超导体发现于 1930 年，包括纯金属铌、钒、钽和化合物，以及其超导合金，与第一类超导体相比更具实用价值。其特征主要包括：①一般情况下，第二类超导体的临界温度比第一类超导体的临界温度高。②第二类超导体有下临界磁场 (H_{c1}) 和上临界磁场 (H_{c2}) 两个临界磁场。H_{c2} 比 H_{c1} 高一个数量级，而且大部分第二类超导体的 H_{c2} 比第一类超导体的临界磁场 H_c 要高得多，磁场在 H_{c2} 与 H_{c1} 之间时，导体表现出超导态和正常态的混合态。③在磁场小于 H_{c1} 处于超导态时，第二类超导体的性能与第一类超导体相同，处于完全抗磁状态，导体转为正常态，临界电流可以按第一类超导体 I_c 考虑。

以上是对第二类超导体的理论解释，实际的作用情况是比较复杂的。对于第二类超导体磁场介于 H_{c1} 和 H_{c2} 之间，超导态和正常态的混合态时，超导体的正常导体部分会通过磁力线与电流作用产生洛伦兹力，导致磁通在超导体内发生运动损耗能量。在此不进行展开讨论，有需求的可查阅相关书籍。

超导体的应用十分广泛，涉及电机、输电、交通运输、电子计算机、生物工程、医疗和军事等领域。在电力工程方面，超导输电在原则上可以做到没有焦耳热的损耗，能节省大量能源；在交通运输方面，运用超导体产生的强磁场可以研制成磁悬浮列车，

车辆不受地面阻力的影响，车速达 500km/h 以上；在电子工程方面，用超导技术制成各种仪器具有灵敏度高、噪声低、反应快、损耗小等特点，如用超导量子干涉仪可确定地热、石油、各种矿藏的位置和储量；在生物医疗方面，超导磁体可应用于核磁共振成像技术，可分辨早期癌细胞；在军事应用方面，超导储能装置使军事装备发生飞跃的发展，如超导计算机应用于 C_3I 指挥系统，可使作战指挥能力迅速改善。随着超导技术的快速发展，越来越多的超导产品应用于日常生活，在一定程度上改善了人民生活水平，促进了社会进步。

6.3　压电陶瓷

压电陶瓷是在压力作用下在两端面间出现电压的一类晶体材料。研究发现，满足晶体宏观对称性 32 种点群结构的材料，在外电场作用下会表现出一定的介电性；其中20 种没有对称中心点群结构的材料会表现出压电性，即压电效应。具有压电效应的晶体材料称为压电材料，具有压电性能的材料包括单晶、陶瓷、聚合物和复合材料。其中，压电陶瓷是大量晶体的聚集体，尽管单个晶粒表现出压电性，但由于它们在空间的分布是无序的，各个晶粒的压电效应相互抵消，总体上表现不出压电性能，故实际应用的压电陶瓷材料都是经过极化处理的。

6.3.1　压电陶瓷的性质

一般情况下，压电陶瓷的性能主要通过压电性质、介电性质、弹性性质和机电耦合系数等性能参数来评价。压电性陶瓷材料的结构以钙钛矿型为主，为使其表现出宏观的压电特性，必须在压电陶瓷烧成后置于强直流电场下进行极化处理，以调整原来混乱取向的各自发极化矢量沿电场方向择优取向。经过极化处理后的压电陶瓷，在电场取消之后会保留一定的宏观剩余极化强度，从而使陶瓷具有一定的压电性能。压电陶瓷性能对元器件的质量有决定性的影响，优良的压电陶瓷元器件对其有明确的要求，认识和讨论压电陶瓷元器件的关键问题是压电性能，但其他参数也是了解压电陶瓷性能和其广泛应用的重要基础。

(1) 压电性质。

压电性质是某些晶体材料按所施加的机械应力成比例地产生电荷的能力。描述压电体力学量和电学量之间线性响应比例关系的常数称为压电常数，较常用压电常数之一的 d_{33} 值反映压电材料的性能，一般陶瓷的压电常数 d_{33} 值越高，压电性能越好。对于不存在对称中心的异极象晶体，在一定方向上施加机械应力时，除了使晶体发生形变以外，同时还将改变晶体的极化状态，在其两端表面上会产生符号相反的束缚电荷，在晶体内部建立电场。作用力反向时，表面电荷性质反号，而且在一定范围内电荷密度与作用力成正比。这种由于机械力的作用使介质发生极化，将机械能转换为电能的现象称为正压电效应，如图 6-4(a) 所示。如果将一块石英压电晶体置于一定方向的电场作用下，晶体会产生机械形变，晶体内会产生交变电场，当外加交变电压的频率和晶体的固有频率相等时，机械振动的振幅急剧增加。在一定范围内，石英压电晶体的形变与外加电场强度成正比，这就是逆压电效应，如图 6-4(b) 所示。正压电效应和逆压电效应统称为压电效应。

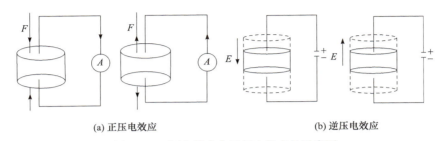

(a) 正压电效应　　　　　　　　　　　　(b) 逆压电效应

图 6-4　正压电效应和逆压电效应的示意图

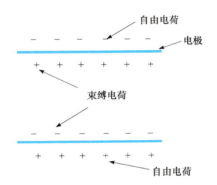

图 6-5　束缚电荷和自由电荷排列示意图

陶瓷是一种多晶体，由于其中各细小晶体的杂乱取向，因而各晶粒间压电效应会互相抵消，宏观不呈现压电效应。压电陶瓷经极化处理后，剩余极化强度会使与极化方向垂直的两端出现束缚电荷 (一端为正，另一端为负)，由于这些束缚电荷作用在陶瓷的两个表面吸附一层来自外界的自由电荷，并使整个压电陶瓷片呈电中性，如图 6-5 所示。当对其施加一个与极化方向平行或垂直的外压力，压电陶瓷片将会产生形变，片内束缚电荷层的间距变小，一端的束缚电荷对另一端异号的束缚电荷影响增强，而使表面的自由电荷过剩，出现放电现象。当所受到的外力是拉力时，则会出现充电现象。

(2) 介电性质。

介电常数是表征压电陶瓷介电性质或者说是反映材料极化性质的一个参数，通常用 ε 表示。应用于不同环境的压电元件，对材料介电常数的要求不同。例如，陶瓷扬声器、送话器等要求材料的介电常数较大；高频压电元件则要求材料的介电常数相对较小。介电常数 ε 与元件的电容 C、电极面积 A 和电极间距离 l 之间的关系见式 (6-2)：

$$\varepsilon = Cl/A \tag{6-2}$$

式中，各变量分别为：电容 C (F)、电极面积 A (m^2)、电极间距离 l (m)、介电常数 ε (F/m)。

有时也使用相对介电常数 ε_r，它与介电常数的关系见式 (6-3)：

$$\varepsilon_r = \varepsilon/\varepsilon_0 \tag{6-3}$$

式中，ε_0 为真空介电常数，其值为 8.85×10^{-12} F/m。

压电元件在工作时总有一部分电能转变成热量。通常把在交流电压作用下，单位时间内因发热而损耗的电能称为电介质的介电损耗。压电陶瓷中引起介电损耗的原因有：外加电压变化时，陶瓷内极化状态的变化跟不上外加电压的变化时，出现的滞后现象而引起介电损耗；由于陶瓷内部存在漏电流或陶瓷结构不均匀，也会引起压电陶瓷内的介电损耗。

(3) 弹性性质。

任何物体在外力作用下都要发生不同程度的弹性形变。而弹性常数就是反映材料弹性性质的参数。压电陶瓷中用得最多的弹性常数是弹性柔顺常数，常用 s 表示。

以长方片状材料为例，说明弹性柔顺常数 s 与应力 T 和应变 S 之间的关系。如图6-6 所示，虚线代表形变前的情况，实线代表形变后的情况。

图 6-6　长方片状材料的形变

在沿方向 1 的伸缩应力 T_1 的作用下，与方向 1 平行的边被拉长，与方向 2 和方向3 平行的边则有所收缩。实验证明，在弹性限度范围以内，方向 1 和方向 2 的应变参数可分别用式 (6-4) 和式 (6-5) 表示。

(a) 沿方向 1 的伸缩应变 S_1 与伸缩应力 T_1 成正比，比例系数为弹性柔顺常数 s_{11}，即

$$S_1 = s_{11}T_1 \tag{6-4}$$

式中，s_{11} 的倒数值为杨氏模量。

(b) 沿方向 2 的伸缩应变 S_2 与伸缩应力 T_1 成正比，比例系数为弹性柔顺常数 s_{12}，即

$$S_2 = s_{12}T_1 \tag{6-5}$$

而 $\sigma = -s_{12}/s_{11}$ 称为泊松比，表示横向相对收缩与纵向相对伸长之比。与此类似，沿方向 3 的伸缩应变与伸缩应力 T_1 成正比，比例系数即为弹性柔顺常数 s_{13}。

应力形变过程比较复杂，若详细分析，还存在 s_{22}、s_{33}、s_{23}、s_{44}、s_{56} 等弹性柔顺常数。若再细分，弹性柔顺常数还有短路弹性柔顺常数：s_{11}^E、s_{33}^E、s_{12}^E、s_{13}^E、s_{55}^E，开路弹性柔顺常数：s_{11}^D、s_{33}^D、s_{12}^D、s_{13}^D、s_{55}^D。短路是在外电路的电阻很小或者是电场强度 $E = 0$（或常数）时的情况；开路是外电路的电阻很大或者是电位移 $D = 0$（或常数）时的情况，在此不作一一介绍。

(4) 机电耦合系数。

不同的振动模式对应的压电陶瓷的机械能与电能之间的耦合关系不同，这种耦合关系通常采用机电耦合系数 (k) 来评价。机电耦合系数是综合反映压电陶瓷性能、压电陶瓷材料机械能与电能之间的耦合和转换能力的一个无量纲的物理量，它的定义为

$$k^2 = \frac{\text{通过逆压电效应转换的机械能}}{\text{输入的电能}} \qquad (6\text{-}6)$$

根据压电陶瓷的几何形状，可以形成各种不同的振动模式，详见表6-1。其中，平面机电耦合系数 k_p，反映薄圆片状材料沿厚度方向极化和电激励，做径向伸缩振动时的机电耦合系数；横向机电耦合系数 k_{31}，反映细长条状材料沿厚度方向极化和电激励，做长度伸缩振动时的机电耦合系数；纵向机电耦合系数 k_{33}，反映细棒状材料沿长度方向极化和电激励，做长度伸缩时的机电耦合系数；厚度伸缩机电耦合系数 k_t，反映薄片状材料沿厚度方向极化和电激励，做厚度方向伸缩振动时的机电耦合系数；厚度切变机电耦合系数 k_{15}，反映矩形板状材料沿长度方向的极化，激励电场的方向垂直于极化方向，做厚度切变振动时的机电耦合系数。

表 6-1 压电陶瓷的振动方式及其机电耦合系数

样品形状	振动方式	机电耦合系数
极化方向 ↑ 薄圆片 ——电极面	沿径向伸缩振动	平面机电耦合系数 k_p
极化方向 ↑ 薄长片 ——电极面	沿长度方向伸缩振动	横向机电耦合系数 k_{31}
极化方向 ↑ 圆柱体 ——电极面	沿轴向伸缩振动	纵向机电耦合系数 k_{33}
极化方向 ↑ 薄片 ——电极面	沿厚度方向伸缩振动	厚度机电耦合系数 k_t
长方片 ——电极面 极化方向 →	沿厚度切向振动	厚度切变机电耦合系数 k_{15}

压电陶瓷性能参数能够在一定程度上反映材料的性能，这些参数的大小即标志着材料性能的优劣。表征压电陶瓷性能的物理量除了上述表征介电性质的介电常数、表征弹性性质的弹性常数、表征压电性质方面的机电耦合系数之外，还有谐振频率、反谐振频率、频率常数、居里温度及密度参数等。

压电效应自发现以来，压电材料仅局限于晶体材料。自20世纪中叶高性能 $BaTiO_3$ 陶瓷的出现，极大地刺激了压电陶瓷材料的研究和开发应用。此后，采用不同添加物改性的锆钛酸铅固溶体发展为占优势的压电陶瓷，但由于铅元素对人体和环境带来不可避免的伤害，逐渐被淘汰。而无铅压电陶瓷因在制备、使用、废弃处理过程中不产生对环境有害的物质，逐渐成为研究的热门。目前，对无铅系压电陶瓷的研究主要在钛酸钡基、钙钛矿结构、铋层状结构、铌钨酸基和钨青铜结构压电陶瓷。为了加深对压电材料结构和组成的认识，下面对钙钛矿结构、钨青铜结构和铋层状结构的压电陶瓷分别进行介绍。

6.3.2　钙钛矿型结构压电陶瓷

大多数重要的压电陶瓷的晶体都是钙钛矿型结构，比较典型的钙钛矿化学通式常为 ABO_3。通式中 A 代表二价阳离子，如 Ca^{2+}、Ba^{2+}、Sr^{2+} 和 Pb^{2+}，或一价阳离子，如 K^+、Na^+，或三价阳离子，如 La^{3+}、Bi^{3+}。B 代表四价阳离子，如 Ti^{4+}、Ar^{4+}，或五价阳离子，如 Nb^{5+}、Ta^{5+} 等。图 6-7(a) 是一个钙钛矿 ABO_3 晶胞，顶角被大半径、低价位的 A 离子占据；体心被小半径、高价位的 B 离子占据；六个面心则被氧离子占据。正、负离子之间互相吸引，使得各离子尽可能紧密地堆积在一起，如果把不同的离子看成是半径不同的小球，则整个晶体就可认为是由许多有规律排列的离子球紧密堆积而成，如图 6-7(b) 所示。如果将六面体上的六个氧原子分别用直线连接起来，就成为一个氧八面体，如图 6-7(c) 所示，所以钙钛矿型结构也常被看成是由氧八面体组成的。

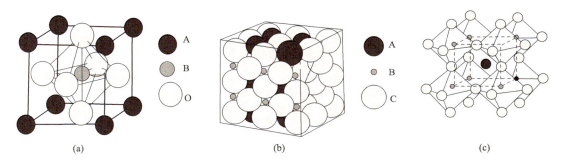

图 6-7　(a) 一个钙钛矿 ABO_3 晶胞；(b) 钙钛矿型结构离子堆积模型；(c) 钙钛矿型氧八面体

钙钛矿型结构中 A 和 B 的配位数分别为 12 和 6。各离子半径在构成钙钛矿结构化合物时，应满足的条件为

$$R_A + R_O = 2 (R_B + R_O)t \tag{6-7}$$

式中，R_A、R_B 分为 A、B 离子的半径；R_O 为氧离子的半径；t 为容忍因子。一般情况下，t 值在 $0.8 \sim 1.1$ 范围时，钙钛矿结构都是稳定的；当 $t > 1$ 时，钙钛矿材料为铁电体；$t = 1$ 时，结构为理想的稳定型钙钛矿结构；$t < 1$ 时，钙钛矿结构则为扭曲的非铁电体。钙钛矿结构型的压电陶瓷可分为钛酸钡基压电陶瓷、锆钛酸铅基压电陶瓷、含铋的钙钛矿型压电陶瓷和铌酸盐系列的压电陶瓷等。

6.3.3　钨青铜结构压电陶瓷

钨青铜无铅压电陶瓷的结构来源于四方钨青铜 $K_{0.75}WO_3$，其是一类特殊的非正比化合物，K^+ 占据四方晶胞的体心空隙，其特征是存在 BO_6 氧八面体，其中 B 为 Nb^{5+}、

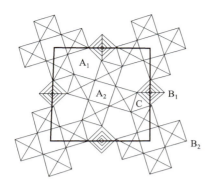

图 6-8 四方钨青铜结构的晶胞在 (001) 面的投影

Ta^{5+} 或 W^{6+} 等，这些氧八面体以顶角相连构成骨架，堆积成钨青铜结构。这些堆垛在垂直于四重轴的平面内，但取向不一致，使不同堆垛的氧八面体之间形成三种不同的空隙，如图 6-8 所示。四方钨青铜结构通式为：$[(A_1)_4(A_2)_2C_4][(B_1)_2(B_2)_8]O_{30}$。

从钨青铜材料晶胞通式可知，其多间隙结构的特殊性为改变钨青铜材料的组分和调节该材料的性能提供了多种可能性。主要的钨青铜结构无铅压电陶瓷体系有：$(Sr_xBa_{1-x})Nb_2O_6$ 基压电陶瓷、$(A_xSr_{1-x})NaNb_2O_{15}$ 基压电陶瓷 (A=Ba、Ca、Mg 等)、$Ba_2AgNb_5O_{15}$ 基压电陶瓷。在一些采用稀土元素改性后的钨青铜结构中，可以获得较高的居里温度 T_c 和相当于锆钛酸铅基陶瓷机电耦合系数的陶瓷。虽然钨青铜结构陶瓷自发极化强度较大、介电损耗低，但其压电系数 d_{33} 一直未得到向好的改善，烧结后致密性低不易极化，还远达不到应用的要求。

6.3.4 铋层状结构压电陶瓷

铋层状结构压电陶瓷具有层状结构，是由二维的钙钛矿层和 $(Bi_2O_2)^{2+}$ 层有规律地穿插交叠而成。这类材料的化学式为 $(Bi_2O_2)^{2+}(A_{m-1}B_mO_{3m+1})^{2-}$，$(Bi_2O_2)^{2+}$ 层夹在 $(m-1)$ 个钙钛矿层之间。其中 A 的配位数为 12，为 B^{3+}、Ba^{2+}、Sr^{2+}、Na$^+$、K$^+$ 及稀土元素等，B 的配位数为 6，为 Ti^{4+}、Nb^{5+}、Ta^{5+}、W^{6+} 等，m 为整数，对应钙钛矿层 $(A_{m-1}B_mO_{3m+1})^{2-}$ 内的氧八面体层数，可在 1 ～ 5 任意取值。图 6-9 为典型的铋层状结构陶瓷 $Bi_4Ti_3O_{12}$ 的晶体结构示意图。

这种铁电陶瓷具有低的介电常数和烧结温度，以及机电耦合系数各向异性明显等特点。因此，铋层状结构陶瓷是适合用于高温、高频领域的陶瓷材料。

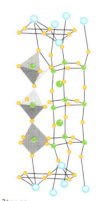

● $(Bi_2O_2)^{2+}$层的Bi　○ $(Bi_2Ti_3O_{10})^{2-}$层的Bi　● Ti

图 6-9　$Bi_4Ti_3O_{12}$ 晶体结构示意图

材料。铋层状结构无铅压电陶瓷体系主要包括 Bi_4TiO_{12} 基压电陶瓷、$MBi_4Ti_4O_{15}$ 基压电陶瓷 (M=Ba、Sr、Ca、Na$_{0.5}$Bi$_{0.5}$、K$_{0.5}$Bi$_{0.5}$)、$XBi_2Z_2O_9$ 基压电陶瓷 (X =Ba、Sr、Ca、Na$_{0.5}$Bi$_{0.5}$、K$_{0.5}$Bi$_{0.5}$；Z =Nb、Ta) 和 Bi_3TiNO_9 基压电陶瓷 (N=Nb、Ta) 等。

无铅系压电材料如钙钛矿型结构、钨青铜结构和铋层状结构等，是目前世界各国正在大力研制开发的压电陶瓷，以保护环境和追求健康。虽然无铅压电陶瓷的开发和研究已经取得了较大的进步，但无铅系压电陶瓷的研究与开发仍任重而道远。

压电陶瓷作为一种功能材料，在日常生活中作为压电元件广泛应用于传感器、气体点火器、报警器、医疗诊断及通信等装置中。它的主要应用大致分为压电振子和压电换能器两大类。前者主要利用振子本身的谐振特性，要求压电、介电、弹性等性能稳定，机械品质因数高；后者是一种利用压电材料进行的能量转换方式。随着压电应用领域的发展，研发满足各种需求的新型压电陶瓷将成为一种必然趋势。例如，研制由单一组分转向多组分组成的压电复合材料，性能更高和能在苛刻环境下使用的材料等。作为现代工业生产中的主要功能材料，压电陶瓷凭借着众多优势得到诸多产业的青睐，如电子技术、航空航天、生物研究等。随着科学技术水平提高，压电陶瓷材料性能将会得到更大提升，并在更多行业中得到应用。

6.4　沸石分子筛

"沸石"和"分子筛"两个词常被混用，常统称为沸石分子筛。沸石最早发现于1756年，因其在灼烧时会产生沸腾现象而得名，是一种含水碱金属或碱土金属的硅铝酸盐矿物，是沸石族矿物的总称。而分子筛常指人工合成的沸石，是在分子水平上筛分有机小分子的类硅铝酸盐结构多孔材料。大多数沸石是由硅氧四面体、铝氧四面体组成，具有一维、二维或三维结构，铝氧四面体之间由硅氧四面体相连，铝原子可置换部分硅氧四面体中的硅，形成铝氧四面体，但2个铝氧四面体不能直接相连。由于硅氧四面体连接的方式不同，在沸石中便形成了很多微孔和孔道，不同沸石有其特定的空洞和孔道直径，孔径的不同导致不同的沸石吸附物质的能力也不同，即所谓的选择吸附性；利用这种特殊的性质可对不同大小的分子或大小相似但物理化学性质不同的有机小分子进行筛分。

目前已经发现的沸石的共同特点是具有架状结构，沸石晶体内存在很多含有水分子的空腔，形态各异，如具有轴状晶体结构的方沸石、菱沸石，板状晶体结构的片沸石、辉沸石，以及针状或纤维状晶体结构的丝光沸石等。纯净的沸石呈现无色或白色，而混入杂质后便会出现各种不同的颜色。失去水分的沸石晶体结构并不会因此而被破坏，还可以重新吸收水或其他液体。

结构决定性能，性能决定其应用，沸石也因其结构特点，在吸附、催化、洗涤及污水处理、土壤改良剂，以及石油化学工业、轻工业、农业、电子工业、医学、能源开发、环境保护、国防、空间技术和超真空技术等领域得到了极大的广泛应用。

6.4.1　沸石分子筛组成和结构

根据沸石的结构可知硅铝酸盐、可交换阳离子和水是组成沸石的三种主要成分。硅氧四面体和铝氧四面体是构成沸石结晶阴离子型架状结构的基本单元，由1个Si或Al离子和周围4个O离子按四面体排列而成。Si或Al离子位于四面体中心，4个O离子占据四面体的4个顶角，如图6-10所示。Si—O离子间距约为0.16nm，O—O离子间距约为0.26nm，硅氧四面体中的Si离子可被Al离子置换，从而形成AlO_4四面体。AlO_4 中的 Al—O 离子间距约为 0.175nm，O—O 离子间距约为 0.286nm。初级结构单元硅氧四面体和铝氧四面体相互连接时遵守如下规则：四面体中的每个 O 原子都共用，相邻的 2 个四面体之间只能共用 1 个 O 原子，2 个 AlO_4 四面体不直接相连。这种硅氧四面体和铝氧四面体相互结合，形成存在空洞的立体网状结构，而且纵横交错的孔道连通了这些大空洞。铝氧四面体带负电，这是因为铝原子是三价的，致使铝氧四面体中一个 O 原子的电价不能得到中和，从而产生不平衡的电荷，因此必须引入带正电的离子以保持铝氧四面体的中性。这些离子一般是碱金属和碱土金属离子，如 Na^+、Ca^{2+} 及 Sr^{2+}、Ba^{2+}、K^+、Mg^{2+} 等。沸石的化学组成因种类不同而有很大差异，其结构式为 $A_{x/q}[(AlO_2)_x(SiO_2)_y] \cdot nH_2O$，其中：A 为 Ca^{2+}、Na^+、K^+、Ba^{2+}、Sr^{2+} 等阳离子，q 为阳离子价数，n 为水分子数，x 为 Al 原子数，y 为 Si 原子数，y/x 通常为 1～5，(x+y) 是单位晶胞中四面体的个数。阳离子的置换对结构影响很小，但影响沸石的吸附、离子交换和催化等性能。

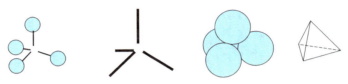

图 6-10　沸石分子筛的初级结构单元

　　沸石的硅（铝）氧骨架中的孔道是由不同数量的四面体环组成的，四面体彼此通过氧桥（即其共用顶角）相互连接形成环。由 4 个四面体组成的环称为四元环，由 5 个四面体组成的环称为五元环，依次类推还有六元环、八元环、十元环、十二元环及十八元环等。图 6-11 所示的是次级结构单元示意图。四元环和六元环可简化为四边形和六边形，每个角顶有 1 个 Si 离子或 Al 离子。每条边的中心有 1 个 O 离子，环的中心是 1 个孔。各种环的孔径不同，如图 6-12 所示，如四元环的孔直径是 0.1nm，六元环的孔直径为 0.22nm，八元环的孔直径为 0.8～0.9nm。

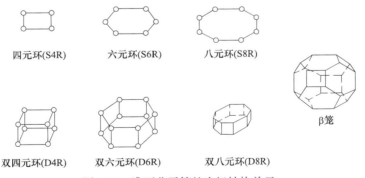

四元环(S4R)　　六元环(S6R)　　八元环(S8R)

双四元环(D4R)　　双六元环(D6R)　　双八元环(D8R)　　β笼

图 6-11　沸石分子筛的次级结构单元

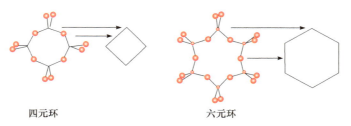

四元环　　　　　　　　六元环

图 6-12　硅氧四面体成环的多边形

这里再简单介绍一下笼的概念：三维空间的多面体是构成沸石分子筛的主要结构单元，也就是所谓的笼。环与环之间相互连接，可以形成各种类型的笼，见表 6-2。各种笼的组合在空间按一定方式作周期性重复排列，形成分子筛的晶体结构。分子筛材料的基本结构基元通过桥氧键连接形成具有不同结构的多元环，称为次级结构单元 (SBU)。

表 6-2　组成沸石分子筛骨架的基本结构单元

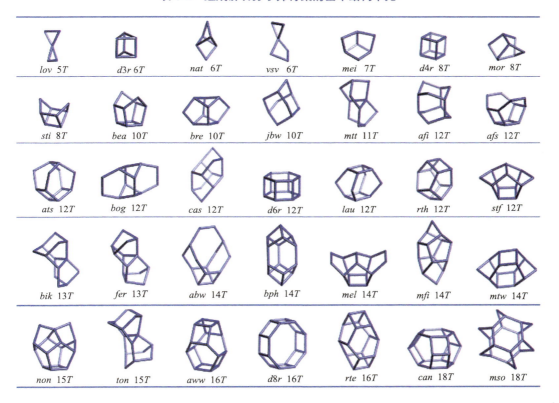

总的来说，目前研究的沸石分子筛主要分为硅铝型和非硅铝型，其中硅铝型沸石又可分为 A 型沸石、八面体沸石、丝光沸石、ZSM-5、ZSM-11、SSZ-23 等，接下来介绍几种具有特殊结构的硅铝型和非硅铝型沸石分子筛。

6.4.2 硅铝型沸石分子筛

(1) A 型沸石分子筛。

A 型沸石分子筛常用 LTA 表示，理想的晶胞组成是 $Na_{96}[Al_{96}Si_{96}O_{384}] \cdot 216H_2O$，其基本组成单元为含 192 个正四面体，相当于 8 个 β 笼，分别位于立方体的顶点上，以四元环通过 T—O—T 键相互连接，围成一个 26 面体笼，即 α 笼。LTA 是互相垂直的三维孔道体系，主孔道为八元环，直径约 0.42nm，而 α 笼的最大直径为 1.14 nm。A 型沸石晶胞中每个 β 笼有 12 个 Na^+，其中 8 个分布在六元环附近，4 个分布在 3 个八元环附近。阳离子的改变会使孔道直径发生变化，如 KA 0.3nm、NaA 0.4nm、CaA 0.5nm。晶胞中的水分子处于 β 笼和 α 笼中，在 β 笼中，水分子与沸石骨架表面的氧原子形成氢键，而在 α 笼中，水分子几乎是以液体状态的方式存在。A 型沸石的硅铝比为 1 ∶ 1，如图 6-13 所示。

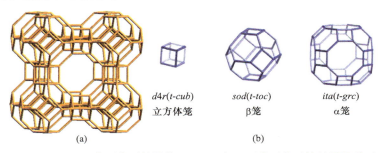

d4r(t-cub) 立方体笼　　*sod(t-toc)* β笼　　*ita(t-grc)* α笼

(a)　　　　　　(b)

图 6-13　(a)A 型沸石分子筛结构；(b) 组成 A 型沸石分子筛的结构单元

(2) 八面体沸石分子筛。

八面体沸石分子筛常用 FAU 表示，理想的晶胞组成 X 型为 $Na_{86}[Al_{86}Si_{106}O_{384}] \cdot 264H_2O$，而 Y 型为 $Na_{56}[Al_{56}Si_{136}O_{384}] \cdot 264H_2O$。其基本结构单元为 8 个 β 笼，按金刚石晶体方式排列，金刚石结构中每个碳原子由 β 笼替代，相邻的 β 笼通过六元环以 T—O—T 键相互连接，围成一个 26 面体笼，即八面沸石笼，或称超笼。FAU 具有与金刚石晶体结构类似的三维孔道体系，主孔道为十二元环，孔口直径为 0.7～0.8nm，八面沸石笼的最大直径为 1.18nm。其中的阳离子一般分布在比较确定的位置，影响因素有吸附的水分子、沸石表面的 OH^- 基团及阳离子的种类。X 型沸石的硅铝比为 1.1～1.5，而 Y 型沸石的硅铝比大于 1.5，如图 6-14 所示。

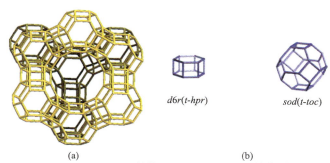

d6r(t-hpr)　　*sod(t-toc)*

(a)　　　　　　　　　(b)

图 6-14　(a)FAU 的结构；(b) 组成 FAU 的结构单元

(3) 丝光沸石分子筛。

丝光沸石分子筛常用 MOR 表示，理想的沸石晶胞组成为 $Na_8[Al_8Si_{40}O_{96}] \cdot 24H_2O$，主要是以五元环为结构特征，由五元环和四元环组成的链状结构围成八元环和十二元环的层状结构。层状结构层叠起来形成丝光沸石，但每层上的原子并不在一个平面上，而且层与层之间也不是正对着的，相互之间有一定的位移。丝光沸石分子筛的主孔道为椭圆形的十二元环直筒形孔道，孔径约为 0.65nm×0.70nm，主孔道之间有八元环孔道，八元环孔道尺寸为 0.26nm×0.57nm。丝光沸石分子筛的孔道体系是二维的。晶胞中有 8 个阳离子，4 个位于主孔道周围的八元环孔道中，另外 4 个位置不固定。硅铝比约为 10，如图 6-15 所示。

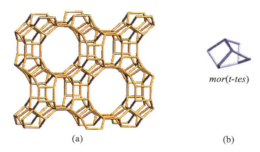

(a)　　　　　　　(b)

图 6-15　(a)MOR 的结构；(b) 组成 MOR 的结构单元

(4) ZSM-5 型沸石分子筛。

ZSM-5 型沸石分子筛常用 MFI 表示，理想的沸石晶胞组成为 $Na_m[Al_mSi_{96-n}O_{192}] \cdot 16H_2O$，由 8 个五元环组成的结构单元通过共边连接成链状结构，然后扩展成层状，这样层叠起来形成 ZSM-5，如图 6-16 所示。ZSM-5 的主孔道窗口为十元环，孔道体系是三维的，骨架中平行于 c 轴方向的十元环孔道呈直线形，孔径约为 0.51nm×0.55nm；平行于 a 轴方向的十元环孔道呈 "Z" 字形，其拐角为 15° 左右，孔径约为 0.53nm×0.56nm。ZSM-5 沸石分子筛的硅铝比可高达 50 以上，还有纯硅分子筛 Silicalite-Ⅰ (MFI) 和 Silicalite-Ⅱ (MEI)。ZSM 沸石家族已有超过 50 种的结构，其中最重要的是 ZSM-5、ZSM-11、ZSM-8 和 ZSM-35 型。

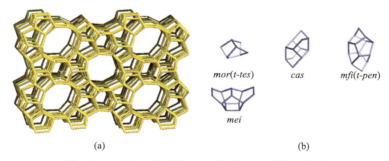

(a)　　　　　　　(b)

图 6-16　(a)FMI 的结构；(b) 组成 FMI 的结构单元

6.4.3　非硅铝型分子筛

1982 年，美国 U.C.C. 公司的 Wilson S. T. 与 Flanigen B. M. 等成功合成出非硅铝型磷酸铝系列分子筛 $AlPO_{4-n}$。其结构中首次不含硅氧四面体，而是由铝氧四面体 (AlO_4、AlO_5 和 AlO_6) 和磷氧四面体组成，铝氧四面体和磷氧四面体互相交替排列，其结晶组成可用氧化物的摩尔比表示：$xR \cdot Al_2O_3 \cdot P_2O_5 \cdot yH_2O$，其中 R 是在合成中起模板作用的有机胺或季铵盐。磷酸铝分子筛具有中等的亲水性，$AlPO_{4-n}$ 的骨架呈电中性，没有可交换的阳离子，孔径和孔容范围宽，水热稳定性好。

一般采用水热合成法合成磷酸铝分子筛。在合成过程中，模板剂具有重要的作用，如果不加模板剂，就得不到具有微孔结构的 $AlPO_{4-n}$ 分子筛。磷酸铝分子筛的整个骨架呈弱酸性，是优异的催化剂载体，引入金属组分后，可制成优良的烃类转化催化剂。其具有吸附性能，可从有机物中优先吸附水，用于有机溶剂及 Ar、H_2、O_2 和 N_2 等气体的干燥。磷酸铝分子筛遵守 Löwenstein's 规则，即在硅铝酸盐分子筛结构中两个铝氧四面体不共角，铝与铝四面体不相邻；在磷酸盐骨架结构中，铝是不能和二价或者三价金属原子相邻，以及磷不能与硅或磷相连，$AlPO_{4-n}$ 分子筛骨架中不含硅氧四面体，不存在硅铝分子筛中由硅铝连接成的小孔径环。磷酸铝分子筛是由 AlO_4 四面体和 PO_4 四面体交替连接组成，具有孔道结构或笼形结构的三维空旷骨架材料，比硅铝酸盐型分子筛更容易形成大孔或超大孔结构。超大孔磷酸铝分子筛 VPI-5 具有十八元环孔道，尺寸约为 1.3nm，如图 6-17 所示。

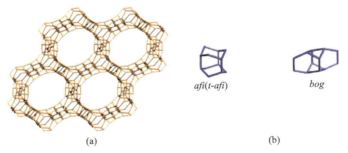

图 6-17　(a) 磷酸铝分子筛 VPI-5 结构图；(b) 组成 VPI-5 的结构单元

21 世纪以来，文献报道了 200 余种磷酸铝开放骨架化合物，它们均含有阴离子骨架结构，铝磷比 (Al/P) 小于 1，具有丰富的组成计量比和结构的多样性。合成出的系列 IST-1(PON)、SSZ-51(SFO) 和 STA-15(SAF) 磷酸铝分子筛具有新颖分子筛拓扑结构，如图 6-18 所示。

在磷酸铝分子筛合成中引入占据骨架中 Al 或 P 位置的杂原子可以产生 Brønsted 酸中心或催化活性中心，使其在酸催化等方面具有潜在的应用价值。金属元素的引入主要分为以下两种情况：其一是金属杂原子与模板剂中的氮原子配位，或同晶取代骨架元素 Al、P 原子并存在骨架上；其二是金属杂原子与有机胺形成配合物，也可以离子或氧化物形式进入孔道中。目前已有 20 多种金属元素被引入磷酸铝分子筛中，金属杂

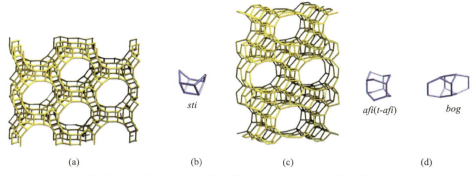

图 6-18　(a)SSZ-51 结构图；(b) 组成 SSZ-51 的结构单元；(c)STA-15 结构图；(d) 组成 STA-15 的结构单元

原子磷酸铝分子筛可简写为 MAPO(M 为引入的金属元素)，杂原子的引入丰富了骨架组成，拓展了分子筛结构类型。由于 M—O 与 Al—O 和 P—O 的键连情况不同，可形成拓扑结构的分子筛，通过构筑形成的分子筛的拓扑结构丰富了新颖分子筛骨架类型。在研究合成杂原子磷酸铝分子筛中，制备出了系列具有新颖沸石拓扑结构的化合物，如磷酸铝镁 UiO-28 (OWE 结构)、Mg-STA-7 (SAV 结构) 和磷酸铝钴 SIV-7 (SIV 结构) 等，详见表 6-3。

表 6–3　具有新颖沸石结构的金属磷酸铝分子筛

结构	空间群	环数	化合物名称	分子式
ATN	$I4/mmm$	8 6 4	MAPO-39	$|H_n^+|[Mg_nAl_{8-n}P_8O_{32}]$
ATS	$Cmcm$	12 6 4	MAPO-36	$|H^+|[MgAl_{11}P_{12}O_{48}]$
SAV	$P4/nmm$	8 6 4	Mg-STA-7	$|(C_{18}H_{42}N_6)_{1.96}(H_2O)_7|[Mg_{4.8}Al_{19.2}P_{24}O_{96}]$
JSW	$Pbca$	8 6 4	CoAPO-CJ62	$|(C_5N_2H_{16})_4|[Co_8Al_{16}P_{24}O_{96}]$
SIV	$Cmcm$	8 4	SIZ-7	$[Co_{12.8}Al_{19.2}P_{32}O_{128}]$

　　沸石分子筛最初的应用是作为吸水剂，经过多年的探索与研究，20 世纪初，在发现其具有离子交换性能后，沸石分子筛用作化工业的净水剂，以及基于介孔分子筛的非酶电化学传感器检测水污染物和各种疾病生物标志物。随着沸石分子筛催化性能的发现，其在化工及石油炼制方面作为催化剂发挥着极为重要的作用。科技的进步与发展，不断地拓宽了沸石分子筛的应用领域。由于沸石分子筛具有生物活性、生物稳定性和良好的生物相容性，因此在生命科学、医药等领域也发挥着重要的作用。目前已被临床用作止血药物的组分，还可以作为胃保护药物、抗氧化剂等；部分沸石对癌细胞具有抗增殖和促凋亡作用，可用于肿瘤治疗；沸石也可以作为氧库，改善血管和皮肤组织功能和伤口愈合的细胞性能；作为骨组织工程支架材料，沸石可以向细胞内输送氧气，刺激成骨细胞分化；在人体骨植入金属材料时，耐腐蚀沸石薄膜起到了对金属材料非常好的抗腐蚀保护效果，并改善了这些植入物的骨结合。利用沸石分子筛的特殊结构，其在药物输送、不对称催化合成等方面也具有潜在应用。

<h1 style="text-align:center">6.5　磁　性　材　料</h1>

磁性材料是指在磁场中有某种响应的功能材料。按照物质在外磁场中表现出的磁性强弱，可将其分为抗磁性物质、顺磁性物质、铁磁性物质、反铁磁性物质和亚铁磁性物质。大多数材料是抗磁性或顺磁性物质，它们对外磁场反应较弱。铁磁性物质和亚铁磁性物质是强磁性物质，通常所说的磁性材料即指强磁性材料。磁性材料可制成转换、传递、存储能量和信息的各种磁性器件，在地矿探测、海洋探测以及能源、生物、空间新技术中得到广泛应用，与信息化、自动化、机电一体化、国民经济的各方面密切相关。

6.5.1　磁性材料的性质

磁性材料内部可分成很多微小的区域，每一个微小区域为一个磁畴，每一个磁畴都有自己的磁矩(即一个微小的磁场)。一般情况下，各个磁畴的磁矩方向不同，磁场互相抵消，所以整个材料对外不显磁性。若将不显磁性的材料放入强磁场，其在外磁场作用下各个磁畴的磁矩方向会逐渐趋于一致，使材料显示出一定的磁性，此现象即为磁化。但不是所有材料都可被磁化，只有少数金属及金属化合物能产生较强的磁化现象。磁性材料的应用基础就是基于材料的磁化性能，也就是材料的磁化强度对外磁场的响应特性，这种响应特性可以用磁化曲线和磁滞回线表征。通过研究材料的磁化曲线和磁滞回线，可以分析磁性材料的内禀性能。

(1) 磁化曲线。

磁化曲线用来表示磁通密度 (B) 或者磁化强度 (M) 与磁场强度 (H) 之间的非线性关系。磁化理论常用 M-H 关系判断磁性材料性能，工程技术中多采用 B-H 关系评价磁性材料的性能。

图 6-19(a) 是 B-H 磁化曲线的实验测量方法示意图。在磁中性的环形材料样品上缠绕初级线圈 N_1 和次级线圈 N_2，N_1 的两端接直流电源，N_2 的两端接电子磁通计。当初级线圈通电源后，产生沿磁环轴向的磁场，磁性材料样品就会被磁化。假设磁化强度为 M，那么样品产生的磁通密度 $B = \mu_0(M + H)$(其中 μ_0 为真空磁导率)。随着初级线圈上电流的不断增大，电子磁通计便会检出相应的磁通大小，从而得到样品的 B-H 关系曲线。

根据 $B = \mu_0(M + H)$，可推导出 M-H 曲线。图 6-19(b) 给出了典型铁磁性材料的 M-H 和 B-H 关系曲线。在 M-H 曲线中，M 随着磁场 H 的增加而急剧增大，并逐渐趋近于一个定值 M_s，此定值称为饱和磁化强度；在 B-H 曲线中，B 随 H 的增加而增大，趋近于某值时，见图中 c 点，B 几乎不再增加，即相当于达到了饱和，称为饱和磁通密度 B_s。不同的磁性材料有着不同的磁化曲线，其磁通密度的饱和值也不相同，但同种材料的饱和值是一定的。

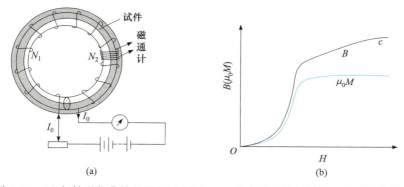

图 6-19　(a) 起始磁化曲线的测量示意图；(b) 典型铁磁性材料的两种磁化曲线图

(2) 磁滞回线。

磁性材料在磁场中磁化时，从磁化强度 $M=0$ 开始，逐渐增大磁场强度 H，磁化强度 M 将随之增加，直至到达磁饱和状态 M_s。材料磁化到饱和以后，逐渐减小外磁场，对应的 M 值也随之减小，由于材料内部存在各种阻碍 M 转向的机制，M 并不沿着初始磁化曲线返回。当外部磁场减小到零时，材料仍保留部分磁化强度，称为剩余磁化强度，用 M_r 表示，简称剩磁。反方向增加磁场，M 继续减小，当反向磁场达到一定数值时，$M=0$，此时的磁场强度称为内禀矫顽力，记作 $_MH_C$。内禀矫顽力是衡量磁体抗退磁能力的一个物理量，是表示材料中的磁化强度 M 退到零的矫顽力。矫顽力不仅可以表征磁性材料保持磁化状态的能力，还可以作为划分软磁材料和永磁材料的重要依据，一般软磁材料的矫顽力小于 1000A/m，而永磁材料的矫顽力大于 1000A/m。M 变为零后，进一步增大反向磁场，材料中的磁化强度方向将发生反转，随着反向磁场的增大，M 在反方向逐渐达到饱和状态。反向饱和磁化后，再重复上述步骤，M 的变化与上述过程相对称。外加磁场 H 从正向最大到负向最大，再回到正向最大这个过程中，M-H 形成了一条闭合曲线，称为磁滞回线，如图 6-20 所示。

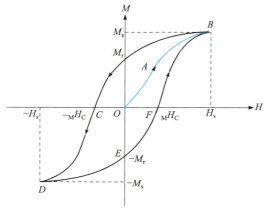

图 6-20　磁性材料的磁滞回线图

工程技术中一般采用 B-H 磁滞回线评价材料的磁性能，B-H 磁滞回线中剩余磁通密度 (B_r)、饱和磁通密度 (B_s)、磁感矫顽力 ($_BH_C$) 与 M-H 磁滞回线中剩余磁化强度

(M_r)、饱和磁化强度 (M_s)、内禀矫顽力 $(_MH_C)$ 相对应。值得注意，磁感矫顽力指的是磁体在反向磁场的作用下，磁感应强度降为零，但此时磁体本身的磁化强度并不为零，若撤去外磁场，磁体仍具有一定的磁性；而内禀矫顽力则是指使磁体的磁化强度也降为零所需施加的反向磁场强度。

6.5.2　磁性的分类

实际上，任何物质在外磁场作用下都能被磁化，只是磁化的程度不同。容易被磁化的物质具有很强的磁性，而大部分不易被磁化的物质磁性很弱，因此只有部分物质能够表现出磁性材料的性能。按照物质在磁场作用下磁化强度 M 与磁场强度 H 的比值，即磁化率 (χ) 的大小，将物质分为抗磁性、顺磁性、铁磁性、反铁磁性和亚铁磁性五种类型。

(1) 抗磁性：在外磁场的作用下，电子轨道动量矩绕磁场进动，产生与外磁场方向相反的附加磁矩，使 χ 为负值，一般为 10^{-5} 数量级，表现出对抗外磁场的磁现象。抗磁性材料 χ 的大小与温度、磁场均无关，其磁化曲线为一直线。在磁场作用下任何物质都会产生抗磁性效应，但抗磁性很弱。从原子结构分析，呈现抗磁性的物体由满电子层结构的原子、离子或分子组成，如稀有气体、水及绝大多数有机物等物质中才表现出来。

(2) 顺磁性：无论外加磁场是否存在，原子内部都存在永久磁矩。但无外加磁场时，由于原子做无规则热振动，宏观上表现无磁性。在外磁场作用下，原子磁矩的角度分布发生变化，沿着接近于外磁场方向作择优分布，感生出与外磁场同向的磁化强度，表现出微弱的磁性。顺磁磁化率 $\chi > 0$，但数值很小，仅为 $10^{-6} \sim 10^{-3}$ 数量级。顺磁性物质主要包括某些稀土金属 (如 La、Ce、Pr)，某些金属 (如 Sc、Ti、Cr)，过渡元素的化合物 (如 $MnSO_4 \cdot 4H_2O$) 及某些气体 (如 O_2、NO、NO_2) 等。

(3) 铁磁性：如同顺磁性物质，铁磁性物质内部也有很多未配对电子。由于交换作用，这些电子的自旋趋于与相邻未配对电子的自旋呈相同方向。又由于铁磁性物质内部分为很多磁畴，磁畴与磁畴之间，磁矩的方向与大小都不相同。所以，未被磁化的铁磁性物质，其净磁矩与磁化矢量都等于零。当施加外磁场时，这些磁畴的磁矩趋于与外磁场呈相同方向，从而形成磁化矢量与感应磁场。随着外磁场的增加，磁化强度也会增加，直到"饱和点"，净磁矩等于饱和磁矩。这时，再增加外磁场也不会改变磁化强度。当减弱外磁场时，磁化强度也会减弱，但是不会与前面同一外磁场的磁化强度相同，也就是说磁化强度与外磁场的关系不是一一对应关系，外加磁场移去后，仍可保留极强的磁性。铁磁性物质的磁化率 $\chi > 0$，数值在 $10^1 \sim 10^6$ 数量级。铁磁性物质存在磁性变化的临界温度 (居里温度)，当温度低于居里温度时，呈铁磁性，而当温度高于居里温度时，呈现顺磁性。铁磁性物质主要包括某些金属 (如 Fe、Co、Ni、Gd) 及这些金属与其他元素的合金 (如 Fe-Si)、少数稀土元素的化合物 (如 EuO、$GdCl_3$) 等。

(4) 反铁磁性：反铁磁性物质中的磁性离子构成的晶格可以分为两种相等而又相

互贯穿的次晶格，这两种次晶格中的磁性离子自旋存在反向趋势。这类物质的磁化率在某一温度存在极大值，该温度称为奈尔温度 T_N。当温度低于 T_N 时，两种次晶格中的磁性离子自旋接近相反，表现为反铁磁性；当温度高于 T_N 时，反铁磁性物质表现出正常顺磁性物质的相似性质。反铁磁性物质磁化率 $\chi > 0$，一般在 $10^{-5} \sim 10^{-3}$ 数量级，类似顺磁性表现。反铁磁性物质大多数是离子化合物，主要包括过渡金属氧化物（如 MnO、FeO、CoO)、过渡金属卤化物（如 MnF_2、$FeCl_2$、$NiCl_2$) 及过渡金属硫化物（如 MnS)。

(5) 亚铁磁性：在无外加磁场的情况下，磁畴内由于相邻原子间电子的交换作用或其他相互作用使它们的磁矩在克服热运动的影响后，处于部分抵消的有序排列状态，以致还有一个合磁矩。亚铁磁性物质的宏观磁性与铁磁性相似，仅仅是磁化率低一些，为 $10^0 \sim 10^3$ 数量级。典型的亚铁磁性物质为铁氧体。

表 6-4 给出了各类型对应的一些物质的磁化率，从表中的数据可知，不同类型磁性物质的磁化率有较大的差别。其中，铁磁性材料的磁化率最大，具有较强的磁性，在实际应用中最为广泛，下面仅对铁磁性材料做进一步介绍。

表 6-4　一些物质的磁化率

磁性类型		元素或化合物	磁化率 χ
抗磁性		Cu	-1.0×10^{-5}
		Au	-3.6×10^{-5}
		Hg	-3.2×10^{-5}
弱磁性	顺磁性	Li	4.4×10^{-5}
		Na	0.62×10^{-5}
		Al	2.2×10^{-5}
	反铁磁性	MnO	0.69
		FeO	0.78
		Cr_2O_3	0.76
强磁性	亚铁磁性	Fe_3O_4	约 10^2（相对磁导率）
		各种铁氧体	约 10^3
	铁磁性	铁晶体	约 10^6（相对磁导率）
		钴晶体	约 10^3
		镍晶体	约 10^6

6.5.3　铁磁性材料

铁磁性材料是用途极为广泛的一类磁性材料，有必要对其进行深入了解。不同的铁磁性材料磁滞现象的程度不同，磁滞回线瘦窄，面积较小的磁性材料一般为软磁性材料；而磁滞回线水平方向较宽，材料的剩磁和矫顽磁力较大，也就是磁滞回线面积大的磁性材料一般为永磁材料。

(1) 软磁材料：指能迅速响应外磁场的变化、低损耗地获得高磁感应强度的磁性材料。软磁材料具有低矫顽力和高磁导率，既容易受外加磁场磁化，又容易退磁，广泛应用于电力工业和电子设备中。在电力工业中，从电能的产生、传输到利用的过程中，软磁材料起着能量转换的作用。在电子工业中，从通信、自动控制、电视、电子计算技术到微波技术，软磁材料起着信息的变换、传递及存储等作用。常见的软磁材料主要包括金属软磁材料、铁氧体软磁材料和软磁复合材料三大类。

金属软磁材料是磁性材料中应用很广的一类，常用的金属软磁材料有电工纯铁、硅钢、坡莫合金、非晶纳米薄带及铁铝合金等，其中最为典型的代表就是以铁和铝为主要成分的铁铝合金。铁铝合金具有独特的优点：通过调解铝的含量，可以获得满足不同要求的软磁材料；具有较高的电阻率，1J16 铁铝合金的电阻率可达 $150\mu\Omega\cdot cm$，约为 1J79 铁镍合金电阻率的 $2\sim 3$ 倍，是目前所有金属材料中最高的一种；具有较高的硬度、强度和耐磨性；合金密度低，可以减轻磁性元件的铁芯质量；对应力不敏感，适于在冲击、振动等环境下工作；具有较好的温度稳定性和抗核辐射性能；价格低廉，常用来作为铁镍合金的替代品。铁铝合金常用于磁屏蔽、小功率变压器、继电器、微电机、讯号放大铁芯、超声波换能器元件、磁头。此外，还用于中等磁场工作的元件，如微电机、音频变压器、脉冲变压器、电感元件等。

铁氧体软磁材料是指在弱磁场下，既易磁化又易退磁的铁氧体材料。它是由 Fe_2O_3 和二价金属氧化物组成的化合物。和金属软磁材料相比，铁氧体软磁材料最大的优势是电阻率高。一般金属软磁材料的电阻率为 $10^{-6}\Omega\cdot cm$，而铁氧体的电阻率为 $10\sim 10^8\ \Omega\cdot cm$，为金属磁性材料的 $10^7\sim 10^{14}$ 倍。铁氧体的另外一个特点就是成本低廉，并能用不同成分和不同制造方法制备各种性能的材料，特别是可以用粉末冶金工艺制造形状复杂的元件。与金属软磁相比，铁氧体软磁材料的不足之处在于：饱和磁化强度偏低，一般只有纯铁的 $1/5\sim 1/3$；居里温度较低，磁特性的温度稳定性一般不及金属软磁材料。锰锌铁氧体 (MnZn 铁氧体) 是应用最广、生产量最大的铁氧体软磁材料，也是低频性能最好的铁氧体软磁材料，可以用作通信设备、测控仪器、家用电器及新型节能灯具中的宽频带变压器、微型低频变压器、小型环形脉冲变压器和微型电感元件等更新换代的电子产品。

软磁复合材料是指由绝缘介质包覆的磁粉压制而成的软磁材料，在国内又称磁粉芯。相比于金属软磁材料和铁氧体，软磁复合材料在我国发展起步较晚，但是目前已经占据了很大的市场份额。软磁复合材料的磁性能，结合了金属软磁材料和软磁铁氧体的优势。软磁复合材料因为有绝缘层的存在，电阻率较高，同时由于其粉末采用的是铁磁性颗粒，饱和磁通密度高，所以软磁复合材料可以同时满足高频 (kHz ～ MHz) 使用和体积小型化的需求。此外，软磁复合材料是由磁粉压制而成，可以加工成环形、E 型、U 型等，满足不同的应用场合。

(2) 永磁材料：指经过外加磁场磁化，在去掉外磁场后仍能长期保留较高剩余磁性，并能经受不太强的外加磁场和其他环境因素干扰的磁性材料。这类磁性材料能够长期保留剩磁，故称为永磁材料，又因具有较高的矫顽力，能经受不太强的外加磁场干扰，又称硬磁材料。利用永磁体磁极的相互作用可以实现机械能或声能和电磁能的相互转换，制成多种功能器件，利用磁极间的相互作用力可实现磁传动、磁悬浮、磁起重、磁分离等；利用磁场对物质产生的各种物理效应，如磁共振效应、磁光效应、磁霍尔效应等，制造核磁共振成像仪、霍尔探测器等。从材料的组成和结构角度出发，典型的永磁材料有金属永磁材料、铁氧体永磁材料和稀土系永磁材料等。

金属永磁材料是一类发展和应用都比较早的合金型永磁材料，又称永磁合金。在环保节能的新时代，永磁合金在机械能和电磁能量转换中发挥了重要作用，利用其能量的转换功能和各种磁的物理效应，如磁共振效应、磁力效应、磁阻尼效应等，可将其制成各种功能器件。金属永磁材料种类很多，根据形成高矫顽力机理的不同，可将金属永磁材料分为几类：淬火硬化型磁钢、析出硬化型磁钢、时效硬化型永磁和有序硬化型永磁。淬火硬化型磁钢主要包括碳钢、钨钢、铬钢、钴钢和铝钢等。该类磁钢的矫顽力主要是通过高温淬火手段，把已经加工过的零件中的原始奥氏体组织转变为马氏体组织来获得。淬火硬化型磁钢矫顽力和磁能积都比较低，这类永磁体已很少使用。析出硬化型磁钢大致有三类：Fe-Cu 系合金，主要用于铁簧继电器等方面；Fe-Co 系合金，主要用于半固定装置的存储元件；还有一类就是 Al-Ni-Co 系合金，其中又以铝镍钴永磁合金最为著名，它是金属永磁材料中最主要、应用最广泛的一类。时效硬化型永磁合金的矫顽力通过淬火、塑性变形和时效硬化的工艺获得。典型的时效硬化型永磁合金有 α- 铁基合金、铁锰钛合金和铁钴钒合金等。这类合金机械性能较好，可以通过冲压、轧制、车削等手段加工成各种带材、片材和板材等。有序硬化型永磁合金包括银锰铝、钴铂、铁铂、锰铝和锰铝碳合金。这类合金的显著特点是在高温下处于无序状态，经过适当的淬火和回火后，由无序相中析出弥散分布的有序相，从而提高了合金矫顽力。这类合金一般用来制造磁性弹簧，小型仪表元件和小型磁力马达的磁系统等。另外，铁铂合金具有强烈的耐腐蚀性，因而可用于化学工业的测量及调解腐蚀性液体的仪表中。

铁氧体永磁材料是一类具有亚铁磁性的金属氧化物。与金属永磁材料相比，铁氧体永磁材料的优点在于：矫顽力 H_c 大、质量轻、原材料来源丰富、成本低、耐氧化、耐腐蚀。铁氧体永磁材料的缺点则是剩余磁化强度较低，温度系数大，较脆易碎。在铁氧体磁性材料中，磁铅石型的钡（锶）铁氧体 ($BaO \cdot 6Fe_2O_3$，$SrO \cdot 6Fe_2O_3$)，称为 M 型钡锶铁氧体材料，是铁氧体永磁材料的典型代表。钡铁氧体最早于 1952 年成功制备，由于它不含镍、钴等战略物资，且具有较高的磁能积，具有广泛应用。铁氧体永磁材料主要用作各种扬声器和助听器等电声电讯器件、电子仪表控制器件、微型电机的永磁体和微波铁氧体器件。

稀土系永磁材料是稀土元素（如 Sm、Nd、Pr 等）与过渡金属（如 Fe、Co 等）所形成的一类高性能永磁材料。在元素周期表里，稀土元素是 15 个镧系元素的总称。需要指出的是，人们常把 ⅢB 副族元素 Sc 和 Y 也列入稀土元素之中。稀土元素未满电子层为 4f，由于受到 5s、5p、6s 电子层的屏蔽，受晶体场的影响小，其轨道磁矩未被"冻结"，因而原子磁矩大。由于轨道磁矩的存在，自旋磁矩与轨道磁矩间的耦合作用很强，表现在稀土永磁合金的磁晶各向异性和磁弹性很大。同时，稀土永磁合金的晶体结构为六方晶系和四方晶系，因此具有强烈的单轴各向异性，这是稀土永磁获得高矫顽力的基础。20 世纪 60 年代开发的以 $SmCo_5$ 为代表的第一代稀土永磁材料和 70 年

代开发的以 Sm_2Co_{17} 为代表的第二代稀土永磁材料都具有良好的永磁性能，其最大磁能积 $(BH)_{max}$ 分别达到 147.3kJ/m^3 和 238.8kJ/m^3。但是 Sm-Co 合金中含有战略物资金属钴和储量较少的稀土元素钐，存在原材料价格高和供应不足问题，发展受到很大影响和制约。1983 年开发出了具有单轴各向异性的金属间化合物 $Nd_2Fe_{14}B$（四方结构），并制成了 $(BH)_{max}$ 达 446.4kJ/m^3 的高磁能积 Nd-Fe-B 磁体，开创了第三代稀土永磁材料。钕铁硼磁体兼具高剩磁、高矫顽力、高磁能积、低膨胀系数等诸多优点，最大磁能积理论值高达 512kJ/m^3。与前两代稀土永磁不同，Nd-Fe-B 磁体为铁基稀土永磁，不用昂贵和稀缺的金属钴，而且钕在稀土中含量也比钐丰富 5～10 倍，因而原料相对丰富。随后，人们一直在努力探索，试图发现性能更加优异的第四代稀土永磁材料。以 Sm-Fe-N 为代表的新型结构稀土永磁材料和双相纳米晶复合永磁材料是比较有开发潜力的稀土永磁材料，但目前综合磁性能仍然不如第三代 Nd-Fe-B 磁体。烧结钕铁硼材料已在计算机、航空航天、核磁共振、磁悬浮等高新技术领域得到了广泛应用，随着科技的进步和社会的发展，烧结钕铁硼磁体的社会需求逐年增加。我国稀土资源十分丰富，稀土储量占世界总储量的 80%，大力开发及应用 Nd-Fe-B 永磁材料具有广阔的前景。

永磁材料、软磁材料、铁磁材料等磁性材料是人类社会文明和国民经济发展的重要基础材料，覆盖诸多高新技术，如稀土永磁材料技术、永磁铁氧体技术、非晶软磁材料技术、软磁铁氧体技术、磁性材料专用设备技术等领域，全球产业群庞大。随着电子、电气工业的快速崛起，我国已经成为全球最大的磁性材料生产、消费国，磁性材料也成为国民经济中的支柱产业之一。

功能性固体材料是新材料领域的核心，种类繁多，用途广泛，涉及信息技术、生物工程技术、能源技术、环保技术等现代高新技术，是国民经济发展与国防建设的基础和先导，有着十分广阔的市场前景与重要的战略意义。由于篇幅所限，本章仅选取了石墨炔、超导体、压电陶瓷、沸石分子筛及磁性材料几种典型的功能性固体材料进行了浅显的介绍，希望能给初级研究者提供一定的参考与借鉴。

参 考 文 献

陈宏 . 2019. 压电陶瓷及其应用 . 西安：陕西师范大学出版社 .

崔彬，成彬，胡季帆 . 2021. 电场调控磁性的研究进展：材料、机制与器件 . 科学通报，66(16)：2042-2060.

杜晓明 . 2015. 微孔沸石储氢理论与模拟 . 北京：国防工业出版社 .

李昆，程宏飞 . 2019. 沸石分子筛的合成及应用研究进展 . 中国非金属矿工业导刊，(3)：7.

刘永长，马宗青 . 2009. MgB_2 超导体的成相与掺杂机理 . 北京：科学出版社 .

门阔，赵鸿滨，魏峰，等 . 2021. 磁性传感材料与器件研究进展 . 材料导报，35(15)：15056-15064.

彭晓领，葛洪良，王新庆 . 2020. 磁性材料与磁测量 . 北京：化学工业出版社 .

商云帅 . 2020. 沸石分子筛合成与吸附性能研究 . 北京：化学工业出版社 .

田民波 . 2019. 图解磁性材料 . 北京：化学工业出版社 .

汪济奎，郭卫红，李秋影 . 2014. 新型功能材料导论 . 上海：华东理工大学出版社 .

肖丰收，孟祥举 . 2019. 沸石分子筛的绿色合成 . 北京：科学出版社 .

张克立，张友祥，马晓玲 . 2012. 固体无机化学 . 2 版 . 武汉：武汉大学出版社 .

Bar N K, Emst H, Jobic H, et al. 1999. Combined quasi-elastic neutron scattering and NMR study of hydrogen diffusion in zeo-lites. Magnetic Resonance in Chemistry, 37(13): S79-S83.

Jareman F, Hedlund J, Creaser D, et al. 2004. Modelling of single gas permeation in real MFI membranes. Journal of Membrane Science, 236(1/2): 81-89.

Chen S K, Glowacki B A, MacManus-Driscoll J L, et al. 2004. Influence of *in situ* and *ex situ* ZrO_2 addition on the properties of MgB_2. Superconductor Science & Technology, 17(2): 243-248.

Gao X, Liu H B, Wang D, et al. 2019. Graphdiyne: synthesis, properties, and applications. Chemistry Society Review, 48: 908-936.

Li X, Li B H, He Y B, et al. 2020. A review of graphynes: properties, applications and synthesis. New Carbon Materials, 35(6): 619-629.

Li Y J, Xu L, Liu H B, et al. 2014. Graphdiyne and graphyne: from theoretical predictions to practical construction. Chemical Society Reviews, 43: 2572-2586.

Liu Z, Deng L J, Peng B. 2021. Ferromagnetic and ferroelectric two-dimensional materials for memory application. Nano Research, 14: 1802-1813.

Mortazavi B, Shahrokhi M, Madjet M E, et al. 2019. N-, B-, P-, Al-, As-, and Ga-graphdiyne/graphyne lattics: first-principles investigation of mechanical, optical and electronic properties. Journal of Materials Chemistry C, 7: 3025-3036.

Rui X F, Sin X F, Xu X L, et al. 2005. Doping effect of nano-YBCO additive on MgB_2. International Journal of Modern Physics B, 19(1n03): 375-377.

Sani S S, Mousavi H, Asshabi M, et al. 2020. Electronic properties of graphyne and graphdiyne in tight-binding model. ECS Journal of Solid State Science and Technology, 9(3): 031003.

Schuring D, Jansen A P J, Van Santen R A. 2000. Concentration and chain-length dependence of the diffusivity of alkenes in zeolites studied with MD simulation. Journal of Physical Chemistry B, 104(5): 941-948.

Soltanian S, Delfany M, et al. 2005. Effects of nano-sized BN doping on the phase formation, T_c and critical current density of MgB_2 superconductor. Journal of Metastable and Nanocrystalline Materials, 23: 113-116.

Wang J P. 2020. Environment-friendly bulk $Fe_{16}N_2$ permanent magnet: Review and prospective. Journal of Magnetism and Magnetic Materials, 497: 165962.

Zhao Y, Zhang J, Peng Y Q, et al. 2021. Research progress of magnetic materials in microbial fuel cell applications. IOP Conference Series: Earth and Environmental Science, 687(1): 012102.

Zhou J Y, Li J Q, Liu Z F, et al. 2019. Exploring approaches for the synthesis of few-layered graphdiyne. Advanced Materials, 31(42): 1803758.

第7章
固体材料表征技术

固体材料表征技术是固体材料科学研究领域的重要组成部分，是研究固体材料组成、结构、性能等相关信息的重要环节，为固体材料制备工艺的改进提供了依据，也为固体材料科学理论的发展和新材料的发现提供了有力支撑。固体材料表征的主要内容一般包括几个方面：固体材料的表面微观形貌，固体材料的化学组成及其空间分布，固体材料的内部精细结构(样品的结晶性或非结晶性、晶系、晶胞和晶胞参数、键型)，固体材料的不完整性(缺陷、堆垛层)，以及影响固体材料功能的光、电、磁性能等。

然而，针对某种固体材料进行以上的全部表征需要花费大量的时间和精力，而且并非每种表征得到的信息对于了解固体材料的性质和用途都是必需的。因此，要依据固体材料的性质和用途，快速甄别、选取相关的表征内容，以便了解固体材料的相关信息。这就要求研究人员对固体材料表征技术有较为全面的认识。由于近年来科学技术的快速发展，固体材料表征技术推陈出新的速度也大大加快，很难将所有固体材料表征技术全面涵盖。本章将结合最新发表的文章，力求将一些常用且较新的固体材料表征技术，以及部分特殊的技术手段呈现在读者面前，使读者在熟悉仪器功用的同时，掌握科研发展的前沿方向，为固体材料的初级学习人员及研究工作的科研人员提供一定的参考和帮助。除与仪器研发相关专业外，大多数科研人员及在校研究生对仪器结构及工作原理并不十分关注，面对复杂的仪器构造和工作原理也往往会望而却步。读者往往更关心表征技术在自己所从事研究领域的作用。所以，与以往仪器分析的书籍不同，本章在有限的篇幅内不再过多赘述复杂的仪器结构及工作原理，着重介绍样品的制备方法及仪器功能和应用分析，这样对于快速掌握仪器表征技术将更为有益。如有对仪器结构及具体工作原理感兴趣的读者，可查阅其他相关仪器分析专著。

固体材料表征过程中可能涉及的测试技术及获取的相关信息见表7-1，表中列出了一些固体材料表征技术所能获取的材料相关信息，帮助读者快速锁定相关表征方法，提高学习及科研效率。但表格中只给出固体材料表征技术所能提供的大致信息，各种表征技术间的具体差异还需读者根据需要仔细辨别，如扫描电子显微镜和透射电子显微镜均能给出材料形貌，但扫描电子显微镜给出的是材料表面的三维像，而透射电子显微镜给出的则是二维衬度平面像，但后者的分辨率更高。因此，读者要根据自己的科研需要灵活运用表格总结的相关表征信息。

表 7-1　固体材料表征技术相关信息一览表

表征技术	材料形貌	尺度分析	元素（组分）分析	元素（组分）分布	元素（组分）定量	晶体结构	晶体缺陷	化学态	键型	电子结构
扫描电子显微镜	●	●	●	●	◐	○	○	○	○	○
透射电子显微镜	●	●	●	●	◐	●	●	○	○	○
原子力显微镜	●	●	○	○	○	◐	◐	○	○	◐
扫描隧道显微镜	●	●	○	○	○	●	●	◐	●	●
显微拉曼光谱仪	◐	◐	◐	◐	◐	◐	◐	◐	◐	◐
显微红外光谱仪	◐	◐	◐	◐	◐	◐	◐	◐	●	○
紫外-可见分光光度计	○	◐	◐	●	○	◐	◐	◐	◐	○
X 射线粉末衍射仪	○	◐	◐	◐	◐	◐	◐	◐	◐	○
X 射线光电子能谱仪	○	◐	●	◐	◐	○	○	●	●	●
俄歇电子能谱仪	○	◐	●	●	◐	○	○	◐	◐	●
正电子湮没技术	○	○	◐	○	◐	●	●	○	●	●
电子顺磁共振波谱仪	◐	○	○	◐	○	○	○	◐	◐	○
核磁共振波谱仪	○	○	●	○	●	●	●	●	●	◐
固体材料质谱仪	○	○	◐	◐	●	◐	◐	●	◐	○
中子衍射技术	○	○	○	○	○	●	●	○	○	○

注：表中符号：●表示能完全实现，○表示不能实现，◐表示不能完全实现。

7.1 电子显微分析技术

电子显微镜 (electron microscope)，简称电镜，是指利用电磁场偏折、聚焦电子及电子与物质作用后所产生的散射，研究物质构造及微细结构的电子光学装置。其利用高速运动的电子束代替光学显微镜中的光波，因此具有非常强大的分辨能力，是目前为止最直观的探测物质内部和表面结构的一种表征手段。随着科技的不断进步，电子显微镜目前可以配备不同的附件，从而衍生出很多附加功能，如能量色散 X 射线谱 (X-ray energy dispersive spectrum，EDS)、电子能量损失能谱 (electron energy loss spectroscopy，EELS) 及相关成像功能，可以对样品的形貌、微结构、相成分、化学成分、化学键等多方面信息进行细致分析，电子显微镜已经成为多领域、多学科所共同依赖的重要表征手段。2017 年诺贝尔化学奖授予了三位冷冻电镜专家，使电子显微镜技术受到空前关注。常用的电子显微镜有透射电子显微镜 (transmission electron microscope，TEM) 和扫描电子显微镜 (scanning electron microscope，SEM) 两种。电子显微技术虽然在成像分辨率、各种组成及结构的分析上，功能都比较强大，但其分析采用的是高能电子光学成像，电子本身虽然质量小，容易加速成高能粒子，提高分辨率，而电子是带有电荷的，其运动就会形成电场或磁场，若所测样品具有磁性，必会产生相互作用，造成测试结果的不确定性，甚至准确性非常离谱，严重的会对仪器造成伤害。因此，待测样品的去磁是关键的实验步骤，虽然目前生产的一些电子显微镜采用低功率处理的手段，对低磁或弱磁性样品也能给出较理想的结果，但测试时还是建议最好先去磁为宜。本节简要介绍两种电子显微镜的样品制备方法，着重介绍各自的适用范围及在材料科学中的实际应用。

7.1.1 透射电子显微镜

纳米级颗粒的尺寸是固体纳米材料的重要特性之一。尽管利用 X 射线和中子衍射光谱可以反映一些纳米结构信息，但只有通过透射电子显微镜和扫描探针显微镜才能够得到纳米颗粒的直观图像，而唯一能够在纳米晶体内部和表面提供真实晶面间距的只有透射电子显微镜。自 20 世纪 30 年代德国科学家恩斯特·鲁斯卡 (Ernst Ruska) 发明第一台透射电子显微镜以来，电子显微学也在不断发展。如今的透射电子显微镜已经发展成为一种多功能化的表征工具，在空间分辨率和应用上都有新的突破。球差校正透射电子显微镜 (spherical aberration corrected transmission electron microscope，ACTEM) 分辨率可达到亚埃级，冷冻电镜 (cryogenic electron microscope，Cryo-EM) 和环境电镜 (environmental transmission electron microscope，E-TEM) 则能根据研究者的需要给出材料在特定条件下的表征图像。

在透射电子显微镜中，当高能入射电子穿过薄层样品时，会与样品相互作用而产生各类电子。这些电子会携带样品的结构信息，沿各自不同的方向传播。例如，当存在满足布拉格方程的晶面组条件时，可能在与入射束成 2θ 角的方向上产生衍射束。物镜将来自样品不同部位、传播方向相同的电子在其后焦面上会聚为一个斑点，沿不同方向传播的电子相应地形成不同的斑点，其中散射角为零的直射束被会聚于物镜的焦点，形成中心斑点。这样，在物镜的后焦面上便形成了衍射花样（或称电子衍射图形）。在后焦面上的衍射波继续向前运动时，则衍射波形成，并在像平面上形成放大的像（电子显微像）。通过调整中间镜的透镜电流，使中间镜的物平面与物镜的后焦面重合，可在荧光屏上得到衍射花样，若使中间镜的物平面与物镜的像平面重合则得到显微像。通过两个中间镜相互配合，实现在较大范围内调整相机长度，达到对样品放大倍数的调控，得到清晰的图像。

1. 样品制备

样品制备对透射电子显微镜测试结果起着至关重要的作用，是非常精细的技术工作。电子束能否穿透样品取决于加速电压、样品组成元素的原子序数和样品厚度。一般地，透射电子显微镜的电压设为 10 ~ 100kV 时，能有效观测到样品的厚度为50 ~ 100nm；而只有样品厚度达到 15nm 左右时，才能得到清晰的高分辨电子显微像。当样品所含元素的原子量较高、透射电子显微镜的电压较低时，则要求制备的样本更薄。在样品较薄或密度较低的部分，电子束散射少，通过物镜光阑参与成像的电子多，在图像中显得较亮；而在样品中较厚或较密的部分，在图像中显得较暗。若样品太厚或过密，则像的对比度变差，甚至会因吸收电子束的能量而对样品产生损伤或破坏。过厚的样品也会导致无法准确调焦，因而不能得到清晰的图像；只有在比较薄的样品区域才能有足量的电子透过，得到样品的清晰图像，如图 7-1 所示，图中清晰地呈现出分散开与粘连在一起的二氧化硅小球所处的状态。样品放入透射电子显微镜之前，一般先用光学显微镜观察样品的制备情况，并用洗耳球吹扫载物网支持膜表面，去除表面悬浮的样品，以防止污染物镜及设备。值得注意的是，一般选用覆盖碳支持膜的铜网制备透射电子显微样品，但也要根据样品的组分和性质来选择合适的载网和支持膜。如待测样品中含铜元素，且需要对其进行表征时，载网应选用镍网、钼网等；如待测样品中含碳元素时，应该优先选用无碳支持膜的载物网，可用"无碳方华膜或氧化硅支持膜"等；如待测样品具有磁性或与支持膜的附着力较差时，需要选用双联载网，以防污染透射电子显微镜。

对于粒径较小的粉末样品，其制备过程相对简单。将研磨后的粉末样品（小于100nm）分散于有机溶剂（乙醇、氯仿、丙酮等）中，经超声波振荡之后，取一滴悬浮液置于载网支持膜上。待有机溶剂挥发之后，就制备好样品。对于颗粒比较大的样品，通常用离子减薄法制备样品。先用机械方法把样品制成薄片，经机械抛光到几微米后，用离子束（如氩离子束）轰击直到试样被离子束轰透，适合测量的厚度为止。这时轰击出的孔附近的样品区较薄，电子束能穿过，可以用来研究样品的微结构等。但这一制备技术需要一些专门仪器，应在技术人员指导下进行，且耗费时间较长。此外，还可以通过化学减薄、电解双喷、粉碎研磨等方法制备样品。如果样品粒径刚好介于几微米至几百纳米之间，电子束不能穿过，并且由于颗粒尺度又太小，也不利于机械抛光时，通常把样品颗粒分散在溶化态的环氧树脂中，当其冷凝后，会形成样品与环氧树脂的复合物，对该复合物进行机械减薄、抛光并最后用离子束减薄。也可以用微切片机把环氧树脂切成几纳米的薄片，在包含样品颗粒的薄片区可做电子显微镜研究。离子减薄和微切片机制样的方法对样品本身影响较小，更有利于研究催化剂粒子表面与体相的差异，一直被广大催化科研工作者广泛采用。

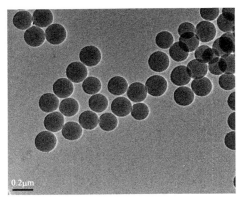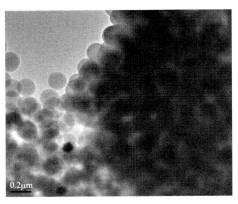

图 7-1 不同厚度的样品对 TEM 图片效果的影响

均为二氧化硅小球

2. 电子显微镜的功能及图例解析

电子显微镜技术发展至今，已不再是一种单一的表征手段，通过电子显微镜可以得到样品的多方面信息，如形貌、微结构、相成分、元素组成等。下面列举了一些实例，简述透射电子显微镜各种功能的应用。

(1) 低分辨透射电子显微像。

纳米材料之所以和固体材料有着截然不同的性质，主要是由高比表面、小尺寸效应及形状效应引起的。因此，纳米材料的尺寸及形貌是研究纳米材料首先需要考虑的因素，而透射电子显微镜是分析纳米材料尺寸及形貌最有力的工具。用透射电子显微镜分析纳米粒子样品的尺寸和形貌时，通常需要给出范围相对较大的照片，并且照片中应含有足够多的粒子数，这样得到的结果才更有说服力。当需要给出纳米粒子的粒径大小分布时，就必须从统计学角度出发，精确测量较多个粒子之后绘制成柱形图才能得出结论。低分辨透射电子显微像 (LRTEM) 恰好可以满足这一要求。图 7-2(a) 和 (c) 分别为添加 1mmol 和 0.5mmol 三苯基膦所得到的立方和球形 Cu-Pd 纳米颗粒的低分辨透射电子显微像，其相应的粒径分布是基于对大量粒子尺寸的统计得出的，分别为 10.2nm 和 8.1nm。

除了可以获得纳米材料的尺寸和形貌外，由于不同物质的衬度不同，低分辨透射电子显微像还能提供不同物质在纳米结构中的分布情况。如图 7-3 所示，通过在粒径约 50nm 的 Au 纳米颗粒溶胶中添加不同含量的 TiO$_2$ 前驱体，得到大量"双面"和核壳两种截然不同的纳米结构，表明调控 TiO$_2$ 前驱体的含量可以实现不同 Au-TiO$_2$ 纳米结构的可控制备。

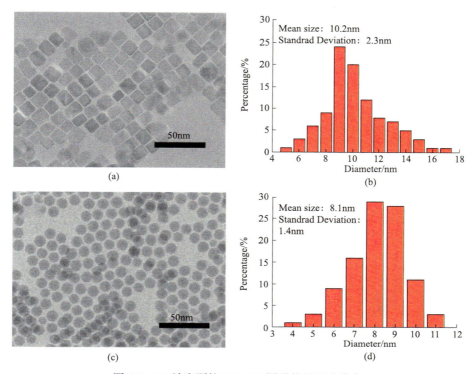

图 7-2　Pd 纳米颗粒 LRTEM 图及粒径尺寸分布

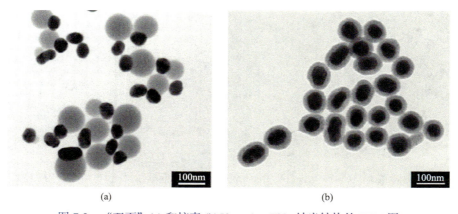

图 7-3　"双面"(a) 和核壳 (b)50nm Au -TiO$_2$ 纳米结构的 TEM 图

(2) 高分辨透射电子显微像。

高分辨透射电子显微像 (HRTEM) 可以给出晶体材料的晶格条纹像，其是利用样品相位衬度呈现出的点阵条纹或原子结构像。随着纳米粒子尺寸越来越小，高分辨图像能够提供微米或纳米尺度材料的原子结构细节，并成为现代透射电子显微镜最常用的分析技术之一。通过傅里叶变换，还能得到晶面间距、晶格畸变及其对称性等信息。对于多组分、多晶系的材料，可以有效确认晶相分布和表面结构，这对改进材料性能有重要意义。例如，研究者通过调节催化材料中金属 - 载体间的强相互作用，改善催化剂性能，而 HRTEM 是研究金属 - 载体间强相互作用最直观的表征方法。图 7-4 为不同载体负载 Au 催化剂的 LRTEM 和 HRTEM 照片。Au 纳米颗粒分别负载于纯二氧化钛 (TiO_2)、纯羟基磷灰石 (HAP) 和两者的复合载体，经 800℃焙烧后所得催化剂分别记为 Au/T-800、Au/H-800 和 Au/TH-800。由于 Au 与二氧化钛没有金属 - 载体强相互作用，经 800℃焙烧后，Au/T-800 上 Au 纳米粒子的尺寸增大到 32nm[图 7-4(a) 和 (d)]。而在 Au 与羟基磷灰石的金属 - 载体强相互作用下，Au/H-800 催化剂表面的 Au 纳米颗粒被完全包裹，尺寸只增加到 8.5nm 左右 [图 7-4(b) 和 (e)]。Au 纳米粒子尺寸的大幅增加和全包裹都会导致 Au 催化剂催化活性降低，而二氧化钛与羟基磷灰石复合载体的使用则可兼顾 Au 纳米粒子尺寸和包裹情况。LRTEM 图显示，Au/TH-800 催化剂上 Au 的尺寸可以稳定在 8.6nm[图 7-4(c)]。从 HRTEM 图可以看出，Au/TH-800 催化剂实现了对 Au 纳米粒子的半包裹，从而在稳定 Au 纳米粒子尺寸的同时保证了其催化活性。

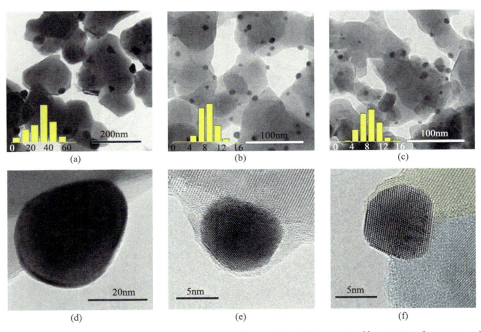

图 7-4　Au/T-800[(a)、(d)]、Au/H-800[(b)、(e)] 和 Au/TH-800[(c)、(f)] 的 LRTEM 和 HRTEM 图

高分辨透射电子显微像除了可以提供纳米复合材料的构造细节外，还能根据晶格条纹像判断材料的组成、生长方向等结构信息。图 7-5(a) 为采用水热法合成的 ZnO 纳米棒的 LRTEM 图，图中可以看出 ZnO 纳米棒的直径约 160nm 且表面光滑。其 HRTEM 图则可显示清晰的晶格条纹，ZnO(001) 晶面边缘垂直于 ZnO 纳米棒的轴向，晶面的平均间距为 0.52nm，表明在水热合成过程中 ZnO 纳米棒是沿着 ZnO 的 [001] 晶向生长 [图 7-5(b)]。用电化学沉积法在 ZnO 纳米棒表面修饰 Cu_2O 纳米颗粒的 LRTEM 照片如图 7-5(c) 所示，原光滑 ZnO 纳米棒的表面变得粗糙，其表面由直径约为 20nm 的 Cu_2O 纳米颗粒组装而成。图 7-5(d) 为 Cu_2O/ZnO 纳米棒异质结结构界面处的 HRTEM 照片，在纳米颗粒区域量取的晶面间距分别为 0.25nm 和 0.3nm，分别对应

立方相 Cu_2O(111) 和 (110) 面的晶面间距，从而进一步确认了 Cu_2O-ZnO 纳米棒异质结的组分。

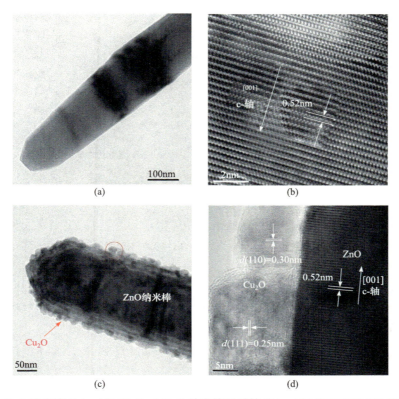

图 7-5　ZnO 纳米棒 [(a)、(d)] 和 Cu_2O/ZnO 纳米棒异质结 [(c)、(d)] 的 LRTEM 和 HRTEM 图

　　需要注意的是，在进行高分辨像表征时，体积较小的纳米粒子在电子束照射下不稳定。除了常见的粒子飘移现象外，纳米粒子受照射时也常发生相变并伴随形状的改变。特别是高价态的金属氧化物和粒径较小的金属粒子 (< 2nm)，在高能电子束下稳定的时间很短，必须快速操作成像。

　　(3) 扫描透射电子显微像。

　　随着场发射枪在透射电子显微镜技术中的普遍应用，商业化的场发射透射电子显微镜 (field emission transmission electron microscope，FE-TEM) 均配备有扫描透射电子显微分析附件，称为扫描透射电子显微镜 (scanning transmission electron microscope，STEM)，可在透射和扫描透射工作模式间切换。经球差修正器对电子束斑校正后，其空间分辨率可达到亚纳米级别，即球差校正扫描透射电子显微镜 (AC-STEM)，是近年来电子显微技术取得的新进展。STEM 一般需配备明场和暗场探测器，以收集被测样品的明场像和暗场像。电子穿透晶体样品后，因透射和衍射的电子强度比例不同，用透射电子束或衍射电子束成像时像的衬度不同，由此得到像的衬度称为衍射衬度，以衍射衬度机制为主而形成的图像称为衍衬像。如果只允许透射束通过物镜光阑成像，得到的是明场像；如果只允许某支衍射束电子通过物镜光阑成像，则得到的是暗场像。图 7-6 为二氧化钛纳米颗粒的明场像和暗场像。在暗场像中，只有存在满足某一特殊

衍射束布拉格条件 (h, k, l) 晶面的区域才是明亮的。

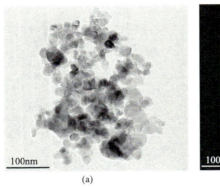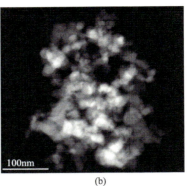

(a)　　　　　　　　　　　　　(b)

图 7-6　二氧化钛的明场像 (a) 和暗场像 (b)

STEM 还可利用高角环形探测器收集大角度散射 (卢瑟福散射) 的透射电子，所成的像称为扫描透射电子显微镜高角环形暗场像 (HAADF-STEM)。由于该电子的散射截面与原子序数的平方成正比，HAADF-STEM 像也称为 Z 衬度像，其不随样品的厚度和焦距发生明显变化，可以反映真实的样品信息。球差校正的高角环形暗场扫描透射 (AC-HAADF-STEM) 技术的发展，为催化领域中提出的"单原子催化"概念及研究给予了极大支持和帮助。迄今，AC-HAADF-STEM 技术仍然是研究单原子催化剂最有力的表征手段。例如，通过物理研磨的方法将 RuO_2 和 $MgAl_{1.2}Fe_{0.8}O_4$ (MAFO) 尖晶石混合，经 900℃高温焙烧后得到的样品，对其进行 AC-HAADF-STEM 测试的结果表明，所得样品没有 Ru 纳米颗粒，得到的是 Ru_1/MAF-900 单原子催化剂，实现了高温热稳定单原子催化剂的大规模制备。图 7-7 为 Ru_1/MAF-900 单原子催化剂的 AC-HAADF-STEM 图，低倍时可以观察到 MAFO 尖晶石的形貌，而高倍可以直接观察到 MAFO 尖晶石表面高密度分布的 Ru 单原子，从而直观地确认了 Ru_1/MAF 单原子催化剂的形成。

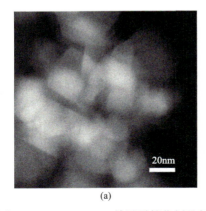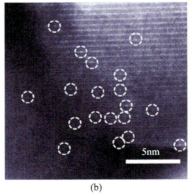

(a)　　　　　　　　　　　　　(b)

图 7-7　Ru_1/MAF-900 单原子催化剂的低倍 (a) 和高倍 AC-HAADF-STEM 图 (b)

(4) 电子衍射谱。

通过电子衍射谱可以给出样品的点阵类型、晶体的位向关系，以及诸多与晶体学性质相关的信息。对电子衍射谱进行正确的标定，可确定电子衍射谱中各衍射斑点的衍射指数，其是透射电子显微学分析的重要组成部分，也是利用电子衍射方法研究材料晶体学问题的重要手段。当电子束照射在单晶体薄膜上时，透射电子束穿过薄膜到达感光底片上形成中间亮斑，而衍射电子束则偏离透射电子束形成有规则的衍射斑点。多晶体由于晶粒数目极大，且晶面位向在空间任意分布，其倒易点阵将变成倒易球，最终形成一系列同心圆。非晶体的衍射电子谱是由几个边界模糊的同心晕环组成。如图 7-8 所示，图中分别给出了单晶、多晶和非晶物质典型的电子衍射谱，通过观察电子衍射谱即可轻易分辨材料的晶体类型。

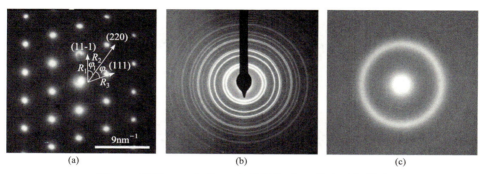

图 7-8　单晶 (a)、多晶 (b) 和非晶物质 (c) 的电子衍射谱

对于已知晶体结构单晶电子衍射谱的分析，一般包括：选择距离中心斑点最近，且相互可构成平行四边形的三个衍射斑点 [图 7-8(a)]，测量其到中心斑点的距离 R；将测得的距离换算成晶面间距 d($Rd = L\lambda$，L 为相机常数，λ 为电子波长)；对照所得 d 值与具体物质的面间距表中的 d 值 (如 PDF 卡片)，得出每个斑点的晶面族指数 $\{hkl\}$；测量所选衍射斑点 (两个相邻且不共线的斑点) 与中心斑点连线之间的夹角 φ，根据相应晶体结构的公式和矢量合成方法，可求出其余各衍射斑点的衍射指数。下面以面心立方结构 (fcc) 奥氏体 Fe 单晶电子衍射谱的标定为例，予以说明 [参照图 7-8(a)]，标定步骤如下：

(a) 根据图上标尺测量出 R_1、R_2 和 R_3 分别为 4.80nm^{-1}、7.78nm^{-1} 和 4.79nm^{-1}。

(b) 由于标尺已经完成了相机常数的换算，此时的晶面间距 $d=1/R$，可得晶面间距 d_1、d_2 和 d_3 分别为 0.208nm、0.129nm 和 0.209nm。

(c) 对照面心立方结构 (fcc) 奥氏体 Fe 的 PDF 卡片 (PDF#65-9094) 可得，以上 d 值对应的晶面指数分别为 (111)、(220) 和 (111)。

(d) 测量得 φ_1 和 φ_2 的角度均为 35.2°。试选 $\{h_2k_2l_2\}$ 对应的衍射指数为 (220)，则根据矢量公式 $R_2 = R_1 + R_3$ 可得，$\{h_1k_1l_1\}$ 和 $\{h_3k_3l_3\}$ 的衍射指数只可能为互为对称的 $(1\bar{1}1)$、(111) 和 (111)、$(11\bar{1})$。根据立方晶系夹角公式：

$$\cos\varphi_1 = \frac{h_1h_2 + k_1k_2 + l_1l_2}{\sqrt{(h_1^2 + k_1^2 + l_1^2)(h_2^2 + k_2^2 + l_2^2)}} \tag{7-1}$$

可得，$\cos\varphi_1 = 0.816$，则 $\varphi_1 = 35.3°$，与实测值相符。因此，所选三个衍射斑点的指数分

别为 $(11\bar{1})$、(220) 和 (111)，其他衍射斑点均可通过矢量计算完成标定。

对于多晶，进行电子衍射分析时可简化为以下的步骤：测量多晶衍射环的半径 R；依次计算出各多晶环与最小衍射环的半径平方比，即 R_i^2/R_1^2 值，其中 R_1 为直径最小的衍射环的半径，找出最接近的整数比规律，由此可确定晶体的结构对称类型，对比标准 PDF 卡片写出衍射环的晶面指数。由于 $Rd = L\lambda$，依据 $L\lambda$ 和 R_i 值可计算出不同晶面族的 d 值，再根据衍射环的强度，确定 3 个强度最大的衍射环的 d 值，借助索引就可找到相应的 ASTM 卡片，对样品晶面间距 d 值和衍射环强度之间的关系进行全面比较，就可最终确定晶体的物相。这里，仅对具有结构消光条件时，$F = 0$（F 为结构因子），对于面心立方晶系而言，其只有在晶面指标 h、k、l 皆为奇数或偶数时 F 才不为零，故此仅对非偶非奇的立方晶系进行简单讨论，而对于不同的晶体空间点阵型式，处理方式也有别，且比较复杂，故具体分析实例可参考电子显微分析相关的专业书籍，在此不做深入讨论。

(5) 能量色散 X 射线谱。

能量色散 X 射线谱 (X-ray energy dispersive spectrum，EDS) 是透射电子显微镜中最常配置的附件，用于样品的化学成分分析，可对原子序数大于 Na 的元素的量进行表征，其对重元素更为敏锐，不足是该分析结果误差较大，但对于已知元素成分的样品分析具有很好的参考价值。目前的 EDS 操作软件能够直接给出不同元素的质量含量和摩尔含量。因为 EDS 的选区可大可小，所以可以结合常规 EDS 和纳米探针 EDS 对多组分的纳米材料进行表征。首先选定一个比较大的区域，记录几百个粒子的 EDS 谱。然后会聚电子束，只照射某一单个粒子，记录其 EDS 谱。将二者进行比较，如果对二者谱图分析后得到的结果非常相近，说明材料中各元素基本是均匀分布，并没有偏聚现象。需要指出的是，单粒子的 EDS 谱图应在若干不同尺寸大小的粒子上重复采样，这样得到的数据才更为可靠。图 7-9 分别是负载在活性炭上的 Pd/Au 催化剂的 TEM 照片、常规 EDS 和纳米探针 EDS 谱图。对总体谱图分析得到的 Au 和 Pd 的组成比为 6.6 : 3.4。而由不同单个粒子采集的 EDS 探针谱计算得到的 Au 和 Pd 的比几乎和此值没有区别，表明所测不同粒子的化学组成与催化剂总体化学组成基本上是一致的。

在材料测试中，可根据需要选择基于 EDS 进行的点分析、线分析和面分析，而面分析使用最多。面分析即元素成像 (element mapping)，是采集和处理一系列不同能量位置的图像来得到样品组成元素的二维分布，对多组分材料特别是合金材料的表征有重要意义。此前，对合金材料的表征一般采用 X 射线衍射并结合光谱分析技术，通过微小的谱峰位移推测合金的组成，该方法尽管在理论上存在一定的合理性，但是无法真实反映合金材料的组成情况。而元素成像技术突破了这方面的限制，可以选定不同的颜色代表不同元素，清晰地观测到元素的分布情况。当利用元素成像去分析材料组成时，首先要给出一张清晰的 TEM 图片，具体放大倍数可根据实际情况选定，然后依次给出不同元素的分布情况，分析过程中要确保各元素的采集区域与初始 TEM 图片相同。图 7-10 是 $Pt/TiO_2\text{-}WO_3$ 催化剂的 STEM 图和元素成像图。从图 7-10 (a) 可以看出，Pt 负载于 $TiO_2\text{-}WO_3$ 复合载体的表面，其粒径约为 0.77nm。然而，STEM 图是无法分辨 Pt 在 TiO_2 和 WO_3 表面的分布情况的。利用元素成像分析发现，Pt 与 Ti 元素的分

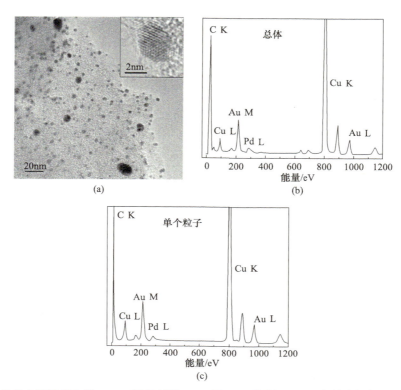

图 7-9　负载在活性炭上的 Pd/Au 催化剂的 TEM 图 (a)、常规 EDS(b) 和纳米探针 EDS 谱图 (c)

布有明显差别，而与 W 元素分布完全一致 [图 7-10(b)]。该结果表明，Pt 负载于 TiO_2-WO_3 复合载体中的 WO_3 上，为光热协同催化丙烷氧化反应中电子的转移机制提供了极大帮助。需要注意的是，因该分析方法得到的是元素分布在二维平面上的投影，元素成像分析过程中同样要选定样品较薄的区域，如果所选区域太厚，就会将三维空间内的信息投影在二维平面上，从而干扰试样的观察。

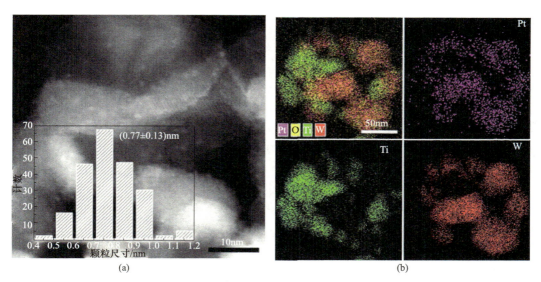

图 7-10　Pt/TiO_2-WO_3 催化剂的 STEM 图 (a) 和元素成像图 (b)

透射电子显微镜已经发展成为表征固体材料，特别是固体纳米材料形貌、结构和成分的有力工具。在实际表征固体材料时，常将透射电子显微镜的多种功能结合使用，以便获取固体材料的综合信息。图 7-11 为 Au-Pd 核壳结构的 LRTEM、HRTEM 及元素成像图。从 LRTEM 可以看出该纳米晶体的尺寸为 (11.4 ± 0.4)nm，呈蜂巢状均匀排列，如图 7-11(a) 所示。纳米晶体的 HRTEM 照片如图 7-11(b)，图中显示原子晶体边缘从中心向周边生长，表明 Pd 在 Au 核上继续外延生长。元素成像图可以清晰地看出 Pd 包覆在 Au 的外部，进一步确认了 Au-Pd 的核壳结构，如图 7-11(c) 所示。

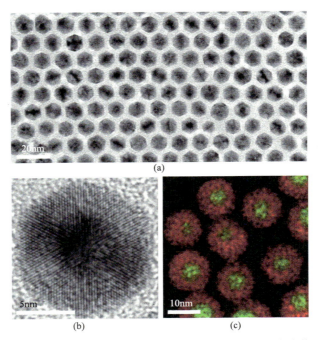

图 7-11　Au-Pd 核壳结构的 LRTEM(a)、HRTEM(b) 及元素成像图 (c)

(6) 电子能量损失谱。

透射电子显微镜还可配备用于检测透射电子非弹性散射能量的附件，从而得到电子能量损失谱 (electron energy loss spectroscopy，EELS)。与 EDS 相比，EELS 对轻元素更敏感，且有更高的空间分辨率。EELS 谱可分为零损失区、低能损失区 (< 50eV) 和高能损失区 (> 50eV)，不同能量区间各自有不同的用途。零损失区可用于测定 EELS 谱仪系统的分辨率 (零损失峰的半高宽) 和能量过滤电子衍射分析。低能损失区除了可用于测算样品的厚度外，还可激发特定材料的等离激元效应。图 7-12 为石墨片负载 Al 纳米颗粒的 HAADF-STEM 图和 EELS 谱。从实验 (黑线，外) 和理论计算 (蓝线，内) 都可看出，Al 纳米颗粒在 EELS 谱的低能损失区有多个峰出现，代表不同的局域表面等离激元共振模，其中最高的电子能量损失峰出现在 7.28eV。在高能电子束的作用下，Al 纳米颗粒表面产生的"热电子"可以在室温条件下实现鲍多尔德 (Boudouard) 反应，即碳素溶解损失反应：$C(s) + CO_2(g) \longrightarrow 2CO(g)$。高能损失峰通常称为电离峰，具有原子的本征特性，可用于元素分析。与 X 射线吸收谱 (X-ray absorption spectroscopy，

XAS) 的分析相似，对 EELS 电离峰近边结构和扩展边精细结构进行分析，可以获得样品的化学键、价态、键长、原子配位数等丰富的化学信息。

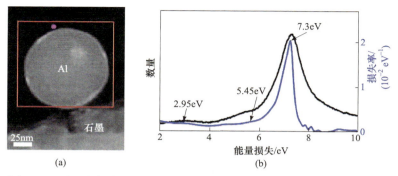

图 7-12 　石墨片负载 Al 纳米颗粒的 HAADF-STEM 图 (a) 和 EELS 谱 (b)

与 EDS 相似，基于 EELS 电离峰的特征能量也可以进行元素成像，而且可以达到原子级水平的空间分辨率。例如，利用 EELS 成像可以原位研究锂离子电池中的层状锂过渡金属氧化物阴极材料的变化情况。图 7-13 为 $LiNi_{1/3}Mn_{1/3}Co_{1/3}O_2$ (NMC333) 阴极材料在使用前 (上) 和 100 次充放电循环后 (下) 的 HAADF-STEM 图和 EELS 成像。从 O 原子的成像图中可以看出，EELS 成像的空间分辨率可达 0.2nm 以上。充放电前，Mn、Co 和 Ni 的 EELS 成像结果显示，Mn、Co 和 Ni 三种金属元素都在过渡金属氧化物中，且晶格保持高度有序的层状结构。100 次充放电后，HAADF-STEM 图和 EELS 成像结果表明，尽管在材料保持较好的区域内，Ni 原子也会迁移到 Li 层中 (箭头所指)，而 Mn 和 Co 元素仍然保持较高的有序度。该研究工作通过结合 HAADF-STEM 图和 EELS 成像在原子级水平上表明，NMC333 阴极材料中的 Ni 原子在充放电过程中更容易迁移至 Li 层，从而引发材料晶格的无序化。

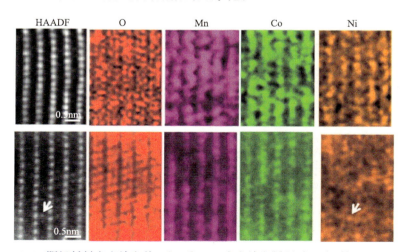

图 7-13 　NMC333 阴极材料在充放电前 (上) 和 100 次充放电循环后 (下) 的 HAADF-STEM 图和 EELS 成像

通过以上的分析可以知悉，仪器再好，还需要科研工作者对需要了解的样品或材料有了基本的认识后，才能知道选择用什么样的分析手段。对于透射电子显微镜也是如此，虽然其可以配置各种附件，以加强透射电子显微镜的分析功能，如电子衍射、低能电子损失谱、元素成像等，但到底如何选择，也要按需进行，而且也不是所有的透射电子显微镜都会配置齐备的所有的功能附件。

7.1.2　扫描电子显微镜

扫描电子显微镜主要用于观察固体材料的表面形貌，与透射电子显微镜的成像原理有本质上的差别。扫描电子显微镜是利用一束极细的电子束扫描样品，在样品表面激发出某种与样品表面形貌和物质组成相关的可测信号，经检测放大器转变为电信号后再还原为亮度信号，同步显示出电子束的扫描图像，所观察的样品不再受样品厚度的影响。电子不穿透样品，电子束在样品表面做栅状扫描运动，产生散射电子、二次电子、可见荧光和 X 射线辐射等，如图 7-14 所示。更为重要的是，通过扫描电子显微镜可以得到三维立体图像，而不再是透射电子显微镜下得到的二维平面图像。目前，利用场发射枪的高分辨扫描电子显微镜的分辨率一般为 1 ~ 2nm，超高分辨扫描电子显微镜的分辨率可达 0.4nm，几乎达到了透射电子显微镜的分辨率。

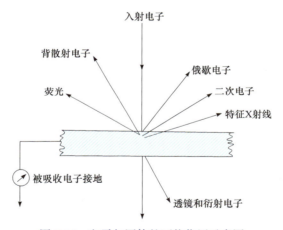

图 7-14　电子与固体的可能作用示意图

当入射电子被样品散射时，与样品原子发生能量交换，使样品原子的外层电子受激发而逸出样品表面，其中逸出样品表面的二次电子 (secondary electron，SE) 因逸出样品之前受到样品本身的散射导致能量有所损失，二次电子能量较低 (0 ~ 50eV)，其发射深度为距样品表面几纳米到几十纳米的区域。二次电子的产额取决于样品的表面形貌，扫描电子显微镜就是研究二次电子带出的信息，给出样品的表面形貌。通常所说的扫描电子显微像就是指的二次电子成像，其分辨率高、无明显阴影效应、场深大、立体感强，特别适合观察粗糙表面及断口的形貌。此外，入射电子受到样品原子核卢瑟福散射而形成的背散射电子 (back scattered electron，BSE)，以及外层电子向内层跃迁发射的特征 X 射线，均与组成材料元素的原子序数紧密相关，配置各种附件后，如"EDS"，还可给出样品的成分及其他信息。

1. 样品制备

采用扫描电子显微镜观察各种材料的微细结构和形貌，已经成为各研究领域工作的重要手段，但是要获得满意的表征结果，除了要熟练掌握仪器操作技术外，还必须了解样品的性质、特点，科学地掌握样品的制备技术。

测试样品应满足以下几点要求：试样可以是块状或粉末颗粒，而且在真空中能够保持稳定，含有水分的试样必须先烘干除去水分。试样大小要适合仪器专用样品座的尺寸，不能过大、过高。不同品牌和型号的仪器样品座尺寸不同，一般小的样品座为 $\Phi 3 \sim 5mm$，大的样品座为 $\Phi 30 \sim 50mm$。此外，样品也不宜过高，高度一般应小于 10mm。

扫描电子显微镜的块状试样制备比较简便。对于块状导电材料，用导电胶把试样黏结在导电金属板 (铜或铝板) 上，即可置于扫描电子显微镜样品座上观察。对于块状非导电或导电性较差的材料，用导电胶把试样黏结在导电金属板上后，先进行导电镀膜处理，在试样表面喷涂一层导电膜 (多数情况选用金或碳)，以避免电荷累积而影响图像质量，并可防止试样的热损伤。制备粉末试样时，先将导电胶粘贴在导电金属板上，再把少许粉末样品撒在导电胶上，用洗耳球吹去未粘牢的粉末，以免多个样品间相互污染，再镀上一层导电膜，即可用扫描电子显微镜观察。为得到分散效果较好的扫描电子显微图片，可以先将粉末样品分散于有机溶剂 (常用乙醇) 中，经超声仪振荡后取悬浮液，滴加在单晶硅片上，待溶剂挥发后，将单晶硅片黏结在导电胶上，导电镀膜后进行扫描电子显微镜观察。

2. 扫描电子显微镜功能及图例解析

与透射电子显微镜不同，扫描电子显微镜主要用于观察材料表面及多级结构的微细形貌、组成，并可利用其配置的附件，对材料表面微区成分进行定性和定量分析。相对透射电子显微镜而言，扫描电子显微镜操作更简单、观察的视场大，并且图像富于立体感。扫描电子显微镜已经逐渐成为测试固体材料尺寸和表面微观形貌的主要工具之一。

(1) 扫描电子显微像。

与透射电子显微镜相似，扫描电子显微镜也可以实现对微观粒子尺度分布的测量，具体方法也相类似。而且扫描电子显微镜能测试的粒子尺寸相对更大、范围更广，但一般不用其表征过小的样品粒子。图 7-15 为在石英基底上采用纳秒脉冲激光除湿法 (nanosecond pulsed laser dewetting) 制备的 Ag 和 Ag-Co 纳米粒子阵列的 SEM 图像及其粒径分布图。经过对大量粒子粒径统计发现，Ag 纳米粒子的粒径为 $(56 \pm 14)nm$，Ag-Co 纳米粒子的粒径增加至 $(85 \pm 18)nm$。由于 Co 的阴极保护作用，Ag-Co 纳米粒子表现出更优异的抗氧化性能。

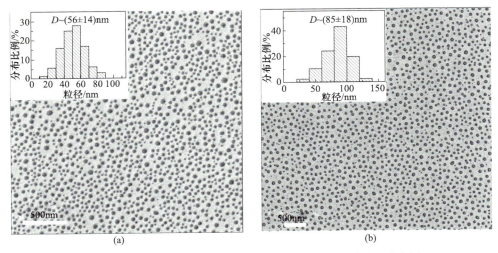

图 7-15   Ag(a) 和 Ag-Co 纳米粒子 (b) 的 SEM 图及其粒径分布图

　　二次电子与被测样品的表面形貌密切相关，通过扫描电子显微镜可以得到样品表面的三维立体图像。一般在样品的尖端、陡面位置可以产生更多的二次电子，荧光屏上亮度较高；而在样品的平面位置二次电子的产额较小，荧光屏上的亮度较低，根据亮度信号即可呈现出待测样品的三维图像。图 7-16 是采用不同制备方法得到的 Si 及 ZnO 纳米阵列结构的 SEM 图，图中完美地呈现了样品表面的三维纳米结构，可以清楚地观察到样品表面阵列单元的微观形貌、排布情况等信息。此外，对于具有分级纳米结构、复合结构的样品及样品截面等，也需借助扫描电子显微镜才能清楚地观测到完整的结构信息。

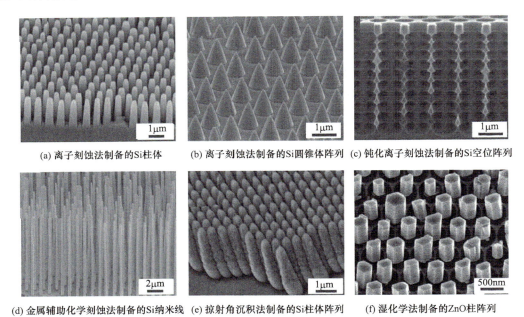

(a) 离子刻蚀法制备的 Si 柱体　　(b) 离子刻蚀法制备的 Si 圆锥体阵列　　(c) 钝化离子刻蚀法制备的 Si 空位阵列

(d) 金属辅助化学刻蚀法制备的 Si 纳米线　(e) 掠射角沉积法制备的 Si 柱体阵列　(f) 湿化学法制备的 ZnO 柱阵列

图 7-16   不同方法制备的纳米结构阵列 SEM 图

(2) 背散射电子像。

与二次电子对样品表面形貌的敏感度不同，背散射电子的产额取决于原子序数。样品中原子序数较高的区域会产生更多的背散射电子，背散射电子像 (BSE) 中的相应区域也会更亮，反之亦然。因此，可以利用背散射电子的原子序数衬度对样品中的轻重元素加以区分。需要注意的是，二次电子和背散射电子往往会相互影响，所以 SEM 图中通常均包含形貌信息和部分成分信息。如图 7-17(a) 所示，Si-Cu-Sn 复合材料 SEM 图中的光亮区域即为背散射电子所致。为了获取样品的成分信息，采集 BSE 图像需要排除二次电子的干扰。通常采用双探测器收集相同区域的背散射电子，经计算机处理后即可获得纯的背散射电子信号。图 7-17(b) 为经信号处理后的 Si-Cu-Sn 复合材料的 BSE 图，图中重元素 (Sn) 位于光亮区域，而轻元素 (Cu 和 Si) 所在的区域则相对较暗，实现了对样品中轻重元素分布的直接观测。

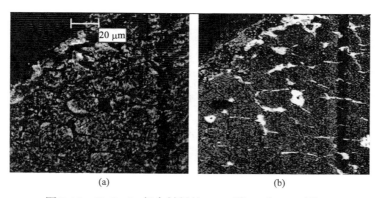

(a)　　　　　　　　　　(b)

图 7-17　Si-Cu-Sn 复合材料的 SEM 图 (a) 和 BSE 图 (b)

(3) 能量色散 X 射线谱。

在扫描电子显微镜下，可通过能量色散 X 射线谱 (EDS) 进行元素分析，也具有 EDS 面扫描元素成像功能。其方法和透射电子显微镜基本相同，只是扫描电子显微镜中所选的区域相对较大，适用于尺度相对较大的试样，且仅限于试样表面的元素分析。扫描电子显微镜的 EDS 也可根据需要选择点、线、面分析模式，对元素分布和含量进行检测。图 7-18 为 "水母" 状 Au-Ag 合金纳米结构的 SEM 图和该纳米结构中不同点的 EDS 谱。从图中可以看出，自上而下 Au 的含量在减少，Ag 的含量在增加，为揭示 "水母" 状 Au-Ag 合金纳米结构的生长机制提供了重要信息。

(4) 聚焦离子束 – 扫描电子显微镜。

随着样品微加工技术和计算机三维图像重构技术的快速发展，扫描电子显微镜已经可以实现对样品的三维立体表征。要实现样品的三维立体结构表征，扫描电子显微镜除需具备高通量外，还需要配置高精度快速样品加工装置，包括聚焦离子束系统、纳米机械手、纳米划痕仪等。其中，使用较多的为聚焦离子束 - 扫描电子显微镜 (focused ion beam-scanning electron microscopy，FIB-SEM)。

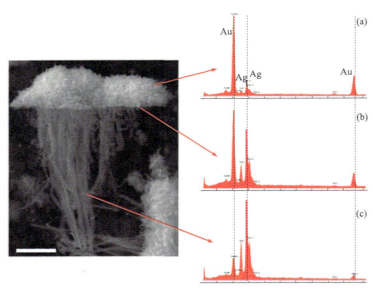

图 7-18 　"水母"状 Au-Ag 合金的 SEM 图和 EDS 谱图

图 7-19(a) 为采用聚焦离子束 - 扫描电子显微镜研究镀黄铜钢丝帘线和橡胶的金属 - 聚合物界面的示意图，在 Ga 离子束刻蚀样品的同时，可用扫描电子显微镜的 EDS 成像功能进行观察分析。钢丝帘线和橡胶黏结界面处钢丝帘线一侧不同成分的三维结构图显示，黏结界面处的钢丝帘线一侧主要是由黄铜层覆盖，有部分区域与 Cu_xS 接触，如图 7-19(b) 所示，而黏结界面处的橡胶一侧则与 Cu_xS 层完全接触，如图 7-19(c) 所示。从截面处的三维结构图可以看出，黄铜层最厚 (数百纳米)、Cu_xS 层次之 (50 ~ 100nm)、ZnO/ZnS 层最薄 (10 ~ 40nm)，如图 7-19(d) 所示。通过聚焦离子束 - 扫描电子显微镜对钢丝帘线和橡胶的金属 - 聚合物界面三维结构的观察和分析，明确

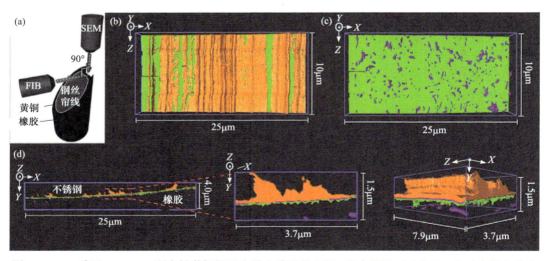

图 7-19 　(a) 采用 FIB-SEM 研究镀黄铜钢丝帘线和橡胶的金属 - 聚合物界面示意图；钢丝帘线和橡胶黏结界面处钢丝帘线侧 (b)、橡胶侧 (c) 和截面处 (d) 黄铜 (橘黄色)、Cu_xS(绿色)、ZnO/ZnS(紫色) 的三维结构图

了各成分的三维立体分布情况。通过对比在特定条件下处理后样品成分的三维立体分布图，可为研究汽车轮胎性能的老化衰退机制提供直接证据。

　　本节结合研究论文，列举了透射电子显微镜和扫描电子显微镜在固体材料表征中的功能和相关应用。实际表征固体材料时常结合二者同时使用，可以得到更为全面的样品信息。随着电子显微学的快速发展，又出现了诸如电子全息术、电子三维重构、原位表征等更先进的技术，进一步拓展了透射电子显微镜和扫描电子显微镜在固体材料表征中的应用范围。为了更好地利用电子显微分析技术，操作者除需具备熟练操作仪器的能力外，还要掌握好晶体学、结构化学、固体物理学和量子力学等相关基础知识，才能从理论上分析和理解测试所得结果。

7.2　扫描探针显微分析技术

　　扫描探针显微镜 (scanning probe microscope，SPM) 是 19 世纪 80 年代以来在扫描隧道显微镜的基础上发展起来的新型探针显微镜的统称，主要应用于固体材料纳米级微观表面的分析和制备。如今，扫描探针技术有了长足的发展，各种测试方式层出不穷，已经成为纳米科学和纳米技术的主要手段之一，图 7-20 为现阶段主要的扫描探针技术一览。同其他表面分析技术相比，扫描探针显微技术有着诸多独特的优势，不仅

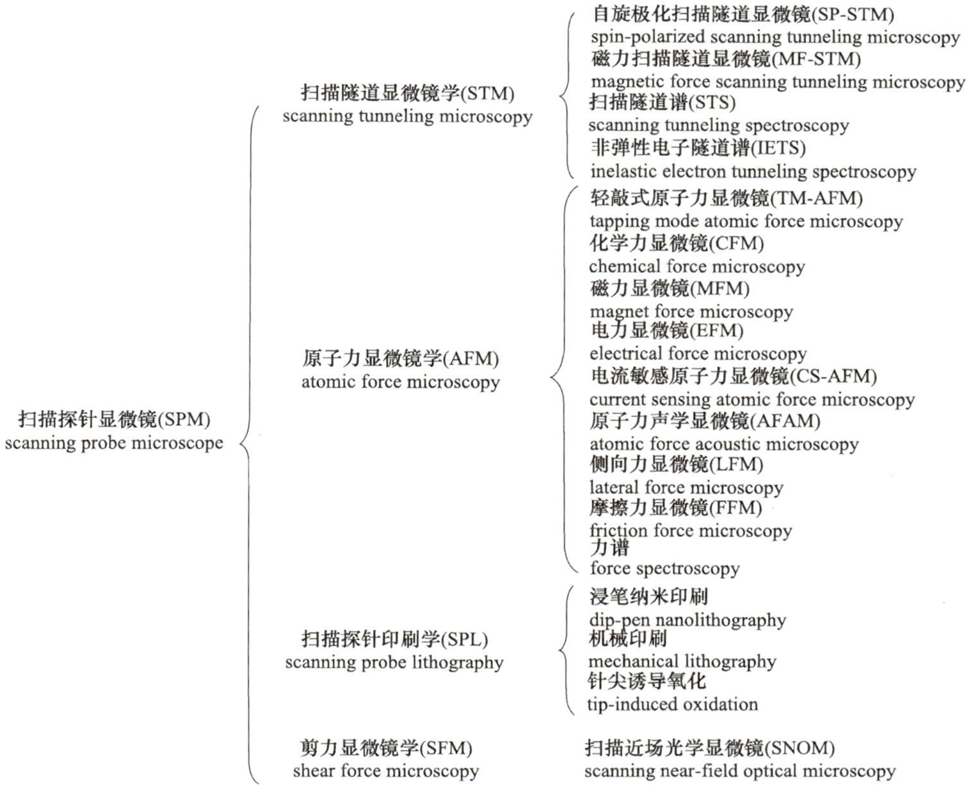

扫描探针显微镜(SPM)
scanning probe microscope

扫描隧道显微镜学(STM)
scanning tunneling microscopy

自旋极化扫描隧道显微镜(SP-STM)
spin-polarized scanning tunneling microscopy
磁力扫描隧道显微镜(MF-STM)
magnetic force scanning tunneling microscopy
扫描隧道谱(STS)
scanning tunneling spectroscopy
非弹性电子隧道谱(IETS)
inelastic electron tunneling spectroscopy

原子力显微镜学(AFM)
atomic force microscopy

轻敲式原子力显微镜(TM-AFM)
tapping mode atomic force microscopy
化学力显微镜(CFM)
chemical force microscopy
磁力显微镜(MFM)
magnet force microscopy
电力显微镜(EFM)
electrical force microscopy
电流敏感原子力显微镜(CS-AFM)
current sensing atomic force microscopy
原子力声学显微镜(AFAM)
atomic force acoustic microscopy
侧向力显微镜(LFM)
lateral force microscopy
摩擦力显微镜(FFM)
friction force microscopy
力谱
force spectroscopy

扫描探针印刷学(SPL)
scanning probe lithography

浸笔纳米印刷
dip-pen nanolithography
机械印刷
mechanical lithography
针尖诱导氧化
tip-induced oxidation

剪力显微镜学(SFM)
shear force microscopy

扫描近场光学显微镜(SNOM)
scanning near-field optical microscopy

图 7-20　典型的扫描探针技术

可以得到超高分辨率的表面三维成像，还能研究材料的各种性质。同时，扫描探针显微镜正在向着更高的目标发展，即它不仅是一种测量分析工具，而且向材料原位分析或在线加工发展（成为一种加工设备），使人们可以在极小的尺度上对物质进行改性、重组及构建。扫描探针显微分析技术的发展，极大地提升了科研工作者认识世界和改造世界的能力。

在众多扫描探针技术中，扫描隧道显微镜(STM)和原子力显微镜(AFM)是最基本也是最常用的表征手段，本节将结合发表的研究论文，着重介绍扫描隧道显微镜和原子力显微镜两种扫描探针显微镜在固体材料表征方面的应用。

7.2.1 扫描隧道显微镜

1981年，IBM公司设在瑞士苏黎世的实验室里，Gerd Binnig和Heinrich Rohrer成功研制出了第一台扫描隧道显微镜(scanning tunneling microscope, STM)，成为最早出现的扫描探针显微镜，分辨率达到原子尺度，使材料表面的原子形貌变得可视化，两位发明者也因该项技术发明获得了1986年的诺贝尔物理学奖。

扫描隧道显微镜的工作原理主要基于电子的隧穿效应，在金属针尖与样品间施加偏压，当针尖与样品之间距离非常近(小于1nm)时，电子便可以突破空间势垒，从样品与针尖之间流过，形成隧穿电流。扫描隧道显微镜的隧穿电流像，可以十分近似地反映出样品的表面形貌，更为准确地说，对应隧穿电流像的是样品表面电子态密度。因为扫描隧道显微镜实际检测的是由偏压决定的能量范围之间，即费米能级附近的充满电子和未满电子轨道的电子态的数量，而不是样品表面真实的物理形貌。根据扫描过程中针尖与样品间相对运动方式的不同，扫描隧道显微镜的操作模式可分为恒流模式和恒高模式。恒流模式是目前扫描隧道显微镜常用的工作模式，适合于观察表面起伏较大的样品；恒高模式适合于观察表面起伏较小的样品，一般不能用于观察表面起伏大于1nm的样品。

1. 样品制备

用于测试扫描隧道显微镜的样品必须具有良好的导电性，且样品尺寸不宜过大(一般 $\Phi \leqslant 20mm$)。在大气中，样品表面往往会吸附一层污物，会严重影响扫描隧道显微镜的成像质量，所以最好选用新制的样品表面，而且样品表面不宜太粗糙。下面以石墨样品的制备为例加以说明，先把石墨样品用导电胶固定在圆形磁性钢片基底上，将透明胶带粘在样品表面，从样品表面的一端开始快速剥离透明胶带，以得到新鲜样品表面，如果样品表面不太平整，可用透明胶带的边缘仔细轻粘，去除表面卷翘的部分，已剥离好的平整部分切忌再碰透明胶带。小心将样品的表面向上吸放在扫描器的样品座上，移动样品衬底与样品座，相互摩擦数次，使两者保持良好的导电性。此外，对于金属表面的氧化层还可利用化学腐蚀法得到新鲜的样品表面。

2. 应用及图例解析

扫描隧道显微镜可以提供原子级别的分辨率，能够研究金属、半导体、窄带氧化物、准晶和超导体的表面，以及这些导电基底表面的分子和薄层绝缘体，给出这些材料表面的电子和振动信息，反映其表面缺陷、化学键、团簇的形成和薄膜的生长等相关表面现象。下面将结合研究论文图例，解析扫描隧道显微镜在固体材料表征方面的应用。

(1) 表面结构。

基于固体材料表面原子的态密度与固态样品表面原子排布一致的假设下，扫描隧道显微镜可以用来研究固体材料的表面形貌、缺陷等。理想晶体中的原子按一定的次序周期性地出现在空间有规则的格点上。但在实际的晶体中，由于晶体形成条件、原子的热运动及其他因素的影响，原子的排列不可能完整和规则，往往存在偏离理想晶体结构的区域。这些与完整周期性点阵结构的偏离就是晶体中的缺陷，破坏了理想晶体的对称性，对固体材料的性质有着极大的影响。扫描隧道显微镜的超高分辨率为研究原子级别的表面缺陷带来了可能。图 7-21 是金属箔上通过热处理的方法在其表面引入高密度原子级缺陷单层石墨烯的 STM 图。图中显示，石墨烯表面存在大量无规则的缺陷，如图 7-21(a) 所示。从其放大图可以看到两种典型的原子级缺陷：单原子空位和花形缺陷，如图 7-21(b) 所示。这些缺陷会改变石墨烯原始的蜂巢状晶格，极大地影响其表面的电子特性。

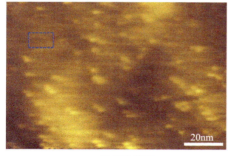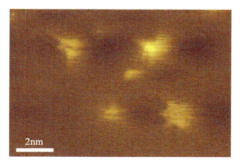

(a) 较大范围　　　　　　　　　　　　　　　(b) 局部放大

图 7-21　存在原子级缺陷的石墨烯 STM 图

实际上，由于电子效应的叠加，STM 图有时无法反映出样品的真实表面形貌。当样品表面的吸附物、台阶位等产生的电子间发生相互作用时，即会出现驻波花样。平整的晶体表面有驻波图出现时，STM 图会同时对驻波和表面原子成像，驻波会使 STM 图中的平整原子看起来也有起伏，从而影响对表面形貌的表征。图 7-22(a) 为 Ag(111) 晶面的 STM 图，图中有围绕黑点的圆形驻波，其主要来自晶面台阶位边缘和缺陷间产生电子的相互叠加。与此类似，Cu(111) 晶面的 STM 图也会出现驻波。驻波花样的出现改变了晶面的局域电子密度，使原本高度相同的原子平面看起来不平整，干扰了对样品表面形貌的判断。

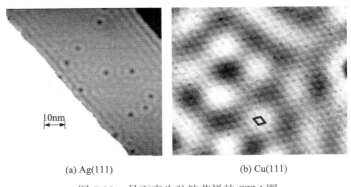

(a) Ag(111)   (b) Cu(111)

图 7-22   晶面产生驻波花样的 STM 图

(2) 表面吸附。

样品表面原子形貌与电子态的叠加效应会影响真实表面形貌的表征，但却有利于研究晶体表面的吸附物质。因此，扫描隧道显微镜可以对固体材料表面吸附的气体分子、有机分子等化学物质进行研究。

金属氧化表面吸附的氧物质对催化氧化、光催化和化学传感有着非常重要的作用。图 7-23 为利用扫描隧道显微镜研究 Nb 掺杂 TiO_2 锐钛矿相 (101) 晶面氧物质的扫描隧道显微镜图。当扫描隧道显微镜针尖施加 +5.2V 的偏压时，位于晶面亚表面带负电的氧空位 (V_O'') 可以被吸引到表面 (为便于读者理解，在本小节为简化书写有时不对 "缺陷符号" 上所带的电荷进行标注)。从相应的扫描隧道显微镜图中可以看到，针尖附近的区域内有许多光亮的斑点，如图 7-23(a) 所示。其局部放大图像显示，当有氧气存在时，光亮的氧空位斑点会转变为黑色，表明氧空位与氧分子发生了反应，最终生成了带负电的氧空位与氧分子的复合体 "$(O_2)_O$"，即氧分子占据了带负电的氧空位，如图 7-23(a) 和 (b)。扫描隧道显微镜的原位实验，明确揭示了 TiO_2 锐钛矿相 (101) 晶面表面氧物种的演变过程，为揭示有氧气参与的相关反应机理 (如 Mars-van Krevenlen 机理) 提供有力支撑。

与此类似，SIM 还可以用来监测材料表面吸附的有机分子反应。图 7-24 为在 Cu(110) 晶面物理吸附的邻二碘苯 (ortho-diiodobenzene，oDIB) 在电子的驱动下诱发分解反应前后的 STM 图。图中可以看出，邻二碘苯分子的初始态 (图 7-24 中 a 和 b) 完全相同。在单电子的诱导下，邻二碘苯分子在 (001) 晶带轴方向上发生分解反应，生成两个碘原子和一个亚苯基 (Ph')。然而，STM 图显示终态中的亚苯基有两种不同的构象，主产物 (83.2%) 为倾斜的亚苯基 (Ph'-tilt)(图 7-24 中 c)，副产物 (16.8%) 为垂直的亚苯基 (Ph'-V)(图 7-24 中 d)，说明扫描隧道显微镜为研究固体材料表面电子诱导的化学反应提供了新的途径。

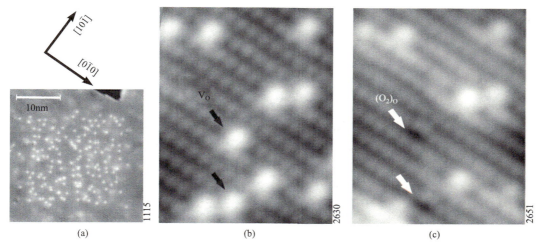

图 7-23　TiO_2(101) 晶面 V_O(a)，以及局部放大的 V_O(b) 和 $(O_2)_O$(c) 的 STM 图

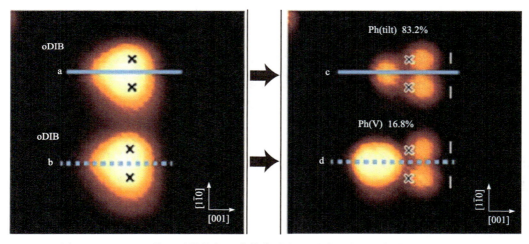

图 7-24　Cu(110) 晶面吸附的邻二碘苯分子在电子诱导分解反应前后的 STM 图

(3) 原子和分子操纵。

尽管扫描隧道显微镜在设计之初是为了获取样品表面图像，事实也证明扫描隧道显微镜是真正能够达到原子级分辨率的测试技术。但人们很快发现，由于扫描隧道显微镜的针尖在扫描时几乎接触到样品表面，会影响甚至移动样品表面的吸附物，这对于获取样品表面的准确图像信息显然是不利的。然而，这种针尖表面力可以按预先设想的路径非常精确地移动样品表面的原子和分子，从而将这种劣势又转化为了优势。当 IBM 公司的科研人员使用扫描隧道显微镜的针尖将 Xe 原子在 Ni(110) 晶面排列出"IBM"后，震惊了世界。此后，扫描隧道显微镜被广泛地应用于原子和分子的操纵研究。

扫描隧道显微镜可以利用针尖与样品表面间的力、电场和隧道电流，实现对表面原子和分子的操纵，其操作模式分为横向和纵向两种方式。选用横向模式操纵时，样品表面的粒子不离开样品表面，随着针尖移动到指定位置；纵向模式操纵时，样品表面的粒子会被针尖提起，移动到指定位置后再将粒子放到样品表面。图 7-25 为运用横向操纵模式把 51 个 Ag 原子在 Ag(111) 晶面内构建成三角形的操纵过程。

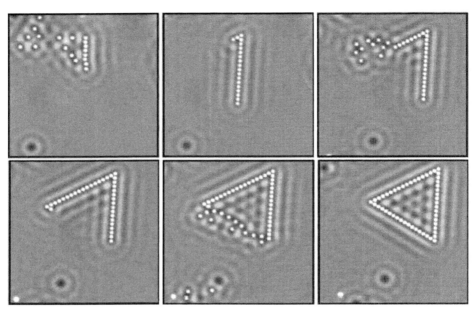

图 7-25　Ag(111) 晶面内 (49.3nm × 49.3nm) 构建 Ag 原子三角形的 STM 图

半导体和绝缘体的扩散势垒要比金属大很多，所以对金属表面进行原子和分子的定向操纵方法并不适用于半导体和绝缘体。特别是绝缘体，其表面的原子或分子能被针尖提起，但并不随针尖横向移动，因此不能运用针尖表面力来达到定向操纵原子或分子的目的。研究人员发现，通过对目标分子注入非弹性隧道电子即可实现对超薄绝缘体，如 NaCl 晶体层表面的并五苯分子的定向操纵，可以使并五苯分子的长轴或短轴沿着 Cl 原子呈直线排列。此外，由于分子的运动在原子级尺度范围内通常是随机的 (类似布朗运动)，所以对分子进行高精度、长距离的可控操纵仍然极具挑战性。图 7-26 (a) 和 (b) 分别为二溴三苊 (dibromoterfluorene，DBTF) 分子的结构式和单分子 STM 图。研究发现，STM 可以将单个 DBTF 分子在 Ag(111) 晶面上，以 0.1Å 的极高空间精度移动超过 150nm，从而沿着原子级密堆积的 [1$\bar{1}$0] 晶带轴方向形成原子级宽度的明亮带状，如图 7-26(c) 和 (d) 所示。以上结果表明，DBTF 分子转化成一维线状的势能要小于分子旋转的势能，如图 7-26(e) 所示。这种效应使得人们可以选择性地施加排斥力和吸引力来发送或接收单个分子，其高度可控性也可在两个分离的探针之间实现精确移动单个或特定的单分子。

(4) *I-V* 特性。

利用扫描隧道显微镜可以得到两种典型的谱线，即扫描隧道谱 (scanning tunneling spectroscopy，STS) 和非弹性电子隧道谱 (inelastic electron tunneling spectroscopy，IETS)，前者可以得到测试样品表面费米能级附近的局域态密度，后者能够反映样品或其表面

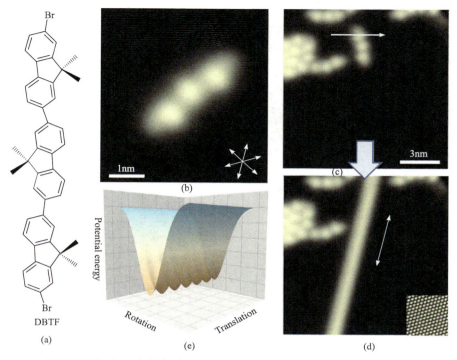

图 7-26　DBTF 的分子结构式 (a) 和单分子 STM 图 (b)；Ag(111) 晶面横向操纵 DBTF 分子前 (c) 和后 (d) 的 STM 图；(e)DBTF 分子在 [1$\bar{1}$0] 晶向的势能面示意图

吸附分子的振动激发性质。由于吸附物与材料表面的化学吸附，电子能级会出现明显的宽化和位移，所以不能用 STS 来表征吸附物的电子结构信息，而 IETS 可以很好地表征单个分子在局域成键环境下的振动谱。

通过在相对较大的区域内收集 I 随 V 的变化值，可以得到局域态密度 (local density of states，LDOS) 曲线，即 (dI/dV)/(I/V) 曲线。若样品表面存在有序变化的电子结构时，对其空间电子态密度进行成像，可以直观地看出电子态的空间分布情况。在 Ge(001) 晶面沉积单层或亚单原子层的 Pt，然后用 1050～1100K 高温煅烧，就能在其表面得到有序的 Pt 原子链。图 7-27(a) 为 Ge(001) 晶面有序 Pt 原子链的 STM 图。图中可以看出，Pt 链为单原子，最近的两个 Pt 链间距为 1.6nm，偶尔能够达到 2.4nm，其相应的电子态空间成像如图 7-27(b) 所示。图 7-27(c) 为 Ge(001) 晶面不同间距 Pt 纳米线的 LDOS 平均分布曲线。间距为 1.6nm 时，在费米能级之上仅 0.1eV 处有一个峰；间距为 2.4nm 时，有 0.04eV 和 0.16eV 两个峰出现在费米能级之上。因为样品表面的 STM 图和电子态空间成像图是一起测试得到的，可以将二者的图像重叠在一起，使样品 Pt 纳米线表面形貌与电子态的空间分布关系完好地呈现出来，如图 7-27(d) 所示，从中可以清楚地看出，LDOS 曲线中的峰可以归因于 Pt 纳米线间的凹槽。

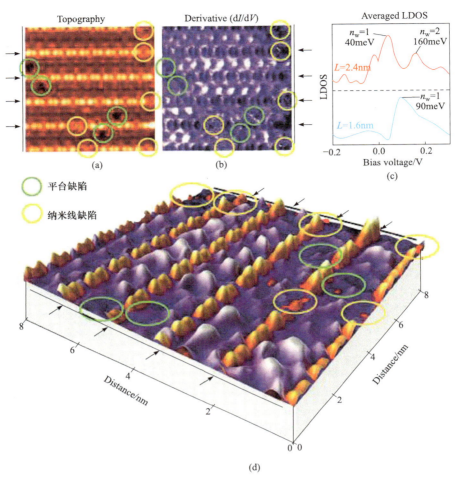

图 7-27　Ge(001) 晶面 (8nm × 8nm) 有序 Pt 原子链的 STM 图 (a)、LDOS 成像 (b)、LDOS 曲线 (c) 以及 STM 图和 LDOS 成像的叠加图 (d)

　　发展高性能及低成本的光伏器件、良好显色指数的发光二极管以及高速度和低能耗的电子设备是当今社会三个非常重要的研究领域，新型的半导体纳米线有望成为性能优异的替代材料。单根纳米线的电阻率和 I-V 特性决定着器件的整体性能，对其 I-V 特性的精确研究是半导体纳米线在未来成功应用的关键。然而，用来测试大多数材料 I-V 特性的方法并不适用单根纳米线的检测，所以迫切需要发展特殊的方法来检测纳米线的电子特性。STM 具备超高分辨率，为测试单根纳米线的 I-V 特性提供了机会。图 7-28(a) 和 (b) 分别为直立 InAs 纳米线的 STM 图和 I-V 反馈回路示意图。当 STM 针尖与 InAs 纳米线顶端的金属形成弱接触时，I-V 谱线是非线性的，而且只有纳安培级别的微电流，如图 7-28(c) 所示。随着 STM 针尖与 InAs 纳米线的距离减小，I-V 谱线中的电流逐渐增大，直到形成欧姆接触时，I-V 谱中的 I-V 曲线呈线性关系，如图 7-28(d) 和 (e) 所示。无需借助其他显微设备 (如 SEM、TEM)，只用 STM 即可实现对纳米线或纳米线器件电子特性的研究，具有重复性好、精确度高、用途广泛等特点。

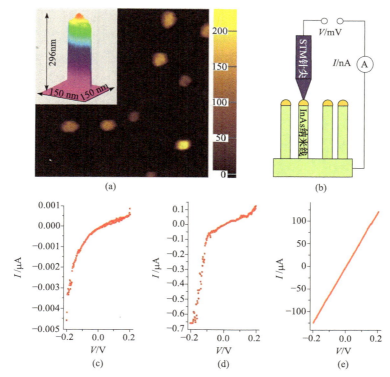

图 7-28　(a)InAs 纳米线的顶视 STM 图 (1μm × 1μm) 和单根 InAs 纳米线三维近景 STM(插图)；(b)*I-V*
测试反馈回路示意图；(c)~(e)STM 针尖由远及近形成欧姆接触时的 *I-V* 谱变化

7.2.2　原子力显微镜

　　扫描隧道显微镜对高度变化具有极高的灵敏度，但在样品与金属探针之间能形成隧穿电流的前提是被测样品需要导电(导体或半导体)，这极大地限制了扫描隧道显微镜的应用范围。当被测样品表面发生氧化时，被氧化的区域会使隧穿电流明显降低，从而影响样品真实形貌的呈现。1986 年，Gerd Binnig、Calvin F. Quate 和 Christopher Herber 在扫描隧道显微镜的基础上，合作研制出了原子力显微镜 (atomic force microscope，AFM)，克服了扫描隧道显微镜只能对导电样品测试的局限性。原子力显微镜的发明和应用极大地促进了超精密加工及其检测技术的发展，为人们研究超精密表面的微观结构及其相互作用提供了有力支撑。

　　原子力显微技术以其高分辨率、广泛的实验对象、制样简易性及实验环境的多样性而倍受科研工作者的青睐。原子力显微镜与扫描隧道显微镜最大的差别在于其并非利用电子隧道效应，而是利用原子间的范德华力作用来呈现样品的表面特性的测量。这种相互作用力可以简单分为吸引力和排斥力，分别在不同的工作模式和作用距离下起主导作用。原子力显微镜用一端装有探针，而另一端固定的弹性微悬臂分析检测样品的表面信息。当探针扫描样品时，与样品和探针距离有关的相互作用力作用在针尖上，使微悬臂发生形变。原子力显微镜系统就是通过检测这个形变量，从而获得样品表面形貌及其他表面相关信息。探测原子力显微镜微悬臂的微偏转有很多种方法，目前常用的可分为测量微悬臂的位移量和偏转量两大类，主要包括隧道电流法、机械共振法、光学干涉法和光束偏转法等。最初的原子力显微镜使用的是真空隧穿法检测微悬臂的位移量，现在是光束偏转法检测微悬臂的偏转量。原子力显微镜主要有三种工作模式：接触模式 (contact mode)、非接触模式 (non-contact mode) 和轻敲模式 (tapping mode)。轻敲模式是最新发展起来的成像技术，其作用方式介于接触模式和非接触模式之间，类似于非接触模式，但微悬臂的共振频率的振幅相对非接触模式较大，一般在 0.01～1nm，分辨率几乎和接触模式一致，同时对样品几乎没有破坏，已成为原子力显微镜最常用的工作模式。

以上是对原子力显微镜工作原理、工作模式的简单概述，本小节主要结合发表的研究论文，阐述原子力显微镜在固体材料表征方面的应用，使读者初步认识原子力显微镜的功用。

1. 样品制备

原子力显微镜能够直接获取样品原子级精度的表面结构形貌而无需对材料进行任何预处理。这项技术适用于各种材质，并且可在液相环境下进行观测，已成为最重要的扫描探针显微技术之一。与透射电子显微镜、扫描电子显微镜等测试技术相比，原子力显微镜的测试样品制样比较简单，制作过程对样品原始形态的影响小。在空气或真空环境中成像时，可以将样品直接滴加到成像载体上，吸附一定时间后用滤纸吸干、自然晾干或氮气吹干的方法去掉样品表面剩余的水分，然后进行扫描成像。在液体中测试时，为了避免样品漂移，在制样方面须多加注意，观察时需要将样品加入专用的液体池中。对于聚氨酯类材料，一般制成薄膜后再在空气或真空环境中对固体样进行测试。

2. 原子力显微技术的应用及图例解析

原子力显微镜由于其优良的性能，在许多领域均有广泛的应用。在材料科学领域主要应用于材料表面的观测和研究，如金属、合金、薄膜、液晶及高分子材料等。在微电子领域可应用于大规模集成电路的检测，研究其局域电特性，并可用于超高密度的信息存储和读取研究。在物理学研究领域，原子力显微镜可以探测表面的电子结构、能级、波函数、隧穿效应等，可开展介观物理研究电子与吸附原子的相互作用，以及吸附原子之间的长程有序问题。原子力显微镜在化学研究领域更占据着重要的地位，可以作为一种有效的原位探测工具，在原子级水平上研究表面化学反应，也可以观测表面化学反应的原子级变化，在电镀、防腐、腐蚀等方面也都有非常广泛的应用。

(1) 样品的表面结构。

与扫描隧道显微镜类似，原子力显微镜可以得到样品表面结构的超高分辨图像。然而，原子间作用力与距离不呈负指数关系，决定了其成像精度低于扫描隧道显微镜，但其在水平方向和垂直方向分辨率仍然可分别高达约 1Å 和 0.1Å。因其原子间相互作用力是普遍存在的，使原子力显微镜对样品的导电性不再有苛刻的要求。因此，原子力显微镜不仅能对导体或半导体进行表面形貌成像，也能对非导电材料进行测试。

用单层有机分子对硅片或石英片表面进行修饰后，可以把含卤素配体功能化的 Au 纳米颗粒组装在其表面。这种利用卤素的驱动力组装成的 Au 纳米颗粒，其表面结构会随着老化时间的延长而发生变化。图 7-29 为硅片表面新制和室温避光老化 1 个月后的 Au 纳米颗粒的扫描电子显微镜图 [图 7-29(a) 和 (b)] 和相应的原子力显微镜图 [图 7-29(c) 和 (d)]。图中可以看出，Au 纳米颗粒组装体的结构发生了非常明显的变化，新制备的 Au 纳米颗粒组装体呈均一的网状分布，而老化一个月后的 Au 纳米颗粒组装体会聚集成较大颗粒。原子力显微镜的扫描轮廓线显示，老化前 Au 纳米颗粒的粗糙度约为 8nm[图 7-29(e)]，而老化 1 个月后成为直径约 46nm、高约 25nm 的大颗粒 [图 7-29(f)]。这种微观的结构变化，表明新制备的 Au 纳米颗粒组装体会在室温下自发重新组装成对热稳定的新结构。

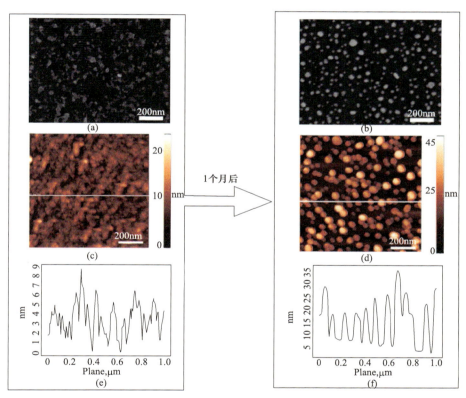

图 7-29 硅片表面 Au 纳米颗粒组装结构老化 1 个月前后的 SEM 图 [(a)、(b)]、AFM 图 [(c)、(d)] 及截面轮廓线 [(e)、(f)]

(2) 样品的亚表面结构。

原子力显微镜能够测试液体环境以及偏软物质亚表面的微观表面结构，特别适合测量一些只有在溶液中才能保持其生物或化学活性的样品。而以纳米级分辨率表征亚表面的形貌和机械性能，对研究生物、聚合物等软物质有非常重要的意义，对那些具有"埋藏"结构和组成成分物质的表征对新型材料体系的功能化和其进一步应用提供了重要信息。

图 7-30(a) 为采用原子力显微镜，检测二甲基硅氧烷 (PDMS) 亚表面下的形貌示意图。将样品右侧的表面物质擦掉一部分作为参照，通过调节原子力显微镜探针的振幅可以测试得到不同深度的结果，如图 7-30(b) 所示。当振幅为 0nm 时，原子力显微镜只能探测到 PDMS 浅表面的结构情况，而对较深的亚表面纳米结构则无能为力；当振幅为 9nm 时，原子力显微镜基本能够扫描到 PDMS 下面较大的纳米颗粒；当振幅继续增大到 27nm 时，PDMS 下的纳米颗粒的形貌可以基本显现出来。因此，可以根据需要调整原子力显微镜探针的振幅，从而达到对样品亚表面形貌的检测。

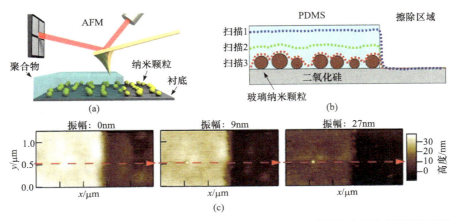

图 7-30　(a)AFM 测试聚合物亚表面示意图；不同振幅下对 PDMS 覆盖的玻璃纳米颗粒检测示意图 (b) 及 AFM 图 (c)

(3) 纳米操纵。

与扫描隧道显微镜相似，原子力显微镜不仅可用于各种样品的纳米级形貌成像，也被广泛应用于纳米级尺度材料的操纵。许多研究领域需要借助原子力显微镜对纳米级尺度的物体进行精确制造或者操作。例如，借助原子力显微镜可以操纵纳米线，建成复杂而高导电的纳米电路，从而对相关纳米材料的电学性能进行测试。图 7-31(a) 和 (b) 分别为在杂乱的 Au 纳米线中，利用原子力显微镜搭建出的纳米电路光学暗场像和原子力显微镜图。从图中可以看出，在原子力显微镜的操纵下，Au 纳米线形成了一条闭合电路。基于该纳米电路，可以针对电路中任意选定区域间的 I-V 特性、电阻等电学性能进行测试，从而量化 Au 纳米线间接触点的电阻，如图 7-31(c) 和 (d) 所示。原子力显微镜对纳米导线的精确操控，为实现电路微型化提供了可能。

近年来，很多基于原子力显微镜进行纳米操作的光刻技术得到快速发展，根据其主要原理可以分为电辅助和力辅助的原子力显微镜纳米光刻。在电辅助的纳米光刻中，原子力显微镜针尖和衬底之间施加电压，形成局域强电场，针尖作为一个纳米尺度的电极起到电流的收集和注入的作用。在这样的强局域电场作用下，静电相互作用、电化学作用、场发射、介电击穿等过程可能会被激发，从而促使在样品表面形成各种纳米

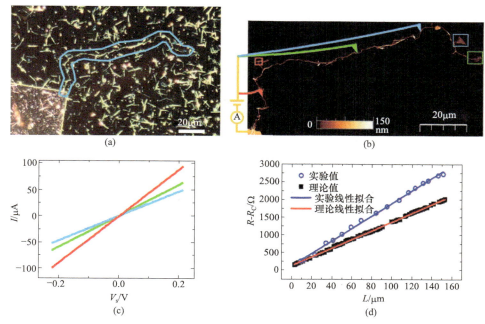

图 7-31　(a) 杂乱 Au 纳米线的暗场光学像 (蓝线勾勒出 AFM 搭建的电路)；(b)Au 纳米线电路的 AFM 图；(c)AFM 针尖在图 (b) 中不同位置的 I-V 谱；(d)Au 纳米线电路电阻随长度的变化图

结构。根据针尖电压的大小及衬底的材料，电辅助的纳米光刻可应用于阳极氧化、电化学沉积、静电吸引等。在力辅助的原子力显微镜纳米光刻中，把很大的力施加到针尖上，从而在样品衬底上制备纳米结构。代表性的种类有机械印刻、划刮，热机械书写和蘸笔印刷 (dip-pen nanolithography，DPN)。在这种纳米光刻过程中，针尖上施加的力要比成像扫描时的力大得多。在该力的作用下，针尖在衬底上通过机械的刮、擦、拉、推等操作移动衬底原子或是针尖上的原子，从而形成纳米结构。在蘸笔印刷中，不是操纵衬底上已有的原子，而是把针尖当作一个纳米尺度的笔尖，把"墨水 - 目标原子"沉积到衬底上形成纳米尺度的结构。图 7-32(a) 和 (b) 分别为采用蘸笔印刷的方法制备出的 Au-Co-PdSn($Au_{0.30}Co_{0.37}Pd_{0.19}Sn_{0.14}$) 纳米颗粒的 STEM 暗场像和金属间混合关系示意图。在对材料中的相关金属元素分别进行 EDS 元素成像时发现，四种金属形成了三相，分别是 Au(黄色)、Co(绿色) 和 PdSn(蓝紫色)，如图 7-32(c) ～ (g)。而 STEM 暗场像中的衬度也基本可以看出明显的三相界面，初步可以判断这种相分离是由金属元素原子序数不同引起的。基于原子力显微镜发展出来的蘸笔印刷法，将在设计和制备多金属体系中的特定异质结构，以及研制其他新材料方面发挥不可替代的作用。

　　除扫描隧道显微镜和原子力显微镜外，其他扫描探针显微技术也得到了长足的发展。例如，磁力显微镜是在原子力显微镜的基础上发展起来的，可用于测量材料表面的磁性信息 (磁畴)。磁性存储材料、超导材料等磁性材料由于巨大的应用前景而受到广泛关注。随着科技的不断进步，各种扫描探针技术也将不断改进和发展，同时随着不同学科领域对扫描探针技术了解的加深，其应用领域也不断拓宽。扫描探针显微镜作为人类科学发展的重要研究工具，未来将发挥更大的作用。

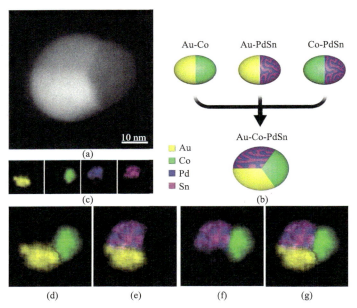

图 7-32　Au-Co-PdSn 三相异质结构纳米颗粒的 STEM 暗场像 (a) 和金属间混合关系示意图 (b)；(c)～(g) 图是 (a) 中纳米颗粒的元素成像图

7.3　显微拉曼光谱技术

　　印度物理学家 C. V. Raman 于 1928 年利用单色光照射物质后得到散射光，并对散射光进行光谱分析，首次发现了散射光与入射光频率不同的现象。为表彰 C. V. Raman 对拉曼散射的发现，以及其系统地研究拉曼光谱取得的成绩，C. V. Raman 于 1930 年获得诺贝尔物理学奖。拉曼光谱和红外光谱一样，已经发展成为非常重要的现代光谱技术，两者都能反映分子的振动信息，但其原理有很大的区别：红外光谱是通过分子对入射电磁波吸收得到的吸收光谱，而拉曼光谱是散射光谱，所得分子信息来源于入射光与散射光频率的差值。由于它们的原理不同，拉曼光谱和红外光谱对分子的某些结构有着各自不同的响应，所以在分子检测中经常作为互补技术加以应用。

　　随着激光技术和显微技术的发展，显微拉曼光谱技术结合了拉曼光谱可以获取分子振动能级的指纹光谱和显微镜微区分析的优点，使之在物理、化学、生物、医学等领域得到广泛的应用。从光谱本身角度出发，共焦显微拉曼光谱与普通的激光拉曼光谱并没有本质上的区别，只是在光路中引进了共焦显微镜，消除了来自样品离焦区域的杂散光，形成空间滤波，保证了探测器获得的散射光是来自激光采样焦点薄层微区的信号。通过调节焦点的位置，可以将激光聚焦于样品的不同可探测到的深度，实现对样品表面和内部的分析。辅以高倍光学显微镜，显微拉曼光谱技术可以将激光的光斑聚焦到微米数量级，排除周围物质的干扰，对样品的微区进行精确分析获得所关注样品微区的拉曼光谱信息。

7.3.1　样品制备

　　显微拉曼光谱仪对样品制备的要求非常低，无需对测试样品进行特殊制备，而且需要的样品量非常少，只要在显微镜下能够观察到样品就能进行拉曼光谱测试。对于待测固体样品，用双面胶将其直接固定到载玻片上即可，以防样品沾污物镜。液体样品可直接滴到带有凹槽的载玻片上进行测试，但由于液体样品聚焦相对困难 (可采用暗场聚焦)，测试时要谨慎，切勿沾湿物镜。对于易挥发的液体，要用透明薄膜对仪器物镜进行保护。

7.3.2　拉曼光谱技术应用及图例解析

　　显微拉曼光谱技术可以实现对物质的种类鉴别、组分分布和深度分析，被广泛地应用于化学、生物、半导体、考古等众多研究领域，已经发展成为当今最重要的固体材料表征技术之一。此外，基于拉曼光谱技术发展起来的表面增强拉曼光谱技术 (surface-enhanced Raman spectroscopy，SERS) 和针尖增强拉曼光谱技术 (tip-enhanced Raman spectroscopy，TERS) 也受到科研人员的极大关注，它们是检测痕量甚至单个化学和生物分子的有力手段，已成为新型的超灵敏检测方法。由于 SERS 和 TERS 都以激光作为激发光源，且能提供分子的指纹光谱，故都可以用来实时监测激光激发产生的表面等离激元驱动下发生的化学反应。

　　(1) 成分鉴别。

　　与红外光谱相似，拉曼光谱具有物质的指纹光谱，显微拉曼光谱仪可以收集物质的拉曼光谱信号，用以鉴别物质的种类。与红外光谱相比，显微拉曼光谱技术又有其独特的优点：无需对样品进行前处理、可以检测含水的样品、测试所需样品量少、测定时间短、灵敏度高等。

　　显微拉曼光谱技术通常被认为是一种无损检测方法，但对于稳定性稍差的样品，若拉曼测试使用的激光器产生的激光较强时，也会对样品造成损伤或破坏。拉曼光谱技术常用来检测制作艺术品和手工艺品的材料，尤其是对珠宝的检测。通过对宝石拉曼振动光谱的分析，可以获悉宝石的很多信息，如宝石是天然矿物、合成品或热处理品等，达到对珠宝进行鉴定的目的。图 7-33 为宝石样品不同部位的拉曼光谱图。由图 7-33(a) 可见，拉曼峰的位置分别在 $171cm^{-1}$、$321cm^{-1}$、$333cm^{-1}$、$348cm^{-1}$、$375cm^{-1}$、$483cm^{-1}$、$503cm^{-1}$、$560cm^{-1}$、$581cm^{-1}$、$637cm^{-1}$、$866cm^{-1}$、$919cm^{-1}$、$980cm^{-1}$ 和 $1045\ cm^{-1}$ 处，其出峰位置和相对强度与 $Fe_3Al_2Si_3O_{12}$ 的拉曼光谱非常吻合，所以该宝石顶部为铁铝榴石晶体。图 7-33(b) 为宝石样品底部的拉曼光谱图，在 $480cm^{-1}$、$800cm^{-1}$ 和 $1045cm^{-1}$ 处有明显的宽峰，这是硅酸盐玻璃的特征拉曼峰。图 7-33(c) 为宝石样品中部的拉曼光谱图，在 $157cm^{-1}$、$284cm^{-1}$、$715cm^{-1}$、$1087cm^{-1}$ 和 $1435cm^{-1}$ 处有五个特征峰，是三种不同碳酸钙相方解石晶体的拉曼光谱。所以，该宝石样品明显为仿造垫层的宝石赝品，只是在宝石顶部用了铁铝榴石晶体，而非真正的天然矿物宝石。

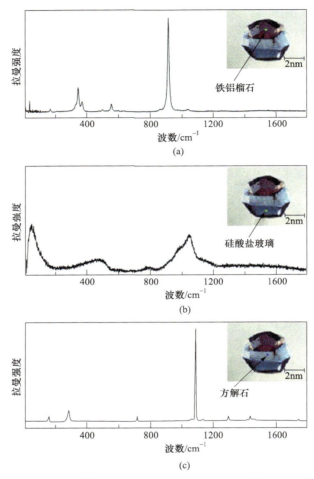

图 7-33   仿造垫层宝石中铁铝榴石 (a)、硅酸盐玻璃 (b) 和方解石 (c) 的拉曼光谱图

(2) 二维材料层数确定。

石墨烯是二维材料中最先被发现，也是最典型的二维材料代表之一，在此以石墨烯为例，采用拉曼光谱对二维材料的层数进行分析确定。石墨烯由 sp^2 杂化的碳原子组成蜂窝状阵列结构，完美的单层赋予其优异的物理化学性能，如比表面积高、机械强度大、导热性和电子性能出色等。众所周知，拉曼光谱是表征二维材料石墨烯的最有力方法之一。图 7-34(a) 是完美石墨烯和含缺陷石墨烯的典型拉曼光谱，完美石墨烯在 $1580cm^{-1}$ (G 带) 和 $2700cm^{-1}$ (G′ 带) 处有两个最强的拉曼峰。G 峰是 sp^2 杂化 C 原子的面内振动峰，也是单层石墨烯 (SLG) 中唯一的一阶拉曼散射过程。实际上，作为二阶拉曼散射的 G′ 带与 G 带并没有直接关系，其源于完全不同的光子相互作用。在含缺陷的石墨烯或完美石墨烯的边缘处，此类光子将在 $1350cm^{-1}$ 处产生峰，称为 D 带。D 带对应于六个 C 原子环的呼吸模。由于 G′ 峰的拉曼位移通常是 D 峰的两倍，因此 G′ 峰也称为 2D 峰。除 D 带外，D′ 带是石墨烯缺陷的另一个拉曼特征峰。

在识别出石墨烯的拉曼特征峰之后，经过进一步分析拉曼光谱，即可获得构成实际石墨烯材料的层数。图 7-34(b) 为通过机械剥离制备的石墨烯的光学图像，图中可以通过颜色清楚地区分 SLG、双层石墨烯 (BLG)、三层石墨烯 (TLG) 和四层石墨烯 (4LG) 的边缘。为了更直观，图 7-34(c) 中给出了相应的示意图，图 7-34(d) 中拉曼光谱表征结果显示，随着石墨烯层数的增加，G′ 带的半峰宽增加，而且 G′ 带的位置呈线性蓝移。SLG 的 G′ 带是一个完美的洛伦兹峰，而在多层石墨烯中，G′ 带需要不同数量的洛伦兹函数拟合。此外，为了确定石墨烯材料，由多少层叠加组成，需要参考多层石墨烯拉曼光谱中低频 (40cm^{-1}) 下的 C 模。从理论上讲，没有 C 模是 SLG 的直接证据，因为 C 模是由石墨烯平面的相对运动引起的，并且对中间层的相互作用十分敏感。与 G′ 峰类似，C 峰的位置也随着石墨烯层数的增加向更高的波数偏移。石墨烯拉曼光谱中，G′ 带和 C 带位移与石墨烯层数的线性关系为确定石墨烯的层数提供了新方法。采用拉曼光谱法同样可以对其他层状二维材料进行分析，以便确定二维材料的层数。拉曼光谱技术的不足之处，在于一些物质的拉曼信号偏弱。

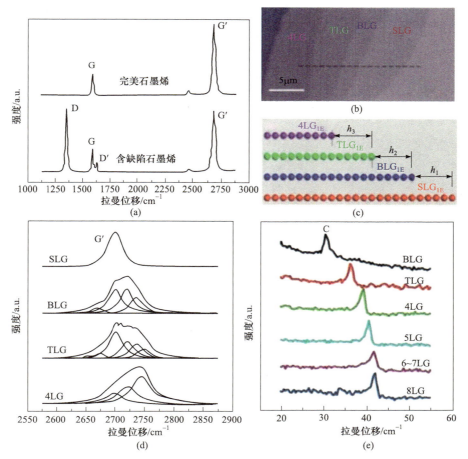

图 7-34　(a) 完美石墨烯和缺陷石墨烯的拉曼光谱；(b) 不同层数石墨烯的光学显微镜图像；(c) 图 (b) 中石墨烯边缘的堆叠构型示意图；(d) G′ 带和 (e) C 带随石墨烯层数的变化

(3) 组分分布。

　　与电子显微镜中的成像功能 (EDS 或 EELS) 类似，显微拉曼光谱仪也可以对有拉曼响应的样品进行拉曼成像，实现对样品表面组分分布的分析测试。两者的区别在于：电子显微镜中的成像功能是基于对元素的成像，而拉曼光谱仪是基于对拉曼活性组分的成像。拉曼光谱仪可以在激光光斑范围内进行点成像，并可通过调节激光光斑大小调整点成像的大小。图 7-35 为利用单颗粒表面增强拉曼光谱技术检测不同浓度亚甲基蓝的拉曼光谱，并以 $1618cm^{-1}$ 处苯环 C—C 伸缩振动 ($v_{C—C}$) 的特征峰为基准对相应浓度亚甲基蓝的拉曼成像图。从图中可以看出，随着浓度的降低，Ag 颗粒表面成像的响应强度也在减弱。通过 Ag 颗粒表面拉曼成像的强度分布情况，可以判断 Ag 颗粒表面增强拉曼的"热点"，即有利于拉曼信号增强的纳米结构，进而掌握材料中的"热点"分布情况，为拉曼增强材料的制备提供帮助。

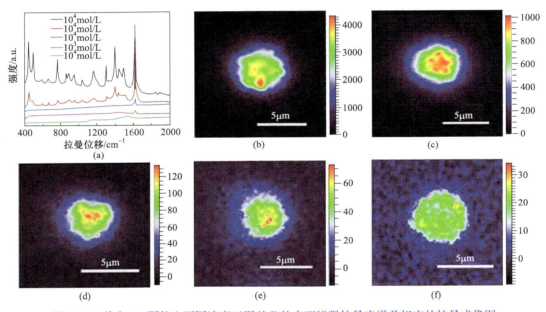

图 7-35　单个 Ag 颗粒上不同浓度亚甲基蓝的表面增强拉曼光谱及相应的拉曼成像图

　　显微拉曼光谱技术除了可以对样品的表面组分分布进行成像分析外，还能对一些样品组分的深度分布进行表征，进而获取样品的厚度信息。多组分晶体和共晶在制药行业起着举足轻重的作用，还具有奇特的光学、电学和磁性质，可能被开发为新型的功能材料。利用显微拉曼光谱的深度分析和面成像技术，可以对多组分有机晶体中各组分的三维分布情况进行定量分析。图 7-36 为 α, ω- 二溴代烷和烷烃客体分子在尿素配合物中的显微拉曼光谱深度分析结果。R_N 表示 α, ω- 二溴代烷和烷烃间的含量比，R_N 越大，则 α, ω- 二溴代烷的含量越高。图 7-36(a) 和 (b) 为采用转移法制备的多组分有机晶体，利用显微拉曼光谱的深度分析和深度面成像所得的表征结果。从图 7-36(a) 中可以看出，晶体表面在 0 ～ 120μm 范围，α, ω- 二溴代烷的含量呈逐渐降低的趋势，至 120 ～ 200μm 范围时则只有烷烃存在。而图 7-36(c) 和 (d) 是采用周期性注入烷烃客体分子的方法制备的多组分有机晶体。由图 7-36(c) 可见，该方法可以有效控制 α, ω-二溴代烷和烷烃两种客体分子的交替生长，使这两种客体分子生长呈现层状的分布。在制药行业中，如何控制不同药效分子在药品中的分布及其表征，都是重要且较难解决的问题，如活性药品的缓释、药效提高及有效期的延长等，都与之息息相关。

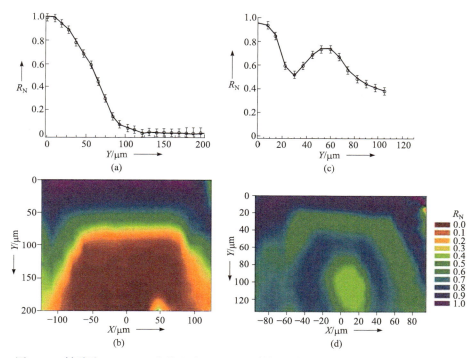

图 7-36　转移法 [(a)、(b)] 和注入法 [(c)、(d)] 制得尿素配合物的深度分析及面成像图

(4) 表面增强拉曼光谱。

拉曼光谱的散射截面远小于荧光的散射截面，很容易被背景荧光湮没，因此，拉曼光谱对有荧光或浓度较低的样品很难进行检测。表面增强拉曼光谱 (surface enhanced Raman scattering，SERS) 的发现，对这一问题的解决起到了较大的作用。1974 年，Fleischmann 等通过对光滑的银电极表面进行粗糙化处理，第一次用电化学的方法获得了吸附在银电极粗糙表面吡啶分子的拉曼光谱。Duyne 和 Creighton 等经过实验和精确计算发现，吸附在粗糙银电极表面上的吡啶分子的拉曼信号强度得到很大的提高，大约增强了 6 个数量级。而这种材料表面因吸附待测分子，使拉曼散射信号增强的强度与基底材料的粗糙度密切相关，表面增强拉曼散射效应是指在一些特殊结构金属 (如 Au、Ag 等) 表面或近表面，电磁场的增强导致吸附分子的拉曼散射信号比普通拉曼散射信号大大增强的现象，其与基底材料的粗糙度密切相关。目前，普遍认可的 SERS 增强机理主要包括物理增强机理 (也可称为电磁增强机理) 及化学增强机理两类。

基于 SERS 的检测限已经可以达到单分子水平，而高 SERS 灵敏度依托于优质的 SERS 基底。图 7-37(a) 为利用聚苯胺的还原性在聚苯胺表面原位生长的 Ag 纳米结构的 SEM 图。所得 Ag 纳米结构由 Ag 纳米片组装而成，Ag 纳米片之间的间隙通常可以作为 SERS 热点。以该 Ag- 聚苯胺纳米复合材料为 SERS 基底用于检测溶液中的对巯基苯甲酸 (MBA)，其检测限可以低至 10^{-12}mol/L，溶液中的 MBA 为 10^{-14}mol/L 时还有微弱的信号，如图 7-37(b) 所示。

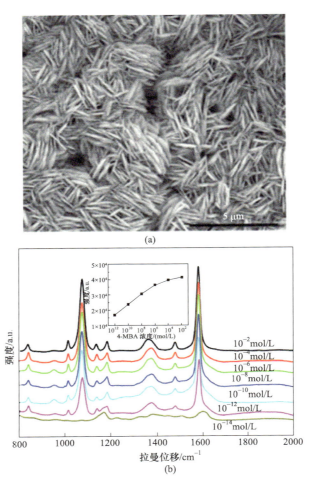

图 7-37　(a)Ag- 聚苯胺纳米复合材料 SERS 基底 SEM 图；(b) 不同浓度 MBA 的 SERS 图谱

　　SERS 也曾被人们认为是一种新的快速、无损检测方法，即在检测过程中不会使被测物质发生物理和化学变化。而随着研究的深入，人们发现高强度的激光照射在具有纳米结构的 SERS 基底上时，会发生局域表面等离子体共振而产生很强的热效应，如果将激光调节到适当的强度可以将基底表面的纳米结构熔化。如此高的热量会使基底表面的分子迅速挥发甚至被灼烧变质，以致无法得到初始被检测物质的拉曼光谱。而相对较低强度的激光照射虽不会使 SERS 基底在表观上有明显的变化，但也会引起基底表面吸附分子化学组分的变化。近些年来，大多数研究者将这种变化归结为由表面等离激元驱动下的催化反应，这引起了科学研究者的极大兴趣。

　　图 7-38 (a) 为利用单个 Ag 颗粒作为 SERS 基底，研究对硝基苯硫酚 (4NTP) 偶合为对巯基偶氮苯 (DMAB) 的反应示意图。研究结果表明，激光波长和能量对其反应

速率均有明显影响。4NTP 转化为 DMAB 的反应在 633nm 激光照射下的反应速率要比在 514nm 和 532nm 激光照射情况下慢很多，甚至被认为反应不能发生。但用单颗粒 SERS 研究时发现，在 633nm 激光连续照射下，用非常低的激光能量 (0.5mW) 也能驱动这个反应，但相对于 532nm 激光激发的反应速率低很多。如图 7-38(b) 所示，当激光照射 100min 后，位于 1335cm^{-1} 处 $v(NO_2)$ 的拉曼峰才开始明显减弱，1390cm^{-1} 和 1440cm^{-1} 处对应于 $v(N=N)$ 的拉曼峰才开始明显增强。即使连续照射 500min 后，$v(NO_2)$ 的拉曼峰仍然未完全消失，表明 4NTP 转化为 DMAB 的反应仍未进行完全。当 633nm 激光的能量提高到 2mW 时，该反应会在 15min 后基本完成。尽管相对于 532nm 激光的反应速率 (7min) 仍慢很多，但在同样的激发波长情况下，相对于低激发能量 (0.5mW) 的反应速率 (500min) 已经有了极大的提高。

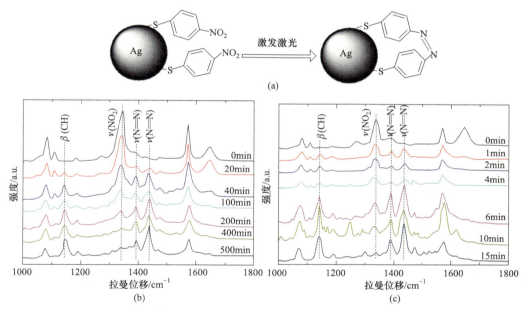

图 7-38　(a) 单颗粒 SERS 研究 4NTP 偶合为 DMAB 的反应示意图；(b) 功率为 0.5mW 和 (c) 2mW 的 633nm 激光照射下 Ag 表面 4NTP 随时间的变化的 SERS 图

局域表面等离激元产生的载流子对反应分子的活化有重要作用，但其却不利于 SERS 检测。为了避免 SERS 检测过程中基底表面吸附的分子，被局域表面等离子体共振而产生的热“损伤”，研究者可以在金属 SERS 基底表面包裹一层化学惰性的薄壳层，如 SiO$_2$、Al$_2$O$_3$ 等，由此也发展了壳分离纳米颗粒增强拉曼光谱 (shell-isolated nanoparticle-enhanced Raman spectroscopy, SHINERS) 技术。

(5) 针尖增强拉曼光谱技术。

SERS 研究依赖于粗糙化的金属表面或具有合适粒径的金属纳米颗粒，使得 SERS 难以发展成为一种通用的表面分析技术。此外，由于拉曼光谱采用激光激发样品的拉曼信号，受衍射极限的限制，其空间分辨率受限于激发光的半波长。SERS 技术要发展成为表面科学中通用的分析工具，首先要实现 SERS 效应脱离粗糙金属表面，可以研究光滑表面，甚至单晶电极表面；其次要突破光学衍射极限的限制，最大限度地提高空间分辨率。2000 年，美国、日本、德国和瑞士的几个研究组分别利用不同的扫描探针显微技术和拉曼光谱联用，在很相近的时间内都提出了针尖增强拉曼光谱技术 (tip-enhanced raman spectroscopy，TERS)。利用 TERS 不但获得了很高的空间分辨率，而且还可以得到用扫描近场光学显微技术难以得到的高检测灵敏度。TERS 技术从诞生至今，光谱学研究的空间尺度不断缩小，空间分辨率已经达到 3 ～ 15nm。

　　然而，基于传统 TERS 近场光学手段所能达到的空间分辨能力，对于尺寸较小的有机分子的识别仍然束手无策。非线性光学受激拉曼效应对电场强度高度敏感，其比传统线性光学过程具有更高的空间分辨能力，近年来在拉曼光谱分析领域也得到了广泛的应用。结合非线性光学和扫描隧道显微镜控制下的 TERS 技术，可以实现对单分子的化学成像，使 TERS 的空间分辨率提高到 1nm 以下。图 7-39(a) 为采用 TERS 识别 meso-tetrakis(3, 5-di-ertiarybutylphenyl)-porphyrin(H$_2$TBPP) 分子的实验装置示意图，其可利用隧穿电流较精密地控制隧道结距离。从 STM 图可以看出，在 Ag(111) 晶面存在两个单独的单分子、一个三分子团簇和单层分子岛 [图 7-39(b)]。针尖在不同分子位置收集的 TERS 谱，与 H$_2$TBPP 分子粉末的常规拉曼光谱一致，确认了分子成像结果的准确性 [图 7-39(c)]。从以上结果可以看出，H$_2$TBPP 分子的内部结构和分子构型可以被很清晰地呈现出来，真正达到了单分子成像，展示了 TERS 与非线性光学结合的技术在未来单分子化学识别以及超高空间分辨结构识别和成像研究中的应用前景。

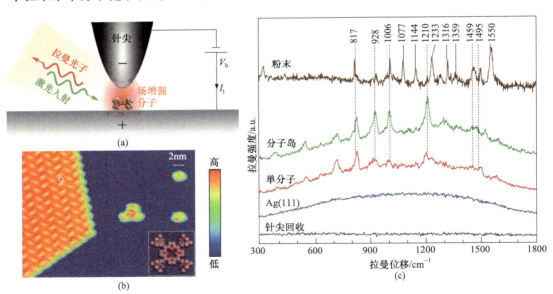

图 7-39　(a)TERS 实验装置示意图；(b)Ag(111) 表面亚单层 H$_2$TBPP 分子样品的 STM 形貌图 (35nm^2 × 27nm^2)；(c)H$_2$TBPP 分子粉末的常规拉曼光谱及针尖在不同位置收集的 TERS 谱 [红线对应 (b) 图中箭头所指单 H$_2$TBPP 分子，绿线对应分子岛上白色圆圈位置，蓝色为裸露 Ag(111) 表面位置，灰色对应于针尖从隧穿状态退离 5nm 处]

显微拉曼光谱技术除了可以实现对物质种类鉴别、组分分布分析等功能外，还能对材料的结晶度、应力、掺杂度等性能进行检测，已经被广泛地应用于化学、生物、医药、材料、地质等科研领域。有时在刑侦学也有重要的应用，如需要可靠、详细的刑侦信息支持起诉的法律问题等。显微拉曼光谱仪的高灵敏度和高分辨率成像技术使刑侦科学家得以发现，并确认极细微的物证，如单个指纹中的显微爆炸物颗粒。显微拉曼光谱技术检测范围可以涵盖毒品、爆炸物、油漆和颜料、纤维分析、可疑文件及枪击残留物等范畴。例如，可疑文件上交叉黑色水笔划痕的拉曼图像，将两种黑色墨水不同的拉曼光谱分别标为绿色和红色，可以清楚表明绿色所标笔划在红色的上面，方便了对文件真伪的判断，如图 7-40 所示。

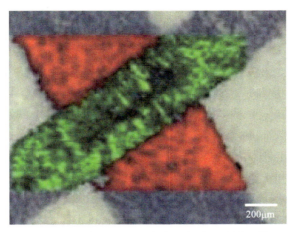

图 7-40　文件上交叉黑色水笔划痕的拉曼图像

基于拉曼光谱技术发展起来的 SERS 和 TERS 技术在痕量甚至单分子检测方面有极其重要的应用，是目前拉曼光谱技术科研领域的研究热点。此外，显微拉曼光谱仪不仅可以与扫描探针显微镜进行联用，还能与扫描电子显微镜、热重分析仪 (TG) 等技术进行联用。随着拉曼光谱各种技术及功能的不断开发，在拉曼光谱技术基础上发展起来的 SERS 和 TERS 技术在固体材料表征方面的作用也变得越来越重要。

7.4　X 射线光电子能谱

电子能谱学为利用具有一定能量的粒子 (光子、电子或离子) 轰击样品，通过研究从样品中释放的电子或离子的能量分布和空间分布，以了解样品基本特征的方法。入射粒子与样品中的原子相互作用，经历各种能量传递过程，最后释放出的电子和离子具有样品中元素的特征信息。通过对这些信息的解析，可以获悉样品中原子所处状态的各种信息，如样品的组成、键型结构及元素的价态等。现代电子能谱学已经发展成为一门独立、完整的学科，同时电子能谱学也逐步实现了与多学科的交叉和融合，涉及固体物理学、真空电子学、物理化学、计算机科学等。1981 年诺贝尔物理学奖授予瑞典 Uppsala 大学的 Kai M. Siegbahn 教授，以表彰其在高分辨率光电子能谱学所做的重要贡献。

电子能谱学的发展依赖于物理学的重大发现。A. Einstein 于 1905 年发表了光电效应理论，P. Auger 于 1923 年成功解释了俄歇电子的来源，两者构成了现代电子能谱学的基础。俄歇电子是指原子内层电子 (如 K 层电子) 被激发电离后形成的空穴，较高能级电子 (如 L 层电子) 回迁至该空穴，多余能量可使原子外层电子 (L 层电子) 受激发射，形成无辐射跃迁，这个被激发的电子即为俄歇电子，此电子可记录为 KLL。此外，真空技术和信息处理技术的发展是电子能谱学发展的重要前提。由于粒子可以和气体分子发生碰撞而损失能量，因此没有超高真空技术的发展，各种粒子很难到达固体样品表面，从固体表面发射出来的电子或粒子也不能到达检测器，而信息处理技术的发展是使这些信号得以检测分辨出来。电子能谱学中的主要技术均具有非常灵敏的表面性，是表面分析的主要工具。清洁表面暴露在 1.33×10^{-4} Pa 的真空环境中 1s 就会在样品表面吸附一个原子层，超高真空技术为获得稳定的清洁表面提供了可能，从而推动了电子能谱技术的广泛应用。

电子能谱学的内容非常广泛，凡是涉及利用电子、粒子能量进行分析的技术均可归属为电子能谱学的范畴。根据激发粒子及出射粒子的种类，可以分为以下几种技术：X 射线光电子能谱 (X-ray photoelectron spectroscopy，XPS)、俄歇电子能谱 (Auger electron spectroscopy，AES)、紫外光电子能谱 (ultraviolet photoelectron spectroscopy，UPS)、离子散射谱 (ion scattering spectroscopy，ISS)、电子能量损失谱 (electron energy loss spectroscopy，EELS) 等。各种类型的电子能谱及产生机理概述见表 7-2。固体材料表面化学分析最常用的是 X 射线光电子能谱，因此也称为化学分析用电子能谱 (electron spectroscopy for chemical analysis，ESCA)，其次是俄歇电子能谱。本节重点介绍 X 射线光电子能谱的分析实例，以了解其在固体材料表征方面的应用。此外，电子能量损失谱作为透射电子显微镜的辅助功能已经在 7.1.1 节中有所介绍。

表 7-2 电子能谱的主要类型

技术名称	英文缩写	技术过程基础
光电子能谱 (X 射线源)	XPS	测量由单色 X 射线源电离出的光电子能量
光电子能谱 (紫外光源)	UPS	测量由单色 UV 光源电离出的光电子能量
俄歇电子能谱	AES	测量由电子束或光子束 (无需单色) 先电离而后放出的俄歇电子能量
离子散射谱	ISS	测量经碰撞后背散射离子损失的动能
电子能量损失谱	EELS	由单色电子束冲击样品，测量经非弹性散射后的电子能量
彭宁电离谱	PIS	由介稳激发态原子冲击样品，测量由此产生出的电子能量
离子中和谱	INS	测量由稀有气体离子冲击出的俄歇电子能量

X 射线光电子能谱不仅能够探测固体材料表面的化学组成，而且可以确定各元素

的化学状态，已经广泛应用于化学、材料科学及表面科学。X 射线光电子能谱是以 X 射线为激发源，检测由样品表面出射的光电子来获取表面信息的。因此，样品的探测深度 (d) 就是光电子的逃逸深度，通常用非弹性散射平均自由程 (λ) 来度量。尽管 X 射线可穿透很深的样品，但只有样品近表面 - 薄层发射出的光电子才可能逃逸出材料表面，而且探测深度与被测材料的性质密切相关。一般地，金属、金属氧化物和有机聚合物中的电子逃逸深度分别为 0.5 ～ 2nm、1 ～ 3nm 和 3 ～ 10nm。因此，X 射线光电子能谱技术对固体材料的表面元素极为灵敏，光电子主要来自待测材料表面原子的内壳层，携带有表面丰富的物理和化学信息。X 射线光电子能谱是一种普适的表面分析技术，可以对固体材料中除氢、氦之外的所有元素进行分析。

7.4.1　X 射线光电子能谱测试样品制备

用于 X 射线光电子能谱测试的样品可分为粉末和块体。粉末样品的制备方法主要有铜片固定法和压片法。铜片固定法是用双面胶带直接把粉末粘贴在铜片上，铜片再粘贴到样品台上，以避免样品间的交叉污染。此方法样品用量少，但粉末样品容易脱落，也可能对仪器造成污染，而且，若所制备的样品均匀性差，很可能会因引入胶带的成分干扰样品的分析，造成分析灵敏度和分辨率降低。压片法是用双面胶平铺一定厚度 (0.1 ～ 0.5mm) 的粉末样品后，在铝箔保护下进行压片，将压成的薄片粘贴到样品托上即可进行测试。压片法信号强度高、导电性好，可减小谱图在测试中的漂移。但压片法需要更长的抽真空时间，也可能会破坏诸如卵壳结构一类的样品构造。对于块体材料，当表面附着有机污染物时，在进入真空系统前须用油溶性溶剂 (如环己烷、丙酮、乙醇等) 进行清洗；当表面附着无机污染物时，在进入真空室前可进行化学刻蚀、机械抛光或电化学抛光清洗处理，以除去样品表面的污染及氧化变质层或保护层。进入真空室后，通常有下列几种清洁表面的方法：

(1) 可沿着一定的晶向原位解理断裂脆性材料，产生几平方毫米面积的光滑表面，其清洁度基本与体相相当，可用于特定材料，如 Si、Ge 半导体及 GaAs、GaP 等离子晶体表面的处理。

(2) 采用稀有气体离子 (通常为 Ar^+) 溅射，然后加热退火 (消除溅射引起的晶格损伤) 的方法对样品进行清洁处理。需要注意的是，离子溅射可能引起一些化合物的分解和元素化学价态的改变。

(3) 对一些不能进行离子溅射处理的样品，可采用真空刮削或高温蒸发等方法来进行清洁处理，高温蒸发主要用于对难熔金属和陶瓷的表面清洁处理。需要严格注意的是，对于有弱磁性的样品，可以通过退磁方法消除磁性后进行测试，但禁止测试强磁性样品。

7.4.2　X 射线光电子能谱应用及图例解析

除光电子谱线外，在 X 射线光电子能谱中还经常可以观察到俄歇电子峰、X 射线的伴峰、震激和震离峰、多重分裂峰、能量损失峰等多种类型的谱线，均可为元素识别和价态分析提供帮助，但同时也使 X 射线光电子能谱的分析变得复杂。在实际应用中，测得样品的结合能值即可判断出被测元素种类。由于被测元素的结合能变化与其周围的化学环境有关，据此可推测出该元素的化学结合状态和价态。X 射线光电子能谱图中峰的强度对应于元素含量，可以进行元素的半定量分析。由于各元素的光电子激发效率差别很大，因此定量结果会有很大误差，但一般不超过 20%，其准确度明显高于 EDS。需要特别强调的是，X 射线光电子能谱提供的半定量结果是表面的成分，而不是样品整体的成分。随着科学技术的发展，X 射线光电子能谱也在不断完善，目前已开发出选区 (小面积)X 射线光电子能谱，其空间分辨率可以达到 10μm。利用其高空间分辨率，可以进行微区选点分析、线分布扫描分析及元素的面分布分析。在进行表面分析的同时，如果配合 Ar 离子枪的剥离，X 射线光电子能谱仪甚至还可以进行样品的深度分析。

(1) 元素种类分析。

X 射线光电子能谱仪采用能量较高的 X 射线为激发源，不仅可以激发出原子轨道中的价电子，还可以激发出元素芯能级上的内层轨道电子，其出射光电子的能量仅与入射光子的能量及原子轨道结合能有关。对于特定的单色激发源和特定的原子轨道，其光电子的能量具有指纹特征。当固定激发源能量时，其光电子的能量仅与元素的种类和所电离激发的原子轨道有关。因此，可以根据光电子的结合能定性分析固体材料的元素种类。图 7-41(a) 为典型的 X 射线光电子全谱 (XPS survey spectrum)，可用于鉴别被测材料表面所含元素。插图为在合成体系中引入 1, 1′-bis-(diphenylphosphino) ferrocene (dppf) 制备所得 Au_1Ag_{22} 纳米团簇的结构示意图，其中包括 Au、Ag、S、P、Fe 多种元素。通过对比参考文献、X 射线光电子能谱数据库或《X 射线光电子能谱手册》等，可以在 X 射线光电子全谱中标记出以上全部元素，从而明确了 Au_1Ag_{22} 纳米团簇的元素组分。图 7-41(b) 为 Perkin-Elmer 公司出版的《X 射线光电子能谱手册》中47 号元素 Ag 的标准图谱 (Al 靶为阳极靶)，可以看出 Ag 的最强特征峰的结合能分别为 374eV 和 368eV 的 $3d_{3/2}$ 和 $3d_{5/2}$，其他能级光电子的结合能如插图所示，均可作为判断 Ag 元素存在的依据。

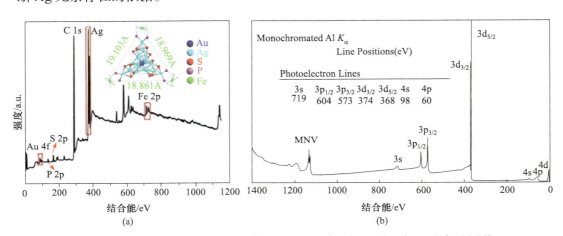

图 7-41　Au_1Ag_{22} 纳米团簇的 XPS 全谱 (a) 和 XPS 手册中 47 号元素 Ag 的标准图谱 (b)

(2) 元素价态分析。

在 X 射线光电子能谱的诸多应用中，元素价态的识别是其最主要、最具特色的用途之一。由于元素所处的化学环境不同，其内层电子的轨道结合能也有所不同，即存在化学位移。因此，识别元素价态的主要方法就是测量 X 射线光电子能谱的峰位位移。其次，化学环境的变化也会使一些元素的光电子谱双峰间的距离发生变化，这也是判定元素化学状态的重要依据之一。为准确测定样品元素光电子峰的结合能，首先需要对 X 射线光电子能谱进行校正。对于导电性良好的金属样品，可以基于费米能级 (E_F)（即结合能为零）对所得 X 射线光电子能谱进行校正。而对于导电性较差的样品（半导体和绝缘体），则常以碳的 C 1s 光电子峰为基准进行校正，但容易由于碳物种的多样性（吸附碳、石墨碳、脂肪碳等）、C 1s 光电子峰的取值 (284 ~ 285.6eV) 等导致错误，故须要谨慎使用。此外，测试导电性较差的样品，还应注意荷电效应对电子峰位移的影响。

催化反应是反应物、中间体及产物与催化剂相互作用的过程，而催化剂表面和亚表面的状态对催化反应至关重要，X 射线光电子能谱的检测深度决定了其是催化剂表征的最有力手段之一。因不受空气组分影响，原位 X 射线光电子能谱更能明确催化剂组成之间的构效关系。负载型双金属 Pt-Sn 催化剂是丙烷直接脱氢制备丙烯的高活性催化剂，其催化机理受到研究人员的广泛关注。图 7-42 为焙烧、氢气还原以及丙烷和氢气混合气氛处理后的 Pt-Sn/SBA-15 催化剂的准原位 X 射线光电子能谱图。图中可以看出，焙烧后的 Pt-Sn/SBA-15 催化剂中 Pt 的 $4f_{7/2}$ 峰在 71.1eV 处，可以归属为零价的金属态 Pt。而 Sn 的氧化物有 SnO_2 和 SnO_x 两种，其 Sn $3d_{5/2}$ 光电子峰的电子结合能分别位于 488.3eV 和 486.4eV。经过氢气还原以及丙烷和氢气混合气体处理后的 Pt-Sn/SBA-15 催化剂，Sn 的氧化物的信号减弱甚至消失，而 485.2eV 处出现的光电子峰为金属态 Sn。488.3eV 处电子峰是残留的 SnO_2，可能因其高度分散在 SBA-15 载体上，远离 Pt 而未能被还原。金属态 Pt 则与金属态 Sn 形成合金，其光电子峰因电子效应移动到 70.7eV。以上准原位 X 射线光电子能谱研究结果明确了 Pt-Sn/SBA-15 催化剂在丙烷

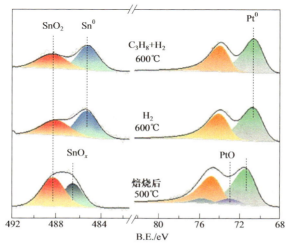

图 7-42　不同条件处理后 Pt-Sn/SBA-15 的准原位 X 射线光电子能谱

直接脱氢制备丙烯反应过程中关键金属元素的价态，为揭示双金属间的电子效应机理提供了实验依据。

如上面所述，X 射线光电子能谱中伴随出现的俄歇电子峰、震激或震离峰等会对光电子峰的分析带来干扰，但在特定情况下则可成为判断元素价态的主要依据。例如，Cu^0 和 Cu^+ 物质的光电子峰位移只有 0.1eV，很难通过光电子峰的位移区分其价态，此时可以通过 Cu 2p 的震激峰进行分析。如图 7-43(a) 所示，CuO 有很强的震激峰，Cu_2O 的震激峰则相对较弱，而金属态 Cu 则几乎观察不到震激峰，据此可区分待测样品中 Cu 的价态。然而，无论是震激峰还是震离峰均需要消耗能量，使光电子动能降低，当被测含 Cu 样品不是纯相时，其震激伴峰的变化往往不易被观察到，此时则需借助俄歇电子峰对其价态进行分析。图 7-43(b) 为 Cu、Cu_2O 和 CuO 中 Cu LMM 的俄歇电子峰，其动能分别位于 918.6eV、916.8eV 和 917.7eV 处，可以轻易分辨含 Cu 样品中不同价态的 Cu。因此，在元素价态分析方面，X 射线光电子能谱中的卫星峰和俄歇电子峰是对光电子峰的重要补充。

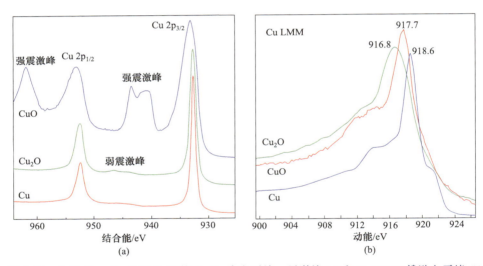

图 7-43　金属 Cu、Cu_2O 和 CuO 的 Cu 2p 光电子峰、震激峰 (a) 和 Cu LMM 俄歇电子峰 (b)

金属-载体界面位点在多相催化反应中表现出优异的性能，而元素价态分析是理解其电子结构的重要手段。由层状双金属氢氧化物通过结构拓扑转变法制备的二氧化锆修饰的 Cu 基催化剂 (Cu/ZrO_{2-x})，可用于草酸二甲酯加氢制乙二醇的反应。根据 CuZrMgAl 水滑石前驱体中的 Zr 含量 (0%、8%、12%、16% 至 20%，质量分数)，分别记为 Cu/MMO 和 Cu/ZrO_{2-x}-Sn。由于铜纳米颗粒在空气中容易被氧化成 Cu^+ 或 Cu^{2+} $(E_{Cu^{2+}/Cu^0} = 0.3419V；E_{Cu^+/Cu^0} = 0.521V)$，故采用准原位 X 射线光电子能谱技术研究 Cu/MMO 和 Cu/ZrO_{2-x} 样品中 Cu 的价态。如图 7-44(a) 所示，相比于 CuZrMgAl 水滑石前驱体中 Cu 的 X 射线光电子峰 Cu 2p$_{3/2}$ (933.6eV) 和 Cu 2p$_{1/2}$(953.5eV)，Cu/MMO 和 Cu/ZrO_{2-x} 样品中 Cu 的 Cu 2p$_{3/2}$ 和 Cu 2p$_{1/2}$ 峰分别迁移到 ∼ 933.0eV 和 ∼ 953.0eV 处，并伴随着卫星峰的消失，表明 Cu^{2+} 物种被还原为 Cu^0 或 Cu^+。由于 Cu^0 和 Cu^+ 光电子峰的结合能相近，进一步采用原位 X 射线俄歇电子能谱技术对其进行区分，见图

7-44(b)。结果显示，Cu/MMO 样品中 Cu LMM 俄歇电子的动能约为 916.3eV，表明其 Cu 主要是 Cu^0。随着样品中 Zr 含量的增加，Cu/ZrO_{2-x} 样品中位于 $\sim$ 915eV 处的俄歇电子峰强度增加，表明 Cu 与 ZrO_2 载体相互作用产生 Cu^+ 的含量增加，证明了 Cu 和 ZrO_2 之间存在强相互作用。

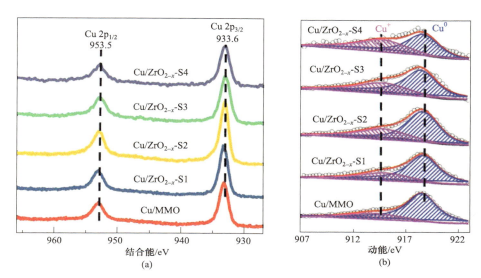

图 7-44　Cu/MMO 和 Cu/ZrO_{2-x} 催化剂中 Cu 物种的 X 射线光电子能谱 (a) 和俄歇电子谱 (b)

(3) 元素定量分析。

利用 X 射线光电子能谱进行表面分析时，不仅需要定性地确定样品的元素种类及其化学状态，而且还希望得到表面元素的含量信息。通过 X 射线光电子能谱定量分析时，一般在能量较窄范围内进行，如 10 ～ 30eV 的窄谱扫描，以保证光电子峰的强度和信噪比。X 射线光电子能谱定量分析的关键是，将谱峰面积转变成相应元素的含量，再将此谱峰下所属面积定义为谱线强度，见式 (7-2)。目前，X 射线光电子能谱定量分析多采用元素灵敏度因子法，该方法利用特定元素谱峰面积作为参考标准，测得其他元素相对谱峰面积，求得各元素的相对含量。大多数分析使用的是由标样得到的经验校准常数，也就是元素灵敏度因子。对某一固体试样中两个元素 i 和 j，如已知它们的灵敏度因子 S_i 和 S_j，并测出各自特定谱线强度 I_i 和 I_j，则固体试样中两个元素 i 和 j 浓度之比可简化为

$$\frac{n_i}{n_j} = \frac{I_i/S_i}{I_j/S_j} \tag{7-2}$$

采用 X 射线光电子能谱的元素定量分析功能可以系统地研究合金催化剂表面原子组成，并明确表面金属元素含量对催化性能的影响。据报道，$AuPd/TiO_2$ 合金催化剂通过原位催化生成活性氧物种可用于水净化，其效率分别是双氧水法和氯化法的 10^7 倍和 10^8 倍。研究表明，$AuPd/TiO_2$ 合金催化剂的净水活性与催化剂中 Au 和 Pd 的含量密切相关，其中 $0.5\%Au$-$0.5\%Pd/TiO_2$ 催化剂的活性最高。图 7-45 为 $0.5\%Au$-$0.5\%Pd/TiO_2$ 催化剂的 X 射线光电子能谱，并分别以 Au 4f 和 Pd 3d 为基准进行定量分析。结

果表明，粉末和压片样品中 Pd 和 Au 的比例分别为 4.22 和 4.78，而粉末和压片样品中 Pd^{2+} 和 Pd^0 的比例分别为 0.52 和 0.54，可以排除制样方法对 X 射线光电子能谱的影响。0.5%Au-0.5%Pd/TiO$_2$ 催化剂中高比例的氧化态 Pd 有利于原位催化产生更多的双氧水，为揭示其净水机理提供了重要帮助。

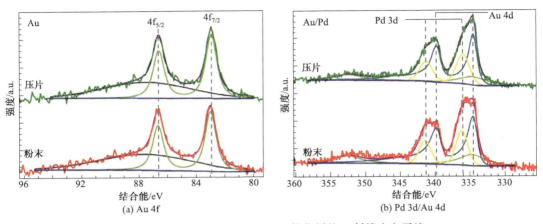

图 7-45　粉末和压片 AuPd/TiO$_2$ 催化剂的 X 射线光电子峰

(4) 深度组成分析。

　　传统的 X 射线光电子能谱仪一般配备单原子离子源进行深度分析，但用于软材料时常常会引起表面损伤，使样品的化学性质发生改变。目前，已经发展了基于 X 射线光电子能谱仪的双模离子源，可在单原子离子源和气体团簇离子源二者之间自由切换。首先把能量和电荷分散聚集到整个团簇上，此时的气体原子团簇依然可以剥离物质，但团簇撞击样品后能量会显著降低，这样可极大地减少对样品的损伤，从而获得真实样品表面的 X 射线光电子能谱。

　　图 7-46 为 Ar$^+$ 源和 Ar$_{75}^+$ 源溅射所得钙钛矿 CsPbI/ 二氧化钛模型样品的 X 射线光电子能谱深度分析剖面图。从图中可以看出，Ar$^+$ 源对材料表面的剥离效率更高，在 600s 内即可完成深度剖面分析，达到二氧化钛层，而 Ar$_{75}^+$ 源则需要 6000s 以上才能完成，见图 7-46(b)。此外，不同的离子源也会对材料中元素的价态产生影响，如在团簇离子源进行深度分析，刻蚀时 Pb^0 的比例会有所增加。因此，采用双模离子源既可剥离软材料，也可剥离硬材料，且可减少离子源对样品表面化学性质的影响。例如，常用的光电器件常由有机层和无机层相互堆叠而成，对其进行深度分析时可交替使用单原子离子源和气体团簇离子源，从而得到器件的 X 射线光电子能谱深度分析剖面图。

　　与 X 射线光电子能谱类似，俄歇能谱也可对样品的深度和组成进行分析。膜厚度的测量有多种方法，但对于常规光谱方法不敏感的材料，如 Si@SiO$_2$ 材料中 Si 表面覆盖微米或纳米级的 SiO$_2$ 薄膜，测量其 SiO$_2$ 薄膜的厚度也并非易事。而基于 Si@SiO$_2$ 界面不同深度处的 Si LVV 俄歇能谱，可实现 Si 表面 SiO$_2$ 膜的厚度测定。如图 7-47 所示，与 X 射线光电子能谱仪相似，俄歇能谱配置的离子源刻蚀配件可以刻蚀 Si 表面的 SiO$_2$ 薄膜，每刻蚀一次可剥离约 30nm 厚的 SiO$_2$ 薄膜。从图中可以看出，刻蚀 3 次后

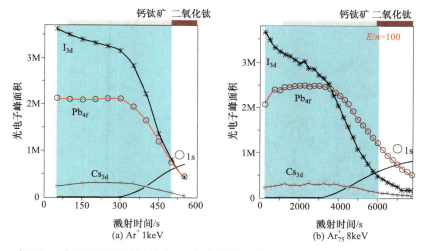

图 7-46　Ar^+ 源和 Ar_{75}^+ 源溅射所得钙钛矿 / 二氧化钛模型样品的 X 射线光电子能谱深度分析剖面图

SiO_2 位于 72.5eV 的俄歇峰消失，因此可以大致判断 $Si@SiO_2$ 材料中 Si 表面的 SiO_2 膜厚介于 60 ~ 90nm。

　　X 射线光电子能谱的表征特点在于能获取丰富的材料表面化学信息，对样品表面的损伤轻微，且可进行定量分析。随着电子能谱仪器制造技术的发展，近年来迅速发展起来的高灵敏度单色 X 射线光电子能谱 (Mono XPS)、小面积 X 射线光电子能谱 (SAXPS) 和成像 X 射线光电子能谱 (iXPS) 也倍受关注。特别是采用同步辐射光源作为激发源时，开发的扫描式 X 射线光电子能谱仪的空间分辨率可达 0.1μm。X 射线光电子能谱未来将在包括物理、化学、冶金、化工、微电子工业、环境保护等在内的领域发挥重要作用。

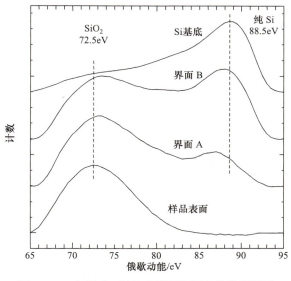

图 7-47　硅表面二氧化硅膜厚度测定的俄歇图谱

参 考 文 献

冯璐 . 2008. 扫描隧道显微镜对不同样品测试条件的分析 . 大学物理实验 , 22(2): 1-3.

高学平 , 张爱敏 , 张芦元 . 2019. 扫描电子显微技术与表征技术的发展与应用 . 科技创新导报 , 16(19): 99-103.

韩喜江 . 2011. 固体材料常用表征技术 . 哈尔滨：哈尔滨工业大学出版社 .

苗利静 , 江柯敏 , 朱丽辉 , 等 . 2020. X 射线光电子能谱测定固体粉末样品的制备方法比较 . 分析测试技术与仪器 , 26(1): 56-60.

任斌 , 田中群 . 2004. 表面增强拉曼光谱的研究进展 . 现代仪器 , 10(15): 1-8, 13.

任斌 , 王喜 . 2007. 针尖增强拉曼光谱：技术 , 应用和发展 . 光散射学报 , 18: 288-296.

王硕 . 2013. 扫描探针显微镜在多孔材料制备、纳米光刻以及高密度光存储中的应用 . 大连：大连理工大学 .

辛勤 , 罗孟飞 . 2009. 现代催化研究方法 . 北京：科学出版社 .

徐井华 , 李强 . 2013. 原子力显微镜的工作原理及其应用 . 通化师范学院学报 , 4(2): 22-24.

章晓中 . 2006. 电子显微分析 . 北京：清华大学出版社 .

Albrecht M G, Creighton J A. 1977. Anomalously intense Raman spectra of pyridine at a silver electrode. Journal of the American Chemical Society, 99(15): 5215-5217.

Binnig G， Rohrer H. 1986. Scanning tunneling microscopy. IBM Journal of Research and Development, 30(5): 355-369.

Braun K F, Rieder K H. 2002. Engineering electronic lifetimes in artificial atomic structures. Physical Review Letters, 88(9): 096801.

Chen P C, Liu M H, Du J S, 2019. Interface and heterostructure design in polyelemental nanoparticles. Science, 363(6430): 959-964.

Civita D, Kolmer M, Simpson G J, et al. 2020. Control of long-distance motion of single molecules on a surface. Science, 370: 957.

Cui G Q, Zhang X, Wang H, et al. 2021. ZrO_{2-x} modified Cu nanocatalysts with synergistic catalysis towards carbon-oxygen bond hydrogenation. Applied Catalysis B: Environmental, 280: 119406.

Ebeling D, Eslami B, Solares S D. 2013. Visualizing the subsurface of soft matter: Simultaneous topographical imaging, depth modulation, and compositional mapping with triple frequency atomic force microscopy. ACS Nano, 7(11): 10387-10396.

Fleisehmann M P, Hendra P J, McQuilla A J. 1974. Raman spectra of pyridine adsorbed at a silver electrode. Chemical Physics Letters, 26(2): 163-166.

Giarola M, Mariotto G, Barberio M, et al. 2012. Raman spectroscopy in gemmology as seen from a 'jeweller's' point of view. Journal of Raman Spectroscopy, 43(11): 1828-1832.

Greczynski G, Hultman L. 2020. Compromising science by ignorant instrument calibration-need to revisit half a century of published XPS data. Angewandte Chemie International Edition, 59(13): 5002-5006.

Henning A M, Watt J, Miedziak P J, et al. 2013. Gold-palladium core-shell nanocrystals with size and shape control optimized for catalytic performance. Angewandte Chemie, 52(5): 1477-1480.

Huang K, Leung L, Lim T, et al. 2013. Single-electron induces double-reaction by charge delocalization. Journal of the American Chemical Society, 135(16): 6220-6225.

Jeanmaire D L, Van Duyne R P. 1997. Surface Raman spectroelectrochemistry// heterocyclic, aromatic, and aliphatic amines adsorbed on the anodized silver electrode. Journal of Electroanalytical Chemistry and Interfacial Electrochemistry, 84(1): 1-20.

Kakubo T, Shimizu K, Kumagai A, et al. 2020. Degradation of a metal-polymer interface observed by element-specific focused ion beam-scanning electron microscopy. Langmuir: The ACS Journal of

Surfaces and Colloids, 36(11): 2816-2822.

Kang L L, Chu J Y, Zhao H T, et al. 2015. Recent progress in the applications of graphene in surface-enhanced Raman scattering and plasmon-induced catalytic reactions. Journal of Materials Chemistry C, 3(35): 9024-9037.

Kang L L, Liu X Y, Wang A Q, et al. 2020. Photo-thermo catalytic oxidation over TiO_2-WO_3 supported platinum catalyst. Angewandte Chemie, 132(31): 13009-13016.

Kang L L, Xu P, Chen D T, et al. 2013. Amino acid-assisted synthesis of hierarchical silver microspheres for single particle surface-enhanced Raman spectroscopy. The Journal of Physical Chemistry B, 117(19): 10007-10012.

Kang L L, Xu P, Zhang B, et al. 2013. Laser wavelength- and power-dependent plasmon-driven chemical reactions monitored using single particle surface enhanced Raman spectroscopy. Chemical Communications, 49: 3389-3391.

Kraus T, Brodoceanu D, Pazos-Perez N, et al. 2013. Colloidal surface assemblies: Nanotechnology meets bioinspiration. Advanced Functional Materials, 23(36): 4529-4541.

Li J F, Huang Y F, Ding Y, et al. 2010. Shell-isolated nanoparticle-enhanced Raman spectroscopy. Science Foundation in China, 464: 392-395.

Li Y B, Huang W, Li Y Z, et al. 2020. Opportunities for cryogenic electron microscopy in materials science and nanoscience. ACS Nano, 14(8): 9263-9276.

Liu G Q, Petrosko S H, Zheng Z J, et al. 2020. Evolution of dip-pen nanolithography (DPN): From molecular patterning to materials discovery. Chemical Reviews, 120(13): 6009-6047.

Liu K P, Zhao X T, Ren G Q, et al. 2020. Strong metal-support interaction promoted scalable production of thermally stable single-atom catalysts. Nature Communications, 11(1): 9.

Loos J. 2005. The art of SPM: Scanning probe microscopy in materials science. Advanced Materials , 17(15): 1821-1833.

Moreno-Moreno M, Ares P, Moreno C, et al. 2019. AFM manipulation of gold nanowires to build electrical circuits. Nano Letters, 19(8): 5459-5468.

Morgenstern K, Lorente N, Rieder K H. 2014. Controlled manipulation of single atoms and small molecules using the scanning tunnelling microscope. Physica Status Solidi B, 250(9): 1671-1751.

Moulder J F, Stickle W F, Sobol P E, et al. 1992. Handbook of X-ray Photoelectron Spectroscopy. Minnesota: Perkin-Elmer Corporation.

Noel C, Pescetelli S, Agresti A, et al. 2019. Hybrid perovskites depth profiling with variable-size argon clusters and monatomic ions beams. Materials (Basel), 12: 726.

Oncel N, Van Houselt A, Huijben J, et al. 2005. Quantum confinement between self-organized Pt nanowires on Ge(001). Physical Review Letters, 95(11): 116801.

Palmer B A, Le Comte A, Harris K D M, et al. 2013. Controlling spatial distributions of molecules in multicomponent organic crystals, with quantitative mapping by confocal Raman microspectrometry. Journal of the American Chemical Society, 135(39): 14512-14515.

Qiao B T, Wang A Q, Yang X F, et al. 2011. Single-atom catalysis of CO oxidation using Pt_1/FeO_x. Nature Chemistry, 3(8): 634-641.

Raman C V, Krishnan K S. 1928. A new type of secondary radiation. Nature, 121: 501-502.

Rau E I, Karaulov V Y, Zaitsev S V. 2019. Backscattered electron detector for 3D microstructure visualization in scanning electron microscopy: Review. Scientific Instruments, 90(2): 023701.

Richards T, Harrhy J H, Lewis R J, et al. 2021. A residue-free approach to water disinfection using catalytic *in situ* generation of reactive oxygen species. Nature Catalysis, 4: 575-585.

Sachan R, Ramos V, Malasi A, et al. 2013. Oxidation-resistant silver nanostructures for ultrastable plasmonic applications. Advanced Materials, 25(14): 2045-2050.

Seh Z W, Liu S H, Low M, et al. 2012. Janus Au-TiO$_2$ photocatalysts with strong localization of plasmonic near-fields for efficient visible-light hydrogen generation. Advanced Materials, 4(17): 2310-2314.

Setvin M, Aschauer U, Scheiber P, et al. 2013. Reaction of O$_2$ with subsurface oxygen vacancies on TiO$_2$ anatase (101). Science, 341(6149): 988-991.

Shirman T, Kaminker R, Freeman D, 2011. Halogen-bonding mediated stepwise assembly of gold nanoparticles onto planar surfaces. ACS Nano, 5(8): 6553-6563.

Swart I, Sonnleitner T, Niedenfuhr J, et al. 2012. Controlled lateral manipulation of molecules on insulating films by STM. Nano Letters, 12(2): 1070-1074.

Tang H L, Liu F, Wei J K, et al. 2016. Ultrastable hydroxyapatite/titanium-dioxide-supported gold nanocatalyst with strong metal-support interaction for carbon monoxide oxidation. Angewandte Chemie, 128(36): 10764-10769.

Theodosiou A, Spencer B F, Counsell J, et al. 2020. An XPS/UPS study of the surface/near-surface bonding in nuclear grade graphites: A comparison of monatomic and cluster depth-profiling techniques. Applied Surface Science, 508(1): 144764.

Timm R, Persson O, Engberg D L J, et al. 2013. Current-voltage characterization of individual as-grown nanowires using a scanning tunneling microscope. Nano Letters, 13(11): 5182-5189.

Urban K W. 2008. Studying atomic structures by aberration-corrected transmission electron microscopy. Science, 321(5888): 506-510.

Wang C H, Yang W C D, Raciti D, et al. 2021. Endothermic reaction at room temperature enabled by deep-ultraviolet plasmons. Nature Materials, 20: 346-352.

Wang D, Villa A, Porta F, et al. 2006. Single-phase bimetallic system for the selective oxidation of glycerol to glycerate. Chemical Communications, 18: 1956-1958.

Wang J L, Chang X, Chen S, et al. 2021. On the role of Sn segregation of Pt-Sn catalysts for propane dehydrogenation. ACS Catalysis, 11(8): 4401-4410.

Wang Z L. 2000. Characterization of Nanophase Materials. Weinheim: Wiley-VCH Verlag GmbH.

Wu D F, Dai C Q, Li S J, et al. 2015. Shape-controlled synthesis of PdCu nanocrystals for formic acid oxidation. Chemistry Letters, 44(8): 1101-1103.

Xu P, Akhadov E, Wang L Y, et al. 2011. Sequential chemical deposition of metal alloy jellyfish using polyaniline: Redox chemistry at the metal-polymer interface. Chemical Communications Royal Society of Chemistry, 47: 10764-10766.

Yan H, Liu C C, Bai K K, et al. 2013. Electronic structures of graphene layers on a metal foil: The effect of atomic-scale defects. Applied Physics Letters, 103(14): 666.

Yan J, Han X J, He J K, et al. 2012. Highly sensitive surface-enhanced Raman spectroscopy (SERS) platforms based on silver nanostructures fabricated on polyaniline membrane surfaces. ACS Applied Materials and Interfaces, 4(5): 2752-2756.

Yan P F, Zheng J M, Zhang J G, et al. 2017. Atomic resolution structural and chemical imaging revealing the sequential migration of Ni, Co, and Mn upon the battery cycling of layered cathode. Nano Letters, 17(6): 3946-3951.

Zhang R, Zhang Y, Dong Z, et al. 2013. Chemical mapping of a single molecule by plasmon-enhanced Raman scattering. Nature, 498: 82-86.

Zhang X B, Han S B, Zhu B, et al. 2020. Reversible loss of core-shell structure for Ni-Au bimetallic nanoparticles during CO$_2$ hydrogenation. Nature Catalysis, 3(4): 411-417.

Zou X J, He S P, Kang X, et al. 2021. New atomically precise M$_1$Ag$_{21}$ (M = Au/Ag) nanoclusters as excellent oxygen reduction reaction catalysts. Chemical Science, 12: 3660-3667.

Zou X W, Fan H Q, Tian Y M, et al. 2014. Synthesis of Cu$_2$O/ZnO hetero-nanorod arrays with enhanced visible light-driven photocatalytic activity. CrystEngComm, 16: 1149-1156.

第 8 章
晶体的非化学配比

　　早在 19 世纪贝陀立 (Berthollet) 与道尔顿 (Dalton) 之间就展开了争论，贝陀立认为化合物的化学组成在一定范围内会发生变化，组成配比取决于其制备方法，而道尔顿认为化合物有同样的组成不取决于制备方法。由于当时实验条件的限制，道尔顿的观点更被认可，认为化合物的组成服从定组成定律。在这个理论的指导下，加快了有机化学及无机化学中分子化合物的发展进程。但是物质的客观存在是不容忽视的，范特霍夫 (van't Hoff) 建立了固体溶液的概念，认为合金、玻璃、矿物、岩石都是固体溶液。洛滋本 (H. W. Roozeboom) 在热力学基础上建立了二元体系固体溶液相图。苏联著名化学家、冶金学家库尔纳柯夫 (Н.С.Курнаков) 建立了物理化学分析基础，研究了二元体系的相图，发现在组成和温度相图中，有的体系有奇异点，有的体系没有奇异点，而且在相应的组成和性质图上前者有明显的折点，而后者没有明显的折点，且是平滑的转变，他认为有奇异点的体系生成了固定组成的化合物，称为 Daltonide；而无奇异点的体系生成可变组成的化合物，也就是组成在一定范围内发生变化，不服从定组成定律的化合物称为 Berthollide，也就是现在常说的非整比化合物 (non-stoichiometric compound)。

　　非整比化合物又称为非化学计量化合物或非计量比化合物，尤其组成的晶态物质也是非化学配比的晶体，特点是化合物中化学成分与晶体结构中，不同原子所占据的比例不相符合，与固体材料的空位、间隙原子或错位等缺陷有着密切的关系。非整比化合物属于难于用确切分子式表示的一类化合物，其各元素的原子 (或离子) 组成可以在小范围内波动。它们的组成不服从定组成定律，不能用小的整数来表示，只能用小数描述。纯粹化学定义所规定的非整比化合物，是指用化学分析、X 射线衍射分析和平衡蒸气压测定等手段能够确定的、组成偏离化学计量的、均匀的物相，如 FeO_{1+y} 等。从点阵结构上看，非化学计量化合物组成的偏离值也可能很小，以致不能用化学分析或 X 射线衍射分析等检测出来，但可以测量其光学、电学和磁学的性质。这类低偏离化学计量的化合物具有重要的技术性能，是固体化学也是无机材料化学重点研究讨论的对象。

　　实际上，在实验室合成的无机固体化合物中，绝大部分物质难以完全服从定组成定律，现在很多研究利用其他元素掺杂以改变物质组成并达到调控固体材料性能的目的。正是这些非整比化合物的合成与发现，推动了多个领域的快速发展。人们只有了解非整比化合物的缺陷结构，才可以利用缺陷结构的性质，通过改变固体的组成而系统地控制或改善无机固体材料的电、磁、光、机械强度等性质。

8.1 非整比化合物的形成原因

前面讲到了可以通过在完美晶体中添加杂质而引入缺陷，这种由杂质而引入的缺陷是非本征性的。NaCl 晶体在 Na 蒸气中加热会形成色心，Na 被引入了晶体，因此它的结构变为 $Na_{1+x}Cl$。Na 原子占据阳离子位置，从而生成了等量的阴离子空位；离子化后，生成 Na^+ 和被阴离子空位束缚的电子。广义上来说，各类原子的相对数目不能用几个小的整数比表示的化合物都可以称为非整比化合物。通常，科研人员改变化合物的组成是为了提高其原有性能或赋予其新性能，因此把非整比化合物定义为由于原子比不是简单整数比而又具有特殊物理化学性能的化合物可能更合适。非整比化合物也是人们利用缺陷来改变化合物原有属性的经典表现。对诸多物质（特别是无机固体）的分析表明，原子比为非整数是非常普遍的。例如，氧化铀的组成是在 $UO_{1.65}$ 到 $UO_{2.25}$ 之间，而不是通常所认为的 UO_2。

非整比化合物内部缺陷的产生和浓度往往与环境（气氛和温度等）有关。前面提到的色心，实际上属于非整比缺陷。虽然非整比化合物的某些结构特性和性质（如晶胞的大小及其他物理和化学性质）可随组成变化，但结晶学意义上的晶体结构和对称性在整个稳定的组成范围内保持不变。那么，什么化合物容易变成非整比的呢？共价化合物通常组成是固定的，因为原子是通过具有饱和性和方向性的强共价键连接在一起的，而断开这些键需要较高的能量，有机化合物同样如此。离子化合物通常也是整比的，因为移除或添加离子需要非常高的能量。当然，离子化合物晶体也可以通过掺入杂质而变成非整比，就像前面讲到的在 NaCl 晶体中加入 Na 或 Ca。离子化合物转变为非整比化合物还有另外一种机理：如果离子晶体中含有一种多价态元素，当这种元素的量发生变化时，该元素则要通过氧化态的改变来维持离子晶体的电中性，但其氧化数的变化会形成晶体化合物的非整比性。

总体来说，非整比化合物分子式中原子比不是简单的整数比，其可以通过在晶体中引入杂质实现，也常常因晶体中存在某种多氧化态金属元素而形成。表 8-1 列举了一些非整比化合物及它们的组成范围，由表可以看出，非整比的产生并非仅限于金属元素，非金属元素量的改变同样会引起非整比的产生，这些物质组成的改变也大大地改变了它们原有的理化属性。测定含有缺陷的化合物的结构是非常困难的，X 射线衍射 (XRD) 是用来判断晶体结构的常用方法，但是这种方法只能给出晶体的平均结构。对于没有缺陷的结构来说，XRD 是一种非常好的表征方法；但对于非整比化合物和含有缺陷的结构来说，XRD 不能给出准确的信息，因此对它们的结构信息测定中，需要一种能够测定局部结构的技术，而这样的技术是很少的。所以，对非整比化合物的结构测定需要多种技术的联用，如 XRD、中子衍射、正电子湮没寿命谱仪、密度测定、光谱技术、高分辨电镜技术、磁性测试等。非整比化合物由于可以通过改变组成而调制它们的电子、光学、磁性和机械性能，因此在工业上是非常有应用价值的，最著名的非整比化合物是利用氧空位的高温超导体 $YBa_2Cu_3O_{7-x}$。

表 8-1　一些非整比化合物的组成范围

化合物		组成范围
TiO_x	[≈ TiO]	$0.65 < x < 1.25$
	[≈ TiO_2]	$1.998 < x < 2.000$
VO_x	[≈ VO]	$0.79 < x < 1.29$
Mn_xO	[≈ MnO]	$0.848 < x < 1.000$
Fe_xO	[FeO]	$0.833 < x < 0.957$
Co_xO	[≈ CoO]	$0.988 < x < 1.000$
Ni_xO	[≈ NiO]	$0.999 < x < 1.000$
CeO_x	[≈ Ce_2O_3]	$1.50 < x < 1.52$
ZrO_x	[≈ ZrO_2]	$1.700 < x < 2.004$
UO_x	[≈ UO_2]	$1.65 < x < 2.25$
$Li_xV_2O_5$		$0.2 < x < 0.33$
Li_xWO_3		$0 < x < 0.5$
TiS_x	[≈ TiS]	$0.971 < x < 1.064$
Nb_xS	[≈ NbS]	$0.92 < x < 1.00$
Y_xSe	[≈ YSe]	$1.00 < x < 1.33$
V_xTe_2	[≈ VTe_2]	$1.03 < x < 1.14$

8.2　非整比化合物的分类

非整比化合物与缺陷有着密切联系，以 M_aX_b 型化合物为例，按照缺陷所在的位置和形成原因大致可以分为以下几类。

1. 阴离子短缺非整比化合物 (M_aX_{b-y})

TiO_2、ZrO_2、CdO、CeO_2 和 Nb_2O_5 等是这类化合物常见的例子，它们的分子式又可以分别写为 TiO_{2-y} 和 ZrO_{2-y} 等。从化学计量的观点来看，这类化合物中阳离子与阴离子的比例本应是一个固定值，如在 TiO_2 情况下的 1 : 2；但实际上由于氧离子不足，在晶体中存在氧空位，TiO_2 的非化学计量范围比较大，可以从 TiO 到 TiO_2 连续变化。

2. 阳离子过剩非整比化合物 ($M_{a+y}X_b$)

$Zn_{1+\delta}O$ 和 $Cd_{1+\delta}O$ 属于这种类型。过剩的金属离子进入间隙位置，相应数目的准自由电子被束缚在处于间隙位置的金属离子周围，以保持整个晶体的电中性，形成了某种色心。例如，ZnO 在锌蒸气中加热颜色会逐渐加深，就是形成色心的缘故。$Zn_{1+\delta}O$ 非整比的作用过程是，ZnO 在 Zn 蒸气中加热到 600 ～ 1200 ℃，ZnO 晶体颜色由浅变深，稳定后为红色，其具有相当小的化学配比偏差，室温下电导有较大的提高（与 ZnO 相比），其原因是加入了间隙 Zn。因为 ZnO 的结构相当开放，空间群为 $P6mc$，晶体结构的隧道中有容纳 Zn 原子的宽阔空间，Zn 扩散的活化能又相对较低，仅为 0.55eV，说明非整比性来源于自间隙锌，而不是氧空穴。$Zn_{1+\delta}O$ 导电性相当于 N 型半导体，锌起到了施主的作用。通过测定表明，每个间隙 Zn 仅提供 1 个自由电子导电，因此 ZnO 在 H_2 气氛中加热，也可产生类似情况，其原因分析认为是 H 原子以 OH 的行为加入。提供一个电子，H 同样起到了施主的作用。

3. 阳离子短缺非整比化合物 ($M_{a-y}X_b$)

由于阳离子缺位，带负电的阳离子空位在其周围捕获带正电的准自由电子空穴，以保持电中性。这种材料属于 P 型半导体。能形成这类非整比化合物的有 NiO、CoO、MnO、Cu_2O、FeS 和 FeO 等许多过渡金属化合物。以方铁矿 ($Fe_{0.95}O$) 为例，在氧气作用下，它可以形成非整比化合物，其分子式可写为 $Fe_{1-y}O$。每缺少 1 个 Fe^{2+}，为保持位置关系，就出现 1 个 V''_{Fe}。为维持电中性，1 个 V''_{Fe} 要捕获 2 个准自由电子空穴，相当于在晶体中 2 个 Fe^{2+} 转变成 Fe^{3+} 来保持电中性。

在阳离子短缺的化合物中，氧化亚钴 $Co_{1-\delta}O$ 是比较特殊的，无论用何种制备手段，皆不能制成化学配比的 CoO，如

(1) $Co(OH)_2 \longrightarrow Co_{1-\delta}O + H_2O$

(2) $CoCO_3 \xrightarrow{\triangle} Co_{1-\delta}O + CO_2$

(3) $2Co + O_2 \xrightarrow{燃烧} 2Co_{1-\delta}O$

为维持整个晶体的电中性，每失去一个 Co^{2+}，晶体中两个 Co^{2+} 会转变为 Co^{3+}，电荷转移是靠"空穴"从一个 Co^{3+} 移至相邻的 Co^{2+} 而发生的。$Co_{1-\delta}O$ 材料的导电性取决于 Co^{3+} 的浓度，$Co_{1-\delta}O$ 的电学性质取决于环境中氧的分压，即体系内 Co 与 O 的比值与环境中的氧气的分压有定量关系。此特点可作为在 $10^{-13} \sim 10^{-1}$kPa 范围测定氧气压力的方法。

CoO 的氧化步骤可以描述为：在 CoO 晶体表面位置每结合一个氧原子，两个内部的 Co^{2+} 就分别转移一个电子给电中性氧而形成一个正常的氧离子 O^{2-}，1 个 Co^{2+} 迁移到表面，而在内部产生一个 Co^{2+} 空位。这一过程的化学反应方程式是

$$1/2O_2(g) + 2Co^{2+} \rightleftharpoons O^{2-} + 2Co^{3+} + D$$

$$c' = \frac{[O^{2-}][Co^{3+}]^2[D]}{p_{O_2}^{1/2} \cdot [Co^{2+}]^2} \tag{8-1}$$

式中，D 表示缺陷。

缺陷的产生或者说非整比的形成，对晶体中 $[Co^{2+}]$ 和 $[O^{2-}]$ 影响不大，可认为其为常数并将之归入 K' 中，则 $K = \dfrac{[Co^{3+}]^2[D]}{p_{O_2}^{1/2}}$；根据方程式，以及 $[Co^{3+}]=2[D]$，如果忽略初始时的 Co^{3+} 空位，则晶体中 Co^{3+} 与环境中氧气分压的关系是

$$[Co^{3+}] = (2K)^{1/3} \cdot (p_{O_2}^{1/2})^{1/3} = (2K)^{1/3} \cdot p_{O_2}^{1/6} \tag{8-2}$$

$Co_{1-\delta}O$ 晶体的导电性正比于 Co^{3+} 离子浓度，根据电导值测出 $[Co^{3+}]$，结合已知的环境氧中分压值，以 $[Co^{3+}]$ - $p_{O_2}^{1/6}$ 作图，画出标准曲线，则可对未知的环境氧测定分压。由于初始晶体中 Co^{3+} 离子浓度及空位的忽略，常会带来一定的误差。实际上，$Co_{1-\delta}O$ 晶体制备的氧分压传感器，是以电导对数与 p_{O_2} 对数作图，所得直线的斜率在 $1/4 \sim 1/6$，表明 $[Co^{3+}]$ 正比于 $p_{O_2}^{1/4} \sim p_{O_2}^{1/6}$。对测得的 Co^{3+} 浓度，取其对数值并在标准曲线上进行查找，则可求出 O_2 的分压。此类氧分压传感器对环境氧分压很敏感，故而可用于极低氧分压环境中 O_2 的分压测试。

4. 阴离子过剩非整比化合物 (M_aX_{b+y})

这类化合物的晶格中由于阴离子过剩形成填隙阴离子，因而在其近邻引入正电荷（准自由电子空穴）以保持电中性。准自由电子空穴在电场的作用下会运动而导电，所以这种材料是 P 型半导体。由于阴离子一般较大，不易挤入间隙位置，这种类型并不常见。

另外，由于杂质缺陷产生的非整比化合物，其又可分为：

(1) 高价阳离子取代，产生阳离子空位或间隙阴离子。例如，Ca^{2+} 取代 NaCl 晶体中的 Na^+ 时，生成的化合物 $Na_{1-2\delta}Ca_\delta Cl$，其缺陷表示式为 $(Na_{Na}^\times)_{1-2\delta}(Ca_{Na}^\cdot)_\delta(V_{Na}')_\delta Cl_{Cl}^\times$，产生的是阳离子钠空位；$Y^{3+}$ 取代 CaF_2 晶体中的 Ca^{2+} 时，生成的化合物 $Ca_{1-\delta}Y_\delta F_{2+\delta}$，其缺陷表示式为 $(Ca_{Ca}^\times)_{1-\delta}(Y_{Ca}^\cdot)_\delta(F_i')_{2\delta}(F_F^\times)_{2-2\delta}$，产生的是间隙氟阴离子。

(2) 低价阳离子取代，产生阴离子空位或间隙阳离子。例如，Ca^{2+} 取代 ZrO_2 晶体中的 Zr^{4+} 时，生成的化合物 $Zr_{1-\delta}Ca_\delta O_{2-\delta}$，其缺陷表示式为 $(Zr_{Zr}^\times)_{1-\delta}(Ca_{Zr}'')_\delta(V_O^{\cdot\cdot})_\delta(O_O^\times)_{2-\delta}$，产生的是阴离子氧空位。

非整比化合物与其母体化合物的不同之处在于：它们的组成改变，颜色发生变化，具有金属性、半导体性，或不同的化学反应活性，还有特殊的光学和磁学性质。随着科学的不断发展，实验条件、实验手段越来越先进，人们发现许多固体具有非整比的计量特征，并可以此来大大改变这些化合物的物理化学性质，从而增加这些化合物的实际应用价值。

8.3　非整比化合物的一些实例

8.3.1　方铁矿的非整比性

FeO 也称为方铁矿 (wustite)，具有 NaCl 的晶体结构，精确的化学分析表明它是非整比的，总是处于缺铁的状态。图 8-1 是 FeO 的相图，方铁矿的存在范围随着温度的升高而增加，570℃ 以下分解为 α-Fe 和 Fe_3O_4。Fe 的短缺可能有两种情况：存在 Fe 空位而变成 $Fe_{1-x}O$，或间隙位置上有过剩的 O 而变成 FeO_{1+x}。

通过密度测定方法得到一种实际 FeO 晶体的密度为 $5.728g/cm^3$，而理论计算得到间隙 O 的结构密度为 $6.076g/cm^3$，而 Fe 空位的结构密度为 $5.742g/cm^3$，因此这种实际

FeO 样品中含有 Fe 空位，其分子式可以写为 $Fe_{0.945}O$。对于多数非整比化合物来说，它们的晶胞尺寸会发生改变，但是它们的对称性保持不变，通常称为费伽德 (Vegard) 定律。上面从结构角度分析了 FeO 的缺陷，从电子缺陷角度讲，FeO 的缺陷来自部分 Fe(Ⅱ) 被氧化为 Fe(Ⅲ)。对于每产生一个 Fe(Ⅱ) 空位，必须两个 Fe(Ⅱ) 阳离子被氧化为 Fe(Ⅲ)，这一点已经用穆斯堡尔 (Mössbauer) 谱证实。

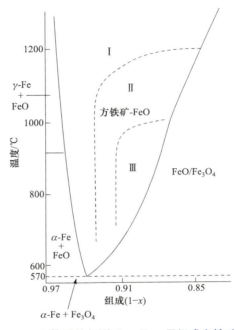

图 8-1　FeO 体系的相图 Ⅰ、Ⅱ、Ⅲ组成方铁矿区域

8.3.2　UO$_2$ 的非整比性

在 1127℃ 以上，UO_2 一般呈现富氧非整比性固相 UO_{2+x}，从 UO_2 到 $UO_{2.25}$ 都可以存在。FeO 可以通过阳离子空位变成 $Fe_{1-x}O$，而 UO_{2+x} 主要通过间隙阴离子实现。$UO_{2.25}$ 也就是 U_4O_9，是一种低温条件下常见的铀氧化物。UO_2 具有萤石结构，图 8-2(a) 所示的晶胞结构含有 4 个 UO_2。

在非整比性相 UO_{2+x} 中，额外引入的 O 会进入间隙位置。最明显的位置可能是没有金属原子的正方体中心位置，但是这个位置不是额外 O 的理想位置，因为这个位置不但拥挤，而且被八个带有相同电荷的 O 所包围。中子衍射分析表明间隙 O 离子不是恰好处于正方体的中心位置，而是在偏离中心一点的位置，这样另外两个 O 离子稍微偏离了原先所处的点阵位置，从而生成了两个空位，如图 8-2(b) 所示。图中选出了 3 个正方体，并给出了一个额外间隙 O 和两个被取代 O 以及它们留下的空位位置。这里的缺陷簇可以认为是由两个空位、一个间隙 O 和两个被挤开的 O，也称为 2∶1∶2 Willis 簇。O 离子从理想位置的移动用图中的箭头表示，间隙 O 从中心沿着 (110) 晶面移动。图 8-2(a) 所示的晶胞被这种缺陷簇修改后就变成了 U_4O_9，实际得到的 O 就是图 8-2(b) 所示的间隙 O。引入额外间隙 O 离子所需的电荷补偿通常是由附近的 U(Ⅳ) 氧化为 U(Ⅴ) 或 U(Ⅵ) 来实现的。

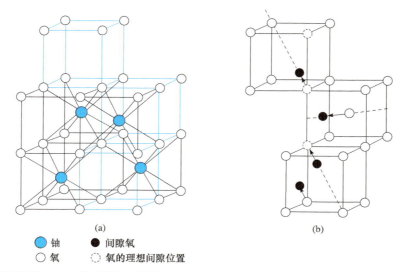

铀　　●间隙氧
○氧　　○氧的理想间隙位置

图 8-2　(a) 萤石结构 UO$_2$(单元晶胞以粗线表示)；(b)UO$_{2+x}$ 的间隙缺陷 (U 的位置在每个方块的中间，此处未显示出来)

8.3.3　TiO 的非整比性

Ti 和 O 形成的非整比化合物组成范围较广，可以从 TiO$_{0.65}$ 延续到 TiO$_{1.25}$，这里主要探讨 TiO$_{1.00}$ 到 TiO$_{1.25}$ 的化合物。整比组成的 TiO$_{1.00}$ 的晶体结构可以想象为 NaCl 型结构，在金属和氧点阵位置都可以存在空位。在 900℃ 以上，这些空位是任意分布的，但是低于这个温度，它们是规则排列的，如图 8-3 所示。

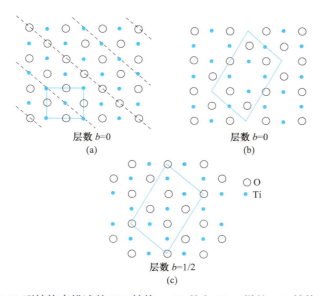

层数 $b=0$
(a)

层数 $b=0$
(b)

○ O
• Ti

层数 $b=1/2$
(c)

图 8-3　(a) 设想以 NaCl 型结构来描述的 TiO 结构；(b) 是和 (a) 一样的 TiO 结构，沿着虚线的原子呈间隔缺失；(c) 是 (b) 图所示的下一层 TiO 结构

图 8-3(a) 显示的是 NaCl 型结构的一层结构，每隔 3 个垂直对角面的晶面用虚线表示。在 $TiO_{1.00}$ 的晶体结构中，沿着虚线的原子呈间隔缺失，如图 8-3(b) 所示。如果认为是在沿着 y 轴方向看图 8-3(a) 和 (b)，而且这样的层是在晶胞的顶端，即 $b=0$ 或 1，那么在这层之下且平行与它的那层将是晶胞的中心水平面层，其 $b=1/2$，如图 8-3(c) 所示。同样，图 8-3(a) 中沿着虚线的原子呈间隔缺失。图 8-3 (a) 中框图区域是完美 NaCl 型结构的晶胞，$TiO_{1.00}$ 晶体中考虑了缺陷之后的新晶胞如 8-3(b) 和 (c) 的框图区域所示，它们是单斜结构的。这些结构看上去是整比的，实际上它们同时包含了阳离子和阴离子点阵位置的空位。$TiO_{1.00}$ 之所以呈现金属导电性，是因为其结构存在的空位使晶格收缩以至于 Ti 的 3d 轨道重合，因而拓宽了导带，并允许电子传导。

8.3.4　WO_3 和 $M_\delta WO_3$ 的非整比性

三氧化钨 (WO_3) 多为立方或四方晶体，一般处于缺氧状态且氧含量较难确定，有许多不连续的化合物，因此它的非整比化合物通式一般写为 WO_{3-x} 或 W_nO_{3n-2}。在低氧缺陷时，如 $WO_{2.95}$，氧空位彼此无关，紊乱分布在晶体结构中。但随着空位增多，氧空位会连接，形成断面，此时八面体 WO_{3-x} 为共边而不是共角。

钨青铜 ($M_\delta WO_3$) 和类似体是一组将碱金属、碱土金属、铜、银、铊、铅、钛、铀、稀土元素、氢或铵离子插入 WO_3 的结构中而形成的一类化合物。例如，在 WO_3 晶体中插入的钠，其随机分布在立方晶胞的体心位置，形成含一定钠元素的钠钨青铜 $Na_\delta WO_3$，当 $\delta < 0.25$ 时 $Na_\delta WO_3$ 是半导体；当 $\delta > 0.25$ 时 $Na_\delta WO_3$ 表现出金属特性；当 δ 为 $0.4 \sim 0.98$ 时，$Na_\delta WO_3$ 的颜色由蓝色→紫色→铜色→金黄色。在室温下，$Na_\delta WO_3$ 对大多数试剂表现出明显的惰性，但众所周知，正常状态下金属钠的活性是非常强的，这充分说明金属钠在 WO_3 晶体中并不是以原子态存在，其通过掺杂方式进入了 WO_3 晶体。

8.4　非整比化合物的应用领域

非整比化合物中原子比不是简单的整数比，因此在同一晶体中某些元素存在多种价态，从而使这些晶体具有特殊且新颖的物理化学性能。非整比化合物是一种新型的功能材料，在光、电、磁等方面往往具有整比材料所不具备的特殊性能，具有巨大的科技价值。下面举例说明非整比化合物的结构与物性之间的关系。

8.4.1　超导材料

超导材料大多数是非整比化合物，如钇钡铜氧化物 $YBa_2Cu_3O_{7-x}$，它是氧缺陷非整比化合物，$x \leqslant 0.1$ 时超导性最佳，是首个超导温度在 77K 以上的材料，它的发现推动了高温超导体的飞速发展。例如，1975 年发现的 $BaPb_{1-x}Bi_xO_3$ 晶体，在 $x=0.3$ 时，超导温度 $T_c=13K$；$La_{2-x}Ba_xCuO_4$ 晶体在 $x=0.1$ 时，$T_c=35K$，它们是由非整比化合物形成的空穴超导体。还有电子型超导体，如 $(Pr_{1.85}Th_{1.5})CuO_{4-x}$，$T_c$ 在 20K 左右。

YBa$_2$Cu$_3$O$_{7-x}$ ($x \leqslant 0.1$) 属于有"缺陷"的钙钛矿型 (CaTiO$_3$) 的堆垛结构，钙钛矿结构中 Ti 的位置被 Cu 所占据，而 Ca 的位置换成了 Ba 和 Y，结构中一些氧原子从本应出现的位置上消失，如图 8-4 所示。结构测定表明在相当于 3 个钙钛矿晶胞的 YBa$_2$Cu$_3$O$_{7-x}$ 结构中，Y、Ba、Cu 是分层排列的，Ba 和 Y 在原 CaTiO$_3$ 的 Ca 的格位，且顺 c 轴方向有—Y—Ba—Ba—Y—Ba—Ba—Y—的有序层状结构，而 Cu 在原 CaTiO$_3$ 的 Ti 的格位，O 的缺陷分别在 Y 面心位和 Ba 面心位。因此，在结构上 YBa$_2$Cu$_3$O$_{7-x}$ 可以称为"钙钛矿超构 (三倍晶胞) 铜混合价态氧缺陷型"化合物，正是这种"缺陷"结构使其具有超导性。

若将钙钛矿化学式用 ABX$_3$ 表示，如果将 c 轴扩大 3 倍，可得 A$_3$B$_3$X$_9$，设 A$_3$ = YBa$_2$，B$_3$ = Cu$_3$，则为 YBa$_2$Cu$_3$O$_9$，不难算出此时 Cu 的平均氧化数为 +3.6667，这显然是不可能的。因为已经知道氧化物中 Cu 的最高氧化态只为 +3。另外，对于有氧缺陷的 YBa$_2$Cu$_3$O$_7$，Cu 的平均氧化数为 +2.333，即每 3 个 Cu 原子中就有 2 个为 Cu^{2+}、1 个为 Cu^{3+}，对于 YBa$_2$Cu$_3$O$_{7-x}$ 则 Cu^{3+} 就更少一些。实验证实，制备的工艺条件会严重地影响 YBa$_2$Cu$_3$O$_{7-x}$ 的 T_c 值，特别是杂质和氧气压力不同而造成氧缺陷的程度不同。

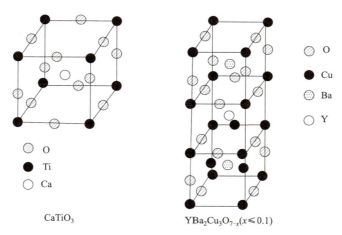

图 8-4　CaTiO$_3$ 和 YBa$_2$Cu$_3$O$_{7-x}$ 结构示意图

8.4.2　半导体材料

在现代化学理论指导下，通过对制备条件的严格控制，在非整比化合物内部通过嵌入特定的材料，可使电子在其中的流动具有不可逆性，使其具备定向导电性，可得到不同规格的半导体材料。现已研制的半导体材料按其利用的物性可分为：

(1) 利用晶粒本身性质的材料可做热敏电阻、压敏电阻、氧量检测器，利用晶界析出相性质的材料可做光电动势元件，这些材料被广泛用于催化转换器、热反应温度报警、火灾报警晶体过热保护、家用电器如电冰箱的温度控制等。压敏电阻对电压变化十分敏感但并非呈线性变化，当电压高到一定值时，它的电阻值急剧变化，并有电流通过，低于这个值，则几乎无电流通过。因而压敏电阻广泛用于电路稳压，电流和电压的限制以及各种半导体元件的过电压保护等。

(2) 利用表面性质的材料可做半导体电容器、湿敏元件，如湿度传感器对空气中的水蒸气压力的改变有敏感的电阻变化。以 $NiFe_2O_4$ 尖晶石型为例，该陶瓷实为 $Ni_{1-x}Fe_{2+x}O_4$ 铁氧体，其中 Fe^{2+} 和 Fe^{3+} 共存，当表面吸附有水蒸气后，将抑制 Fe^{2+} 和 Fe^{3+} 之间的电子转移，从而使电阻增大。

常见的 N 型半导体 $Sn_{1+x}O_2$ 是阳离子过剩的非整比化合物，它可吸附 H_2、CO、CH_4 等气体，此时电导明显变化，利用此特点可制作气敏电阻。图 8-5 为利用 SnO_2 纳米材料制备的气敏元件气体选择性能测试图，可见根据气体种类的不同，材料的导电性能有很大的变化，因此可以用其制作气敏电阻元件。P 型半导体 PbO_{2-x} 也是非整比化合物，它的 O ：Pb =1.88，是空穴导电，可用作铅酸蓄电池电极。

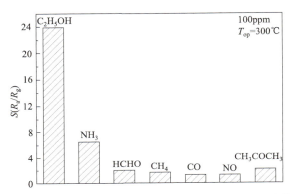

图 8-5　SnO_2 纳米材料制备的气敏元件气体选择性能测试柱状图

8.4.3　光功能材料

非整比化合物在光学器件中也具有很广泛的应用，下面举例说明非整比化合物在激光、荧光和磷光功能材料中的应用情况。

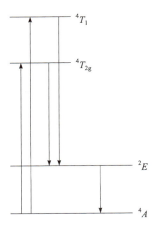

图 8-6　激光材料的工作原理示意图

(1) 激光功能材料。

红宝石 (刚玉 Al_2O_3 中掺入了 1% Cr_2O_3) 是第一个被发现的激光功能材料。当接受氙灯光照时，处于基态 ^4A 的电子被激发到较高的激发态 $^4T_{2g}$、$^4T_1$ 等，处于激发态的这些电子并未迅速返回基态，而是返回到高于基态 ^4A 的一个较低的激发态 ^2E。这犹如存在一个 "光泵"，把基态 ^4A 的电子大量集聚到激发态 ^2E。这时，若用波长和位相相当于 ^2E 和 ^4A 能量差的光进行诱导，光子就会像打开开关一样，猝然从 ^2E 激发态返回到 ^4A 基态，如图 8-6 所示。这就是所谓的激光，是把强度小的入射光放大成有集束性的高强度的相干光。

红宝石晶体中的 Cr^{3+} 是激光晶体里起光泵作用的 "激活离子"，而 Al_2O_3 为基质晶体。除 Al_2O_3 外，还有很多物质可以作为激光晶体的基质，如氧化物：Y_2O_3、La_2O_3、Gd_2O_3、Er_2O_3、MgO；氟化物：CaF_2、SrF_2、BaF_2、MgF_2、ZnF_2、LaF_3、CeF_3；复合氟化物：CaF_2-YF_3、BaF_2-LaF_3、CaF_2-CeF_3、SrF_2-LaF_3、$NaCaYF_6$；复合氧化物种类较多，可以有石榴石型氧化物：$Y_3Al_5O_{12}$、$Y_3Fe_5O_{12}$、$Y_3Ga_5O_{12}$、$Gd_3Ga_5O_{12}$；白钨矿型氧化物：$CaWO_4$、$SrWO_4$、$CaMoO_4$、$PbMoO_4$、$SrMoO_4$、YVO_4、$NaLa(MoO_4)_2$、$Ca_3(VO_4)_2$、$Ca(NbO_3)_2$；钙钛矿型氧化物：$LaAlO_3$、$YAlO_3$；磷灰石：$Ca_5(PO_4)_3F$ 等。

近年来报道了硼酸铝钕激光器，不到 1mm 厚的晶体就可产生 $1 \sim 10mW$ 连续输出功率或 600W 的脉冲功率；还报道了超磷酸钕 NdP_5O_{14}，它可以做成不需加激活离子的激光器。激光产生的单频率高强度的脉冲光的应用潜力巨大，可用于通信、钢材切割、外科手术、遥感测距以及引发化学反应、引发核反应及激光武器等。

(2) 荧光和磷光材料。

荧光和磷光都是电子从激发态回到基态的电磁辐射现象。通常，寿命短的（一般为 $10^{-7} \sim 10^{-3}s$）称为荧光，供给的能量一旦中断，荧光立即停止；寿命长的光称为磷光，中断供能磷光还能持续发射。一般说来，供能的方式主要有：给予光辐射；给予阴极射线、X 射线、γ 射线及其他高能辐射；化学反应中的发光；电场引发等。

例如，在日光灯的玻璃管中，涂有一种磷灰石结构的卤磷酸钙 $[Ca_5(PO_4)_3(F，Cl):$ $Sb^{3+}，Mn^{2+}]$ 荧光粉，在汞蒸发辉光放电时产生的 253.7nm 的紫外线照射下能放出较宽波长的可见光。彩色电视显像管使用的荧光粉 $Zn_{1-x}Cd_xS:AgCl$，当 $x = 0.29$ 时发红光；$Y_2O_2S:Eu$ 或 $Y_2O_3:Eu$ 也发红光；$[(Zn，Cd)S:Cu，Al]$ 或 $ZnS:Cu$，Al 发绿光；$ZnS:Ag$ 发蓝光。绿光、蓝光、红光三者混合就可以用于彩色电视屏。在雷达上使用的是长余辉的发光材料，它是由 $ZnS:Ag$ 和 $[(Zn，Cd)S:Cu，Al]$ 制作成的双层屏，有时也用 $ZnF_2:Mn$、$MgF_2:Mn$ 等。

8.4.4　磁性材料

铁氧体是最重要的一类磁性材料，它们是以氧化铁为主要成分的复合氧化物，主要有尖晶石型、石榴石型和磁铅石型等。在非整比六方晶系铁氧体 $Ba_{3(1+x)}Co_2Fe_{24}O_{39+x}$（$x=-0.20 \sim 0.20$）中发现，$x > 0$ 时，过量的 Ba^{2+} 会分布在沿着 a 轴的间隙位置，加快离子扩散和晶粒生长，从而增加饱和磁化强度；此时，得到的材料微结构均匀，烧结密度高，且磁导率较大。相反，当 $x < 0$ 时，Ba^{2+} 的缺失会导致结构不稳定及杂相的生成，同时，饱和磁化强度减小、矫顽力增加，且磁导率变小。

尖晶石是指以 $MgAl_2O_4$ 为典型代表的结构，属立方晶系。从堆积角度看，它是 O^{2-} 按面心立方作最紧密堆积，这样便产生了四面体和八面体两种空隙，金属离子都填入这些空隙之中，其中 Mg 填入四面体空隙、Al 填入八面体空隙。若 Fe^{3+} 取代了 Al^{3+}，便得通式为 MFe_2O_4 的尖晶石型铁氧体，M 可为 Mg^{2+}、Ni^{2+}、Co^{2+}、Cu^{2+}、Fe^{2+}、Zn^{2+}、Mn^{2+} 等，Ga^{3+}、In^{3+}、Co^{3+}、Cr^{3+} 等也可代替 Al^{3+}。而且，实验证实采用多种阳离子的尖晶石型铁氧体常具有较好的磁性。

尖晶石型铁氧体在无外加磁场时并不显示磁性，当外加一个磁场时，铁氧体则被磁化。根据磁化的情形，大致可将铁氧体分为三类：第一类是在移去磁场后磁化很快消去，称为软磁体，如 $(Mn，Zn)Fe_2O_4$、$(Ni，Zn)Fe_2O_4$ 等，用于制作变压器铁芯或电动机等。第二类则为残留磁化大、磁性不易消失的永久磁铁，称为硬磁体，如 $(Co_{0.75}Fe_{0.25})Fe_2O_4$。第三类介于这二者之间，如 $(Mn，Mg)Fe_2O_4$、$CoFe_2O_4$，可用于制作电子计算机的存储元件。

具有磁性的铁石榴石可用通式 $M_3Fe_5O_{12}$ 表示，M＝Y^{3+}、Lu^{3+}（镧系元素，可以是 Sm～Lu）等。石榴石属于立方晶系，体心晶胞（每个晶胞含 8 个 $M_3Fe_5O_{12}$），结构中的阳离子填入四面体、八面体和十二面体三种空隙。石榴石结构的重要特点是可用作取代的离子种类繁多，而且石榴石的结构也可进行调节，从而可根据各种不同的需要合成各种性质不同的铁氧体。石榴石结构还较容易地生长成单晶，有良好的磁、电、声等能量转化功能，可广泛用于电子计算机、微波电路等。例如，电子计算机用作存储器的磁泡，其是一种直径为 10mm 以下的圆柱形磁体，在外加磁场控制下可在特定位置上出现或消失，即可呈现"0"和"1"的两种状态。

磁铅石型铁氧体可用通式 $MFe_{12}O_{19}$ 表示，M＝Pb、Ba、Sr 等，磁结构较为复杂。它们具有单轴各向异性，可作为磁记录材料。

8.4.5　压电材料

当向无对称中心的晶体施加压力、张力或切向力时，会发生与外加力所引起的应力成正比的电极化，从而在晶体的两端出现正负电荷，即出现电势差，称为正压电效应。反之，在晶体上施加电场，将产生与电场强度成正比例的晶体变形或机械应力，称为逆压电效应。这两种效应统称为压电效应。

目前市场上品种繁多的压电陶瓷在结构上都属于畸变的钙钛矿结构，组成用通式 $A^{II}B^{III}O_3$ 表示，有多种不同组合方式，如 $(A^I_{1/2}A^{III}_{1/2})TiO_3$、$M^{II}(B^I_{1/3}B^V_{2/3})O_3$、$M^{II}(B^{II}_{1/2}B^V_{1/2})O_3$、$M^{II}(B^{II}_{1/2}B^{VI}_{1/2})O_3$、$M^{II}(B^{III}_{2/3}B^{VI}_{1/3})O_3$、$M^{II}(B^I_{1/4}B^V_{3/4})O_3$ 等；其中 A^I＝Li^+、Na^+、K^+、Ag^+；A^{III}＝Bi^{3+}、La^{3+}、Ce^{3+}、Nd^{3+}；B^I＝Li^+、Cu^+；B^{II}＝Mg^{2+}、Ni^{2+}、Zn^{2+}、Mn^{2+}、Co^{2+}、Sn^{2+}、Fe^{2+}、Cd^{2+}、Cu^{2+}；B^{III}＝Mn^{3+}、Sb^{3+}、Al^{3+}、Yb^{3+}、In^{3+}、Fe^{3+}、Co^{3+}、Sc^{3+}、Y^{3+}、Sm^{3+}；B^V＝Nb^{5+}、Sb^{5+}、Ta^{5+}、Bi^{5+}；B^{VI}＝W^{6+}、Te^{6+}、Re^{6+}；M^{II}＝Ca^{2+}、Sr^{2+}、Ba^{2+}、Pb^{2+}、Eu^{2+}、Sm^{2+}。在无铅非整比压电陶瓷 $(1-x)(Bi_{0.5}Na_{0.5}TiO_3)$-$xBaTiO_3$ 中，发现受体（Na）掺杂不会改变钙钛矿结构，而授体（Bi）掺杂会导致斜方扭曲的发生。授体掺杂会大大增加的介电性能，而受体掺杂反过来会导致介电性能的恶化。与整比材料相比，受体掺杂会产生"硬化"特征，表现为介电常数、介电损耗和压电系数的减小以及机械品质因数和矫顽磁场的增加，其机理主要与长程磁畴结构和缺陷化学的变化有关。

因此，根据不同要求，调节组成可制得具备不同特性的压电材料。压电陶瓷可用作气体点火装置、超声波振子、超声传声器、压电继电器、压电变压器、扩音器芯座、压电音叉、滤波器等。压电陶瓷主要机理是将机械压力转变成电能，如 PLZT 系压电

陶瓷 $Pb_{1-x}La_x(ZrTi_{1-y})_{1-x/4}O_3$，还有 PZT 结构的尖晶石结构的氧化物 $PbZr_{1-x}Ti_xO_3$ 的微小粒子的烧结体 (陶瓷)，轻轻撞击一下只有数厘米长的圆柱体，就能得到数万伏的电压，放出电火花起到点火作用。此外，$Ba_{0.88}Pb_{0.88}Ca_{0.04}TiO_3$ 陶瓷广泛用于超声加工机声呐器中，非整比的压电陶瓷还有压敏电阻气体传感器、湿度传感器等。

8.4.6　热电材料

热电效应是电流引起的可逆热效应和温差引起的电效应的总称，包括泽贝克 (Seebeck) 效应、佩尔捷 (Peltier) 效应和汤姆孙 (Thomson) 效应。泽贝克首先发现了热电效应，从而开始了人类对热电材料的研究与应用。热电材料也称为温差电材料 (thermoelectric materials)，是一种利用固体内部载流子运动，实现热能和电能直接相互转换的功能材料。

当两种不同导体构成闭合回路时，如果两个接点的温度不同，则两接点间有电动势产生，且在回路中有电流通过，即温差电现象或 Seebeck 效应，表示为式 (8-3)：

$$S=dV/dT \tag{8-3}$$

式中，S 为 Seebeck 系数，它的大小和符号取决于两种材料的特性和两接点的温度。原则上讲，当载流子是电子时，冷端为负，S 是负值；如果空穴主要是载流子类型，那么热端为负，S 是正值。

Peltier 效应是 Seebeck 效应的逆效应，即电流通过两个不同导体形成的接点时，接点处会发生放热或吸热现象，称为 Peltier 效应。Thomson 热效应是指当电流通过一根两端温度不同的导体时，若电流方向与热流方向一致则会放出热量 (电流产生的焦耳热之外)，反之则会吸热。

材料的热电效率可以用热电优值 (ZT) 来评价，见式 (8-4)：

$$ZT=S^2T\sigma/\kappa \tag{8-4}$$

式中，T 为热力学温度；σ 为电导率；κ 为导热系数。为了呈现出较高热电优值，材料必须具备高的 Seebeck 系数、高的电导率与低的导热系数。

研究发现，像 $LaCoO_3$ 和 $Ca_3Co_4O_9$ 的过渡金属氧化物呈现高自旋状态 (rich spin state)，因此可以在过渡金属点阵位置上通过堆积层错或等价共掺杂来改变它们的热电性能。例如，在 Ce 掺杂的 $LaCoO_3$ 中，电荷转移过程主要有基态 Co^{3+} 的自旋状态控制，用 Ce^{4+} 来取代 La^{3+} 时将诱导部分 Co^{3+} 转变为 Co^{2+}。如图 8-7(a) 所示，Co^{2+} 总是处于高自旋状态 (HS，$t_{2g}^5e_g^2$)，而 Co^{3+} 呈现的是低自旋状态 (LS，$t_{2g}^6e_g^0$) 或中自旋状态 (IS，$t_{2g}^5e_g^1$)。低温时，处于低自旋状态的 Co^{3+} 会阻碍 e_g 电子转移。温度升高时，会发生 LS 与 IS 转换，破坏了自旋阻塞并诱导 Co^{2+} HS 和 Co^{3+} IS 间发生电子跃迁。由于上述有利的自旋跃迁，电阻率突然下降 [图 8-7(b)]，并伴随从绝缘体到金属的相变，而 Seebeck 系数和热导率几乎不变。因此，可以得到一个最大的 ZT 值 [图 8-7(c)]。过渡金属氧化物热电体系中存在的自旋转换行为或许能成为热电材料研究的一个新方法。

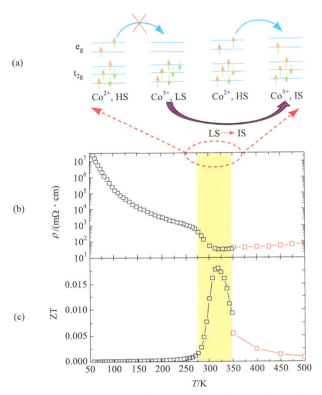

图 8-7　$La_{0.94}Ce_{0.06}CoO_3$ 材料热电性能：(a) Co^{2+} HS 和 Co^{3+} LS 间、Co^{2+} HS 和 Co^{3+} IS 间 e_g 电子跃迁示意图，(b) 电阻率和 (c) ZT 值随温度的变化情况

　　20 世纪 50 ～ 60 年代，人们在热能/电能相互转化特别是在电制冷方面的迫切要求，使得热电材料得到了迅速的发展，人们研究开发了多种有价值的热电材料，其中有些材料得到了较广泛的应用。目前看来，比较有应用价值和有较好应用前景的热电材料主要有以下几种。

　　(1) $(Bi，Sb)_2(Te，Se)_3$ 类材料。

　　$(Bi，Sb)_2(Te，Se)_3$ 类固溶体材料是研究最早，也是最成熟的热电材料，目前大多数电制冷元件都是采用这类材料。Bi_2Te_3 为三方晶系，晶胞内原子数为 15，由于其 Seebeck 系数大而热导率低，其热电优值 ZT=1，被公认为是最好的热电材料。自 20 世纪 60 年代至今，ZT=1 一直被人们看作热电材料的性能极限，保持了 40 年之久。直到最近几年几种新型热电材料出现之后，这一极限才被突破。Sb 掺杂可以使 $Bi_2Te_{2.85}Se_{0.15}$ 材料的导热系数 k 在室温时低于 $0.02W/(K \cdot cm)$，并且温度升高时还有较大程度的下降，因此对这类材料通过掺杂有可能会获得 ZT>1 的热电材料。

　　(2) $Bi_{1-x}Sb_x$ 材料。

　　$Bi_{1-x}Sb_x$ 是一类呈现六方结构的无限固溶体，由于其具有较大的 Seebeck 系数和较低的导热系数，因而具有较大的 ZT 值 (室温下 ZT ≤ 0.8)，过去几十年来也被广泛研究和应用。由于这类材料结构简单，每个晶胞内仅有 6 个原子，晶格声子热导率可调节范围较小，所以尽管 $Bi_{1-x}Sb_x$ 作为一种成熟的材料仍在应用，但近年来有关这种材料的研究已很少见。

(3) 具有方钴矿晶体结构的热电材料。

方钴矿 (Skutterudite) 是 $CoSb_3$ 的矿物名称，这种矿物因首先在挪威的 Skutterudite 发现而得名。方钴矿是一类通式为 AB_3 的化合物 (其中 A 是金属元素，如 Ir、Co、Rh、Fe 等；B 是 VA 主族元素，如 As、Sb、P 等)，具有复杂的立方晶系晶体结构，一个单位晶胞包含了 8 个 AB_3 分子，共计 32 个原子，每个晶胞内还存在两个较大的空隙。

在方钴矿晶胞的空隙中添入直径较大的稀土原子，其热导率大幅度降低。1996 年，Sales 等在 *Science* 上发表了关于填隙式方钴矿晶体的实验结果，发现了这种材料在未经优化的情况下在较高高温下即可以达到 ZT 值大于 1，并且计算表明优化的材料其 ZT 值可以更大，使得这类材料成了最有前途的热电材料之一。这一实验结果的发表不但推动了对方钴矿材料本身的研究，而且使热电材料的研究进入了又一次高潮。

实验表明，当方钴矿中的空隙全部被 La 或 Ce 填充时，其导热系数甚至降低到原来的 1/7 ~ 1/6。最近的研究表明，方钴矿晶体中的空隙部分被填充时，其导热系数甚至降低至原来的 1/20 ~ 1/10。部分填充的材料虽然可以由 P 型半导体转变为 N 型半导体，但仍保持较高的 Seebeck 系数，并可能有极高的电导率。关于这种材料的探索仍在进行中，由于决定热电灵敏值的各性能之间互相影响，尚未找到性能优化的材料。

(4) Zn_4Sb_3 热电材料。

虽然 Zn-Sb 材料早已被作为热电材料进行了大量的研究，但 β-Zn_4Sb_3 是最近几年才被发现的高热电性能材料。由于其 ZT 值可达 1.3，因而有可能成为另外一类有前途的热电材料。β-Zn_4Sb_3 具有复杂的菱形六面体结构，晶胞中的 12 个 Zn 原子和 4 个 Sb 原子具有确定的位置，另外 6 个位置 Zn 原子出现的概率为 11%，Sb 原子出现的概率为 89%。因此，实际上这种材料的结构为每个单位晶胞含有 22 个原子，其化学式可以写成 Zn_6Sn_5。这种材料的实验及理论计算研究分析认为，其具有复杂的、与能量相关的费米能级，有助于在高载流子浓度情况下得到很高的热电系数。β-Zn_4Sb_3 材料对热电应用来讲不是最佳原子配比，如果降低掺杂能级，则会得到更好的热电性能，Zn 相对含量越高，其热电性能越好。但这种材料的合成过程中，难以控制 Zn 在混合位置的比例，因而很难得到 Zn 含量较高的材料。这种材料在制备方面的困难，使其在研究和应用受到了很大的限制，如果解决了此类材料合成问题，其应用研究会取得重大进展。

8.4.7　催化材料

非整比化合物在催化领域的研究越来越广泛，并在不断扮演越来越重要的角色。例如，N 原子在碳材料中的掺杂，提高了材料在电催化领域中的应用前景，而且发现不同构型的 N 原子具有不一样的催化活性。无论是在常规的热催化领域，还是在光催化和电催化领域，非整比化合物的合成已经成为提高材料催化活性的一个重要途径。

过渡金属氧化物是研究广泛的光催化剂，其在太阳能转换和污染物去除等方面都得到了应用。氧缺陷 ($V_O^{\cdot\cdot}$) 普遍存在于过渡金属氧化物纳米粒子的表面，$V_O^{\cdot\cdot}$ 周围局域环境通常是富电子状态, 易导致金属阳离子呈现低化合价, 使纳米粒子具有不同于块体材料的电子结构。在光催化还原 N_2 的研究中, V_O'' 与 N_2 分子作用, 在它们周围的富电子阳离子可以通过电子转移促进 N_2 的还原。光催化固氮合成氨过程通常被认为是一个 6 电子转移反应 ($N_2 + 6H^+ + 6e^- \longrightarrow 2NH_3$), 在光催化剂作用下使 N_2 分子的第一个电子发生转移, 从而破坏了 $N \equiv N$ 键的稳定性, 这个过程也是固氮反应中最难完成的一步。以 BiOBr 为例 [图 8-8(a)], 因为 BiOBr 的能带宽度为 2.81eV, V_O'' 作为电子俘获位点, 可从与 2.06eV 的光子能量的间接辐射复合所证实。暴露于 N_2 气氛时, 间接辐射复合可以部分被非辐射猝灭过程取代, 意味着 V_O'' 缺陷处俘获的电子可以自发地转移到表面吸附的 N_2 分子的 π 反键轨道中, 从而使得固氮反应更容易实现。

　　氧缺陷 V_O'' 的作用在利用 TiO_2 光催化剂合成氨的实验中得到了进一步的证实。图 8-8(b) 展示的是在含有 V_O'' 的 TiO_2 表面上的固氮催化过程。氧缺陷 V_O'' 处产生的 Ti^{3+} 可以通过电子供给促进 N_2 分子的化学吸附, 产生 N_2^{2-}。质子化作用后生成 $HN \equiv NH$ 中间体。随后, 在质子辅助下通过电子转移逐步产生 $HN-NH$ 和 $-NH_2$ 中间体, 最后生成两个 NH_3 分子。在紫外光激发下, 产生的电子被表面的氧缺陷 V_O'' 捕获, 从而不断产生 Ti^{3+} 驱动 NH_3 的合成。

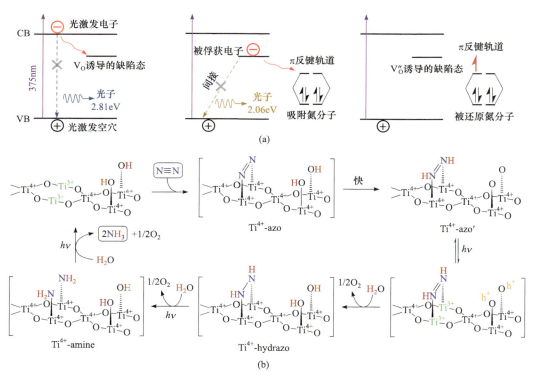

图 8-8　(a) BiOBr 体系中氧空位 V_O'' 诱导的缺陷态向表面吸附的 N_2 分子 π 反键轨道电荷转移的示意图; (b) TiO_2 体系中通过氧空位 V_O'' 实现固氮反应的机理

　　开发高丰度元素组成的新型催化剂是电催化析氢领域的研究热点。其中, 以二硫化钼 (MoS_2) 为代表的二维原子晶体由于其特殊的结构和理化特性引起了研究者的广泛关注。MoS_2 材料具有三种晶体结构 (1T、2H、3R)，如图 8-9 所示。研究表明，热力学稳态 $2H-MoS_2$ 的催化活性来自边缘不饱和成键原子，而面内原子不具有催化活性，这使得能够贡献催化活性的原子占比极低，严重制约了 MoS_2 的催化析氢能力。$2H-MoS_2$ 经电子注入而诱导相变成为亚稳态的 $1T-MoS_2$，其催化活性可以得到大幅提升。这是因为 $2H-MoS_2$ 为半导体，而 $1T-MoS_2$ 却表现为金属性的电输运特性，有利于催化材料内部的电荷转移，从而使 $1T-MoS_2$ 表现出优异的催化能力。然而，对于 $1T-MoS_2$ 体系本身，其微观结构 - 催化关系仍存在较大的争议，主要表现在对 1T 相中的边缘态原子的催化贡献认识不清，尤其对缺陷在 1T 相中的催化作用缺乏充分了解；从材料设计的角度来看，构造 1T- 富缺陷的材料结构并实现 1T- 缺陷的有效调控仍然比较困难，缺陷在 1T 中形成的种类及其演化规律仍缺少直接的实验证据。

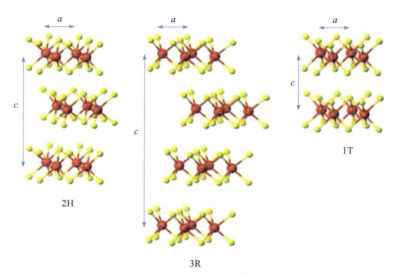

图 8-9　MoS_2 不同的晶体结构

研究者以商业 $2H-MoS_2$ 粉体为原料，液氨 / 锂离子液体为反应环境，巧妙地构造了富含缺陷的 $1T-MoS_2$ 纳米片，并利用电子自旋共振 (ESR) 及正电子湮灭 (PALS) 对 $1T-MoS_2$ 内部的缺陷种类和演变过程进行了测试标定。实验发现，液氨 / 锂不仅可以对 MoS_2 进行快速的锂插层，诱导 $2H-MoS_2$ 向 1T 相转变，还能够在锂化过程中有效地夺取 MoS_2 中的 S 原子，从而在 $1T-MoS_2$ 构造出丰富的边缘位点与缺陷，形成多孔 $1T-MoS_2$ 纳米片的特殊结构。通过改变液氨 / 锂的插层比例，可以对 MoS_2 中的 1T 相 - 缺陷实现有效的调控。

以多孔 $1T-MoS_2$ 体系为中心，研究者进一步制备了多孔 $2H-MoS_2$ 纳米片、$1T-MoS_2$ 纳米片、$2H-MoS_2$ 纳米片等典型结构，对其结构 - 缺陷特征和电催化活性进行了详细比较，指出在 MoS_2 体系中相结构对其催化性能占主导作用，在相转变的基础上，缺陷与边缘态在 $1T-MoS_2$ 中的催化贡献同样不可忽视，丰富的缺陷引入能够进一步提高体系的催化活性，实现"1T- 缺陷"的协同催化效应。实际上，具有硫空位的 $1T-MoS_2$ 就是一种非整比化合物，这一工作在一定意义上解决了相结构、缺陷与边缘

位点对 $1T\text{-}MoS_2$ 体系催化性能影响的争议性认识。

8.5　非整比氧化物在电化学器件中的应用

　　为了进一步说明非整比化合物在各个研究领域中的重要应用价值，本节单独以非整比氧化物为例，介绍其在电化学能量存储与转换器件，如锂离子电池、超级电容器、燃料电池、金属空气电池等的研究进展。这些电化学能量存储与转换器件在运行中涉及不同的电化学反应：在电解模式中，主要发生析氢反应 (HER) 和析氧反应 (OER)；在燃料电池中，主要发生氢气氧化反应 (HOR) 和氧还原反应 (ORR)。涉及氧气的电化学反应一般存在动力学缓慢的问题，需要借助高效的催化剂来提升反应速率。

　　金属氧化物是一类高效的催化剂，研究表明，缺陷诱导的非整比性可以决定这些材料的电化学活性。非整比氧化物的缺陷主要包括空位 (Schottky 缺陷)、间隙原子、空位 - 间隙对 (Frenkel 缺陷)、取代原子等 [图 8-10(a)]。对于符合 ABO_3 通式的氧化物 (不仅仅局限于钙钛矿结构)，A 位和 O 位的缺少或过剩可以导致多种非整比化合物 [图 8-10(b)]，如缺氧钙钛矿结构氧化物、Ruddlesden-Popper 系列氧化物、焦绿石 (pyrochlore) 型氧化物等。

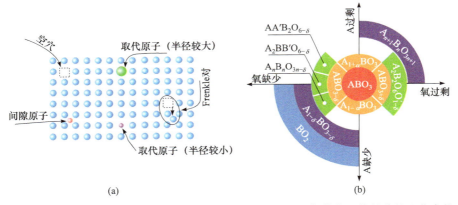

图 8-10　(a) 非整比氧化物可能的晶体学缺陷；(b)ABO_3 型氧化物可能的非整比化合物

8.5.1　$ABO_{3-\delta}$ 钙钛矿型催化剂

　　钙钛矿材料与 $CaTiO_3$ 具有相同的晶体结构，可以用 ABO_3 通式来表示 (图 8-11)。许多作为固体氧化物燃料电池阴极材料的钙钛矿，也可作为金属空气电池中的双功能催化剂。在这些钙钛矿中，$Ba_{0.5}Sr_{0.5}Co_{0.8}Fe_{0.2}O_3$ 作为一种电子和离子混合导体备受关注。$Ba_{0.5}Sr_{0.5}Co_{0.8}Fe_{0.2}O_{3-\delta}$ 作为中温固体氧化物燃料电池阴极材料表面电阻率低，在氧气传输膜应用中具有较高的氧催化活性。这种高活性与其固有的可容纳高浓度氧空位和保持高阴离子迁移率、氧交换动力学的能力有关。然而，$Ba_{0.5}Sr_{0.5}Co_{0.8}Fe_{0.2}O_{3-\delta}$ 在固体氧化物燃料电池和氧气传输膜中的应用也面临重大挑战。虽然 $Ba_{0.5}Sr_{0.5}Co_{0.8}Fe_{0.2}O_{3-\delta}$ 具有高催化活性，但碳酸盐的形成和晶格不稳定性会导致性能下降。因此，应从稳定性和催化活性两方面同时优化制备条件。此外，通过在 B 位上掺杂/取代高价和无氧化还原活性的阳离子(如 Zr^{4+})，或通过其他半径大且可极化的阳离子(如 Bi^{3+})部分取代 Ba^{2+}，也可以改善其稳定性。

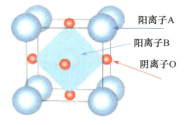

图 8-11　立方结构钙钛矿 ABO_3 型氧化物的晶体结构

OER 活性和 e_g 轨道填充具有类火山趋势的相关性，在研究的十多种钙钛矿材料中，$Ba_{0.5}Sr_{0.5}Co_{0.8}Fe_{0.2}O_{3-\delta}$ 的 e_g 轨道电子填充接近 1，达到了 OER 活性的峰值[图 8-12(a)]。在相同电位下 $Ba_{0.5}Sr_{0.5}Co_{0.8}Fe_{0.2}O_{3-\delta}$ 具有高本征 OER 活性(表面积归一化)，在碱性溶液中比贵金属催化剂(IrO_2 纳米粒子)至少高出一个数量级[图 8-12(b)]。e_g 轨道填充预测的高 OER 活性与 Sabatier 原理有关。也就是说，催化剂与中间体之间的最优键合将使催化活性最大化。由于 e_g 轨道为反键(这是指ⅧB族元素和ⅠB族元素的配合物，会出现由中心原子的 e_g 形成分子轨道时配体电子进入反键轨道的情况)，高 e_g 占据对应弱键，低 e_g 占据对应强键，因此 $Ba_{0.5}Sr_{0.5}Co_{0.8}Fe_{0.2}O_{3-\delta}$ 大约 1 的 e_g 填充可产生最高的活性。

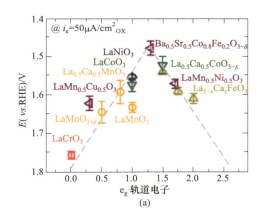
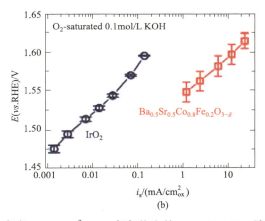

图 8-12　(a) 一些钙钛矿氧化物的 OER 活性(电流密度 50 μA/cm²)；(b) 氧气饱和的 0.1mol/L KOH 溶液中 $Ba_{0.5}Sr_{0.5}Co_{0.8}Fe_{0.2}O_{3-\delta}$ 与 IrO_2 的 OER 活性比较

在碱性溶液中，$Ba_{0.5}Sr_{0.5}Co_{0.8}Fe_{0.2}O_{3-\delta}$(不含碳载体)在 ORR 反应中，过电位较大且有大量的过氧化氢生成。这一发现表明，在纯 $Ba_{0.5}Sr_{0.5}Co_{0.8}Fe_{0.2}O_{3-\delta}$ 上的 ORR 过程并不遵循高效的四电子转移过程。研究表明，ORR 过程中涉及的电子数量为 2.8～3，说明 OH^-(四电子转移)和 HO_2^-(二电子转移)同时形成。纯 $Ba_{0.5}Sr_{0.5}Co_{0.8}Fe_{0.2}O_{3-\delta}$ 材料的 ORR 性能相对较差，可能与材料固有的低比表面积($10m^2/g$)有关，这是合成过程中高温煅烧的结果。此外，$Ba_{0.5}Sr_{0.5}Co_{0.8}Fe_{0.2}O_{3-\delta}$ 本身的电子传导率较低，不适用低温应用。

研究者将 $Ba_{0.5}Sr_{0.5}Co_{0.8}Fe_{0.2}O_{3-\delta}$ 与导电碳材料混合，以探索两种材料之间可能存在的相互作用。研究发现，碳的加入会导致 ORR 起始电位更正，ORR 电流更高，过氧化氢浓度降低，并且与单独的 $Ba_{0.5}Sr_{0.5}Co_{0.8}Fe_{0.2}O_{3-\delta}$ 和乙炔黑电极相比，电子转移数得到增加（～3.5）。通常，钙钛矿与碳的复合材料四电子转移的整体改善可归因于碳促进 O_2 通过二电子过程还原为 HO_2^-，钙钛矿氧化物将过氧化氢还原成 OH^-。然而，对于 $Ba_{0.5}Sr_{0.5}Co_{0.8}Fe_{0.2}O_{3-\delta}$ 与乙炔黑复合材料，尽管观察到了 $Ba_{0.5}Sr_{0.5}Co_{0.8}Fe_{0.2}O_{3-\delta}$ 催化的 HO_2^- 歧化反应，但反应速率非常低。乙炔黑与 $Ba_{0.5}Sr_{0.5}Co_{0.8}Fe_{0.2}O_{3-\delta}$ 之间的电子相互作用被认为是提高活性的驱动因素，且 ORR 是通过四电子转移途径进行的，因为实验测得电子转移数为 3.5。在相同测试条件下，$Ba_{0.5}Sr_{0.5}Co_{0.8}Fe_{0.2}O_{3-\delta}$ 与碳复合材料的最大扩散极限电流密度接近于商业 Pt/C 催化剂，优于 $La_{0.8}Sr_{0.2}MnO_3$ 和 $Ba_{0.9}Co_{0.5}Fe_{0.4}Nb_{0.1}O_{3-\delta}$ 催化剂，这进一步证明了 $Ba_{0.5}Sr_{0.5}Co_{0.8}Fe_{0.2}O_{3-\delta}$ 与碳的协同作用提高了复合材料的电催化活性。在 0.1mol/L KOH 的氧饱和溶液的 OER 实验中，$Ba_{0.5}Sr_{0.5}Co_{0.8}Fe_{0.2}O_{3-\delta}$ 与碳复合材料电极的阳极电流密度在 2500r/min 时高达 30.25mA/cm²，远优于碳电极的性能。复合材料优异的 OER 和 ORR 活性可归因于 $Ba_{0.5}Sr_{0.5}Co_{0.8}Fe_{0.2}O_{3-\delta}$ 的高表面氧空位浓度、碳材料相对较高的电导率及配体效应。最近，有人提出了一种使用四乙氧基硅烷作为模板的简便方法用于原位合成多孔 $Ba_{0.5}Sr_{0.5}Co_{0.8}Fe_{0.2}O_{3-\delta}$，产物比表面积高达 32.1m²/g。相对于可逆氢电极 (RHE)，多孔 $Ba_{0.5}Sr_{0.5}Co_{0.8}Fe_{0.2}O_{3-\delta}$ 在 1.63V 时的 OER 质量活性高达 35.2A/g，几乎与 IrO_2 相同。

$Ba_{0.5}Sr_{0.5}Co_{0.8}Fe_{0.2}O_{3-\delta}$ 的 ORR/OER 双功能活性可以通过阳离子掺杂或混合进一步提高。研究人员报道了一种 La 掺杂的 $Ba_{0.5}Sr_{0.5}Co_{0.8}Fe_{0.2}O_{3-\delta}$，即 $La_{0.3}(Ba_{0.5}Sr_{0.5})_{0.7}Co_{0.8}Fe_{0.2}O_{3-\delta}$ 的新型结构 [图 8-13(a)]。在该结构中，催化剂由分布在 $Ba_{0.5}Sr_{0.5}Fe_{0.2}Co_{0.8}Fe_{0.2}O_{3-\delta}$ 立方晶粒表面的菱形 $LaCoO_3$ 纳米颗粒（～10nm）组成，所得钙钛矿催化剂具有更大的表面积，ORR/OER 活性与最先进的催化剂（如用于 ORR 的 RuO_2 和用于 OER 的

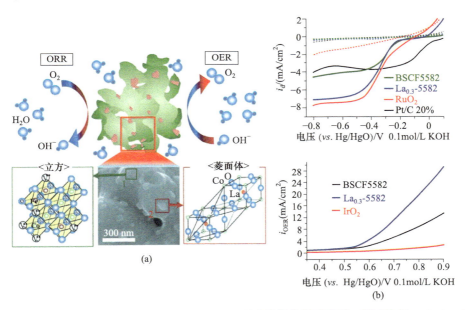

图 8-13　(a) $La_{0.3}(Ba_{0.5}Sr_{0.5})_{0.7}Co_{0.8}Fe_{0.2}O_{3-\delta}(La_{0.3}$-5582) 双功能催化剂示意图：菱面体相 $LaCoO_{3-\delta}$ 晶粒在立方 $Ba_{0.5}Sr_{0.5}Co_{0.8}Fe_{0.2}O_{3-\delta}$ 表面偏析；以 80% $La_{0.3}$-5582 负载于 20% 科琴黑 (KB) 制备的复合材料的 ORR (b) 和 OER(c) 催化活性

IrO_2) 相当甚至更好 [图 8-13(b) 和 (c)]。这一发现令人惊讶，因为之前已有报道，与 $Ba_{0.5}Sr_{0.5}Co_{0.8}Fe_{0.2}O_{3-\delta}$ 相比，$LaCoO_3$ 的活性相对较差。另有研究发现，通过超声混合法制备的 $Pt/C-Ba_{0.5}Sr_{0.5}Co_{0.8}Fe_{0.2}O_{3-\delta}$ 复合材料表现出高于单独 Pt/C 催化剂的 ORR 活性，而 OER 活性高于单独的 $Ba_{0.5}Sr_{0.5}Co_{0.8}Fe_{0.2}O_{3-\delta}$。$Pt/C-Ba_{0.5}Sr_{0.5}Co_{0.8}Fe_{0.2}O_{3-\delta}$(1：1) 复合材料的优点是对 ORR 和 OER 均具有高催化活性。

8.5.2　层状钙钛矿型催化剂

(1) Ruddlesden-Propper 相。

前面讨论了 ABO_3 简单钙钛矿的一般形式，在此介绍另一类与钙钛矿结构有关的 Ruddlesden-Propper 系列氧化物 ($A_{n+1}B_nO_{3n+1}$)。这类材料的基本结构为简单的 K_2NiF_4 型层状结构，通式为 A_2BO_4(图 8-14)。在这些材料中，Ln_2NiO_4(Ln 为镧系元素) 最受关注。这类材料的氧含量较高 ($Ln_2NiO_{4+\delta}$)，因此具有间隙氧。与简单的钙钛矿材料不同，Ln_2NiO_4 通常沿着 c 轴方向由钙钛矿型 Ln_2NiO_3 和岩盐型 LnO 交替组成。

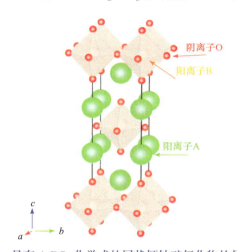

阴离子 O
阳离子 B
阳离子 A

图 8-14　具有 A_2BO_4 化学式的层状钙钛矿氧化物的晶体结构

与简单的钙钛矿类似，Ln_2NiO_4 层状钙钛矿也具有较高的结构稳定性。A 和 B 阳离子位可以被其他阳离子部分取代，为开发适用于锂 - 空气 / 氧气电池和金属空气电池的高活性双功能催化剂提供了一种简便的方法。在 Ln_2NiO_4 的 A 位掺杂离子可以通过引入所需的氧空位、具有异常价态 B 位阳离子或形成杂氧催化剂来改变其电催化性能。例如，用 Sr^{2+} 或 Ca^{2+} 掺入 La_2NiO_4 可以作为金属空气电池的双功能催化剂。ORR 的起始电位和半波电位呈上升趋势，即 La_2NiO_4 < $La_{1.9}Ca_{0.1}NiO_4$ < $La_{1.9}Sr_{0.1}NiO_4$ < $La_{1.7}Sr_{0.3}NiO_4$ [图 8-15(a)]，OER 活性也遵循相同的趋势 [图 8-15(b)]。这一趋势表明，掺杂原子的种类和浓度都影响活性。活性最强的催化剂 $La_{1.7}Sr_{0.3}NiO_4$ 中的 Ni 具有高价氧化态，高于 $La_{1.9}Ca_{0.1}NiO_4$ 和 $La_{1.9}Sr_{0.1}NiO_4$ 中 Ni 的氧化态。事实上，引入的 Sr 取代可能会促使 Ni 的氧化态接近 +3 价，对应于大约 1 的 e_g 填充 [图 8-12(a)]，从而优化了催化剂表面和反应中间体的键合。

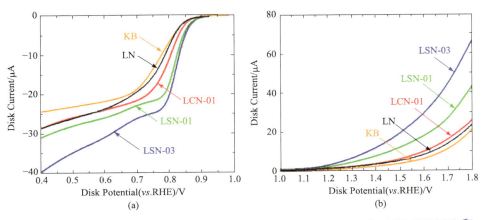

图 8-15　无催化剂 KB、La_2NiO_4(LN)、$La_{1.9}Ca_{0.1}NiO_4$(LCN-01)、$La_{1.9}Sr_{0.1}NiO_4$(LSN-01) 和 $La_{1.7}Sr_{0.3}NiO_4$(LSN-03) 在 0.1mol/L KOH 溶液中转速为 1200r/m 时的 ORR (a) 和 OER (b) 活性

(2) 双钙钛矿相。

阳离子有序钙钛矿氧化物为氧空位提供了通道，增强了阳离子的迁移能力。A 位有序钙钛矿氧化物 [图 8-16(a)] 的一般通式为 $AA'B_2O_6$，沿 c 轴反复分层为 A/A'，其中 A 为碱土离子，B 为过渡金属离子，如 Co、Ni、Mn。层状结构导致立方结构向其他对称方向扭曲，且仅在含有稀土离子的平面存在快速氧扩散通道。氧空位在含稀土层中的局部化，导致氧阴离子输运具有高度的各向异性。B 位有序双钙钛矿氧化物的通式为 $A_2BB'O_6$，其中 A 为碱土离子，如 Ca、Sr 或 Ba，B 和 B' 为过渡金属离子 [图 8-16(b)]。过渡金属氧化物的理想结构可以看作是角共享的 BO_6 和 BO_6' 八面体的特殊排列，B 和 B' 阳离子沿晶体的 c 轴交替。这些有序结构的双钙钛矿氧化物在较高温度下优异的催化性能，是适用于固体氧化物燃料电池和氧气传输膜的新一代材料。

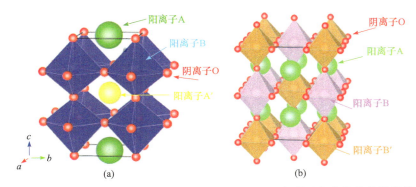

图 8-16　化学式为 $AA'B_2O_6$ (a) 和 $A_2BB'O_6$ (b) 的双钙钛矿氧化物的晶体结构

$LnBaCo_2O_{5+\delta}$($Ln_{0.5}Ba_{0.5}CoO_{3-\delta}$) 双钙钛矿 (Ln = Pr、Sm、Gd 和 Ho) 被用作碱性溶液中高活性、高稳定性的析氧催化剂。其中，$Pr_{0.5}Ba_{0.5}CoO_{3-\delta}$ 的起始氧化电压最低 [图 8-17(a)]，表明 OER 活性最高。这些双钙钛矿型氧化物的固有 OER 活性 (表面积归一化) 比 $LaCoO_3$ 高一个数量级，可与目前已知的活性最高的 OER 催化剂 (如

$Ba_{0.5}Sr_{0.5}Co_{0.8}Fe_{0.2}O_{3-\delta}$) 相媲美 [图 8-17(b)]。在 OER 循环过程中没有观察到明显的变化，说明这些双钙钛矿具有较高的稳定性 [图 8-17(c)]。通过透射电子显微镜 (TEM) 对其稳定性进行表征，制备的双钙钛矿表面高度结晶 [图 8-17(d)]。但暴露于四氢呋喃时，材料表面产生了少量非晶化 [图 8-17(e)]。经过 25 次循环伏安扫描 [图 8-17(f)] 和 5mA/cm² 恒流测试 2h[图 8-17(g)] 后，近表面区域的 $Pr_{0.5}Ba_{0.5}CoO_{3-\delta}$ 没有进一步显著的结晶度变化。这进一步证实了该材料 OER 测试的稳定性。这类钙钛矿具有极高的活性和稳定性，其原因可能是其氧 p 带中心处在相对于费米能级的最佳位置。

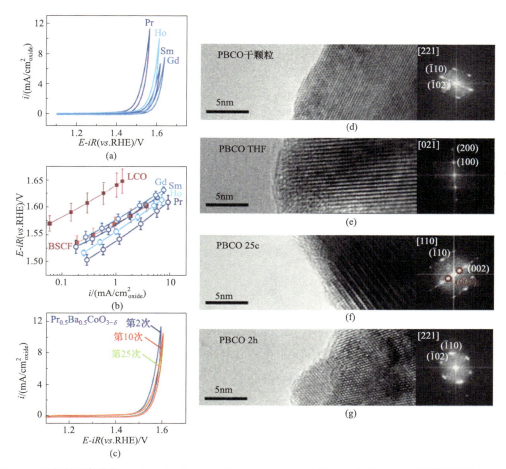

图 8-17　双钙钛矿氧化物 $Ln_{0.5}Ba_{0.5}CoO_{3-\delta}$(Ln ＝ Pr、Sm、Gd、Ho) 的 OER 活性。(a) 在氧气饱和的 0.1mol/L KOH 溶液中的循环伏安曲线；(b) 不同材料 OER 活性比较；(c) $Pr_{0.5}Ba_{0.5}CoO_{3-\delta}$ 材料第 2 次、10 次和 25 次的循环伏安曲线；$Pr_{0.5}Ba_{0.5}CoO_{3-\delta}$ 干颗粒 (d)、暴露于四氢呋喃 (e)、第 25 次循环伏安后 (f) 和 5mA/cm² 下恒流测试 2h(g) 的 TEM 照片

　　除了优异的电催化活性，层状结构钙钛矿氧化物催化剂还具有较高的稳定性。与简单钙钛矿氧化物类似，层状结构钙钛矿氧化物催化剂的电化学活性也可以通过阳离子取代或掺杂实现调控。另外，层状结构钙钛矿氧化物催化剂的一个特性是可以通过构筑高度有序的层状结构来增强 ORR/OER 活性。在金属空气电池和低温燃料电池的

应用中，层状结构钙钛矿氧化物催化剂还可以考虑优化形貌以提供更高密度的活性位点。此外，电子结构调控方法也可以用于层状结构钙钛矿氧化物催化剂的合理设计和制备。

8.5.3　焦绿石型钙钛矿型催化剂

焦绿石型氧化物通式为 $A_2B_2O_6O'_{1-\delta}$，其中 A 通常为稀土元素以及 Pb、Ti 或 Bi 等金属，而 B 通常为过渡金属及后过渡金属，如 Ru、Pb 或 Ir。如图 8-18 所示，焦绿石型氧化物的结构可通过互穿的 B_2O_6 和 A_2O' 来构建。由于具有角落共享的金属 - 氧框架结构，BO_6 正八面体有弯曲的 B—O—B 键角，这为电子传导提供了有效路径。一般来说，氧原子与 A、B 两种金属位点相结合，然而有些特殊的氧原子在 $O'A_4$ 四面体结构中以角落共享的形式存在，其中 A 金属位点以桥连的方式形成 A—O′—A 键。此外，焦绿石中的 A—B 金属的相互作用会使 B 阳离子的 d 电子离域。一些焦绿石型氧化物 (A = Pb、Ti、Bi 等) 表现出金属性，其中多晶或单晶氧化物的电导率在室温条件下高达 $1 \sim 5 \times 10^3$S/cm。一些特定的 A 位点占位的焦绿石型氧化物还表现出半导体性，如 A = Y、Nd、Pr 等，该结构可耐受具有非化学计量比的高氧环境，因为 A_2O' 晶格并不会影响晶体结构最终的稳定性。

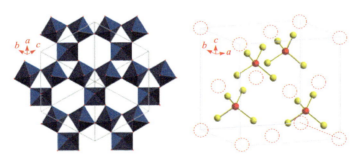

图 8-18　焦绿石型非整比氧化物 $A_2B_2O_{7-\delta}$ ($\delta = 0.5$; A = Pb、Bi; B = Ru) 的结构

因此，在不影响结构稳定性的情况下，不同程度地去除特殊的氧原子 (O′)，并且 O 的非化学计量数的范围可以为 $\delta = 0.5(A_2B_2O_{6.5})$ 到 $\delta = 1(A_2B_2O_7)$，使得结构具有较高的灵活性。与之前的钙钛矿型氧化物类似，物理 / 化学性质和电催化性能的优化可通过选择不同的 A 和 B 阳离子，并通过 A 或 B 位部分取代进行进一步调控。B 位阳离子也可以部分被 A 位阳离子取代，该结构通式为 $A_2(B_{2-x}A_x)O_{7-\delta}$，其中 x 范围为 0 ~ 1。

焦绿石型氧化物已经被证实为具有优异催化性能的双功能电催化剂，高催化活性主要归因于 B 位点的特定阳离子、氧缺陷、高比表面积、缺陷或者 B 位点金属的多种氧化态。在含铱焦绿石型氧化物和几种铱氧化物中，研究者分析了具有非化学计量比的 O 对催化性能的影响。研究表明，在所有测试材料中，$Pb_2(Pb_xIr_{2-x})O_{7-\delta}$ 和 Nd_3IrO_7 表现出最高的 OER 和 ORR 活性，归因于焦绿石型 $Pb_2(Pb_xIr_{2-x})O_{7-\delta}$ 中的缺氧状态，而通过固态方法制备的化学计量比 $Bi_2Ir_2O_7$ 仅表现出中等活性。有人研究了 $Pb_2Ru_2O_{7-\delta}$ 基氧化物的 B 位取代效应和随后的比表面积变化对性能的影响。与具有化学计量比的焦绿石型 $Pb_2Ru_2O_6$

相比，用 Pb 等金属部分取代 Ru 后，$Pb_2(Pb_{0.33}Ru_{1.67})O_{6.5}$ 和 $Pb_2(Pb_{0.2}Ru_{1.8})O_{6.5}$ 表现出更好的 ORR 活性。这一增强的 ORR 活性主要归因于增大的比表面积，如 $Pb_2(Pb_{0.33}Ru_{1.67})O_{6.5}$ 比表面积为 $55m^2/g$，$Pb_2(Pb_{0.2}Ru_{1.8})O_{6.5}$ 比表面积为 $44m^2/g$，均高于 $Pb_2Ru_2O_6(35m^2/g)$。

　　为了进一步提高焦绿石型氧化物的催化性能，研究者合成了介孔 $Pb_2(Ru_{1.6}Pb_{0.44})O_{6.5}$ 焦绿石型氧化物 [图 8-19(a)]。无序的介孔结构如图 8-19(b) 所示，相比于比表面积为 $66m^2/g$ 的纳米晶氧化物 $Pb_2(Ru_{1.7}Pb_{0.3})O_{6.5}$，比表面积为 $155m^2/g$ 的介孔氧化物 $Pb_2(Ru_{1.6}Pb_{0.44})O_{6.5}$ 在锂空气电池中表现出更高的 ORR/OER 活性。在 OER 过程中，介孔氧化物反应所需的过电势比纯碳材料低大致 0.5V[图 8-19(c)]。在非水溶液体系锂空气电池中，可以实现高的可逆比容量，大致为 $10300mA \cdot h/g$。该工作表明，表面缺陷活性中心、独特的形貌以及金属氧化物中可变的氧化学计量比对催化活性起着至关重要的作用。

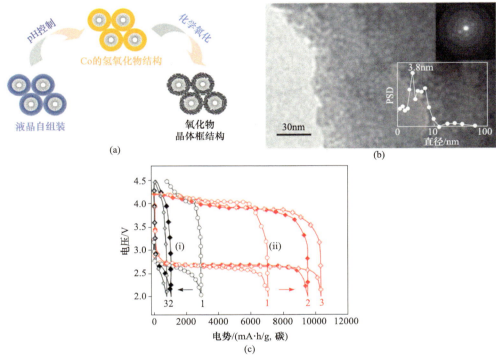

图 8-19　(a) 介孔焦绿石型氧化物的制备流程示意图，(b) 介孔焦绿石型氧化物的 TEM 图片 (内置图：选区电子衍射和孔径分布)，(c) LiPF$_6$/TEGDME 中碳材料 (i) 和介孔焦绿石型氧化物 (ii) 前三次充放电曲线

　　具有焦绿石型氧化物结构的双功能催化剂由于其高效的催化活性，在低温电化学领域具有广阔的前景。与其他非整比氧化物类似，通过优化阳离子、氧缺陷和 B 位点阳离子的混合氧化态可以使材料的催化活性得到提升。除了通过选择 / 取代 A 和 B 阳离子来优化物理 / 化学性质和电催化性质外，B 位点金属还可以部分被 A 位点阳离子取代，以优化焦绿石型氧化物的表面性质。尽管焦绿石型氧化物具有良好的电催化活性，但仍然面临一个重大挑战：铅的毒性和焦绿石型氧化物中高成本的钌，这可能会

阻碍焦绿石型氧化物的发展。因此，用毒性较小且价格较低的元素替换 A、B 两种金属是焦绿石型氧化物材料中值得进一步研究的内容。

总而言之，非整比化合物在不同的领域中扮演着越来越重要的角色，缺陷的创造与调控能进一步优化和强化这些化合物在不同领域中的应用前景。非整比化合物结构与性质的研究是一个极富有成果的领域，对新材料或有不寻常综合性质材料的发展提供无限的可能性。因此，研究人员依据非整比化合物，设计出具有特殊结构和性能的新材料。

参 考 文 献

洪广言 . 2002. 无机固体化学 . 北京：科学出版社 .

潘功配 . 2009. 固体化学 . 南京：南京大学出版社 .

庞震 . 2008. 固体化学 . 北京：化学工业出版社 .

王育华 . 2008. 固体化学 . 兰州：兰州大学出版社 .

张克立，张友祥，马晓玲 . 2012. 固体无机化学 . 2 版 . 武汉：武汉大学出版社 .

Chao X, Yan D F, Hao L, et al. 2020. Defect chemistry in heterogeneous catalysis: recognition, understanding, and utilization. ACS Catalysis, 10(19): 11082-11098.

Chen D J, Chen C, Baiyee Z M, et al. 2015. Nonstoichiometric oxides as low-cost and highly-efficient oxygen reduction/evolution catalysts for low-temperature electrochemical devices. Chemical Reviews, 115(18): 9869-9921.

Geckeler K E, Edward R. 2006. Functional Nanomaterials. Valencia: American Scientific Pubishers.

Shi R, Zhao Y, Waterhouse G I N, et al. 2019. Defect engineering in photocatalytic nitrogen fixation. ACS Catalysis, 9(11): 9739-9750.

Smart L E, Moore E A. 2005. Solid State Chemistry: An Introduction. 3rd ed. London: Taylor & Francis Group.

Zhou L, Xiao C, Zhu H, et al. 2016. Defect chemistry for thermoelectric materials. Journal of American Chemical Society, 138(45): 14810-14819.